高职高专计算机教学改革 新体系 规划教材

C语言程序设计基础

贾学斌 宋海民 主 编
胡大威 副主编

清华大学出版社
北 京

内 容 简 介

C语言是编程者的入门语言，也是许多大学的第一门程序设计课程。本书充分考虑到这一点，在内容编排上，体系合理、概念清晰、例题丰富、逻辑性强、文字流畅、通俗易懂。本书根据一体化教学的思想，以能力培养为核心，以案例为主线，在案例设计上从易到难，循序渐进，以便读者能够综合运用所学知识，提高实际编程能力。本书所有程序均在 Visual C++ 6.0 开发环境中调试成功。

本书共分 11 章，主要内容包括：C语言概述，基本数据类型、运算符及表达式，顺序结构程序设计，选择结构和循环结构程序设计，数组，函数，编译预处理，指针，构造数据类型，位运算，文件；每章后附有各种类型习题；书末附有常用字符与 ASCII 代码对照表、运算符的优先级和结合性、C语言常用库函数。同时本书配有一体化实训教材《C语言程序设计实训》。

本书适合作为高职高专院校程序设计课程的教材，也可以作为参加培训、考级、考试人员及广大C语言爱好者的自学参考用书。

图书在版编目(CIP)数据

C语言程序设计基础/贾学斌，宋海民主编. —北京：清华大学出版社，2017
(高职高专计算机教学改革新体系规划教材)
ISBN 978-7-302-47681-8

Ⅰ. ①C…　Ⅱ. ①贾…　②宋…　Ⅲ. ①C语言—程序设计—高等职业教育—教材　Ⅳ. ①TP312.8

中国版本图书馆 CIP 数据核字(2017)第 155286 号

责任编辑：颜廷芳
封面设计：傅瑞学
责任校对：赵琳爽
责任印制：宋　林

出版发行：清华大学出版社
网　　址：http://www.tup.com.cn，http://www.wqbook.com
地　　址：北京清华大学学研大厦A座　　**邮　　编**：100084
社 总 机：010-62770175　　**邮　　购**：010-62786544
投稿与读者服务：010-62776969，c-service@tup.tsinghua.edu.cn
质量反馈：010-62772015，zhiliang@tup.tsinghua.edu.cn
课件下载：http://www.tup.com.cn，010-62770175-4278
印 装 者：北京鑫海金澳胶印有限公司
经　　销：全国新华书店
开　　本：185mm×260mm　　**印　张**：22.5　　**字　　数**：517 千字
版　　次：2017 年 8 月第 1 版　　**印　　次**：2017 年 8 月第 1 次印刷
印　　数：1～2500
定　　价：49.80 元

产品编号：075290-01

前言

FOREWORD

C 语言是一种在国际上广泛流行的计算机语言，具有很多突出的优点，如很强的数据处理能力，目前已成为计算机程序设计的主流语言。C 语言不仅适合于系统软件的设计，还适合于应用软件的设计。在操作系统、工具软件、图形图像处理软件、数值计算、人工智能、数据库处理、嵌入式系统等多个方面都有广泛的应用。目前，全国计算机等级考试、职业资格认定、技能大赛等都将 C 语言列入考查范围。学习和使用 C 语言已经成为广大计算机应用人员和学生的迫切需求。因此，我国绝大部分高等院校都将 C 语言作为学习程序设计入门的语言，同时，C 语言也为进一步学习 C++ 以及 Visual C++ 奠定了基础。

本书作为 C 语言程序设计的入门与应用教材，共分 11 章及 3 个附录。全书包括以下内容：第 1 章 C 语言概述；第 2 章基本数据类型、运算符及表达式；第 3 章顺序结构程序设计；第 4 章选择结构和循环结构程序设计；第 5 章数组；第 6 章函数；第 7 章编译预处理；第 8 章指针；第 9 章构造数据类型；第 10 章位运算；第 11 章文件。3 个附录分别是：附录 A，常用字符与 ASCII 代码对照表；附录 B，运算符的优先级和结合性；附录 C，C 语言的库函数。本书注重基础，突出应用，每章的案例尽量贴近生活和应用，以便读者能够综合运用本章所学知识，提高实际编程能力。

本书具有以下特色。

1. 易于教学和自学，适合初学者

充分考虑到初学者学习 C 语言的特点，本书按照循序渐进、难点分散的原则组织内容。通过通俗易懂的叙述，阐明复杂、灵活的概念。对于难点与重点，通过丰富的例题，进行详尽的解释。力求做到语言通俗、概念清晰、易学实用，以使读者能够做到上手快、学得会、用得着。

2. 注重基础内容，突出实用性

C 语言博大精深。本书精选了对初学者最基本、最重要、最实用的内容进行介绍，不刻意追求全面和详尽。对于较生僻的内容，也从概念讲解入手进行简单介绍，以保证 C 语言的完整性。力求做到内容新颖、实用，逻辑性强，完整性好，且又突出重点。

3. 强化编程思想，突出应用性

本书不只是讲解 C 语言的语法规则，更重要的是培养读者的 C 语言程序设计能力。不是只给读者一座花园，而是送给读者整个春天。全书始终有意识地不断强化编程思想，通过例题、程序案例、习题，给读者以潜移默化的影响。由于程序设计语言是实践性很强的课程，故建议读者多上机实践，以尽快掌握C语言的编程方法和提高调试程序的能力。为了加强读者的实践动手能力以及满足参加二级C语言等级考试需要，本书还配套出版了《C语言程序设计实训》。衡量这门课程学习得好坏，不是看“知不知道”，而是看“会不会用”。

本书介绍的知识和程序具有通用性，基本可以适用于任何计算机系统和C版本，但是应说明，不同的C版本是有一些差别的。本书所有程序均在Visual C++ 6.0开发环境中调试通过。

本书由武汉职业技术学院贾学斌、宋海民任主编，胡大威任副主编，其中第1、2、3、9章由宋海民编写；第4、5章由胡大威编写；第6、7、8、10、11章及附录由贾学斌编写。以上各编者都是具有丰富教学实践经验的教师。在本书的编写过程中，得到许多领导及教师的热情支持，还得到了陈觎、周桂枝、张伟的帮助，在此一并表示感谢。

感谢使用本书的各位读者，本书力争写出作者的经验和体会，但由于编者水平有限，书中不足之处在所难免，恳请广大读者批评指正。

编　者
2017年4月

目录

CONTENTS

第1章

C语言概述

Chapter 1

C语言是一种国际上广泛流行的计算机语言,它具有很多突出的优点,如很强的数据处理能力,目前已成为计算机程序设计的主流语言。C语言是面向过程的通用程序设计语言,即用C语言编程时,必须按照算法的实现过程逐条语句编写,按步通知计算机如何操作。它以表达简明、使用灵活、结构化的流程控制、丰富的数据结构和操作集合、良好的程序可移植性和较高效率的目标代码为特征。C语言不仅具有高级语言的要素,还兼有低级语言的功能,因此既可用于编写系统程序,也可用于编写不同领域的应用程序。因此,它的应用范围非常广泛。学习好C语言,可以为以后的程序开发之路打下坚实的基础。

本章学习目标

1. 了解C程序的由来与特点
2. 掌握C语言的基本语法
3. 掌握设计简单C程序的方法
4. 学会调试和运行C程序
5. 掌握在Visual C++ 6.0中开发C程序的方法

1.1 初识C语言

语言是干什么用的?语言是人与人之间交流的工具。程序设计语言是人与计算机交流的工具,C语言是其中的一种。程序是使用程序设计语言编写出的一些语句序列,是人和计算机交流的方式。

下面通过一个例题来认识C语言程序。

【例1-1】 在计算机屏幕上输出一行字符。

```
#include <stdio.h>
void main()                /* 函数定义,函数名称为main(),称作主函数 */
{
    printf("This is a C program.\n");
}
```

说明：

(1) 程序第1行代码的作用是进行相关的预处理操作。其中字符#是预处理标志，用来对文本进行预处理操作，include是预处理命令，它的后面跟一对尖括号，表示头文件在尖括号内读入，stdio.h就是标准输入/输出头文件，因为程序要使用输入/输出函数，所以一般C程序的开头都要写上这样一行命令，放在源程序的最前面，用来提供输入/输出函数的声明。

(2) 程序第2行代码声明了一个main()函数，该函数是程序的入口，main()是函数名字，表示主函数，main前面的void表示此函数是空类型，void是“空”的意思，即执行此函数后不产生一个函数值，每一个C程序都必须有一个main()函数，程序总是从main()函数开始执行。程序中以/*开头到*/结尾中的所有内容表示的意义是一个注释。在编译时注释行被忽略掉，并不产生代码行。

(3) 程序第3行，函数体由花括号{表示开始。

(4) 程序第4行代码调用了一个用于格式化输出的printf()函数，在程序中printf()函数的作用是把括号内双引号之间的字符串按原样输出。\n是换行符，即在输出“This is a C program.”后按Enter键换行。这行程序末尾的分号，则是C语句结束的标志。

(5) 程序第5行，函数体由花括号}括起来表示程序结束。

运行结果为：

```
This is a C program.
```

1.1.1 C语言的由来

1972年，美国贝尔实验室的丹尼斯·麦卡利斯泰尔·里奇(Dennis MacAlistair Ritchie)在B语言的基础上设计出了C语言(取BCPL的第二个字母)。C语言既保持了BCPL和B语言的优点(接近硬件)，又克服了它们的缺点(过于简单，数据无类型等)。

1973年肯尼思·汤普森(Kenneth Lane Thompson)和丹尼斯·麦卡利斯泰尔·里奇合作用C语言改写了90%以上的UNIX操作系统(即UNIX第5版)。UNIX操作系统由于使用了C语言而取得成功，几乎成为16位微机的标准操作系统，C语言从诞生起就由于编制UNIX操作系统的成功而引起了人们的关注。

1973年之后，C语言的发展相当迅速。1975年UNIX第6版公布，1977年又研制成功不依赖具体机器的C语言编译文本——可移植C语言编译程序，推动了C语言在各种机型上的广泛应用。

1978年，UNIX第7版研制成功。以其中的C编译系统为基础，丹尼斯·麦卡利斯泰尔·里奇(被称作C语言之父、UNIX之父)和布赖恩·威尔森·克尼汉(Brian Wilson Kernighan)合著了影响深远的名著 *The C Programming Language*，被称为标准C。

1983年，美国国家标准化协会(ANSI)根据C语言问世以来的各种版本对C语言进行发展和扩充，制定了新的标准草案，即83 ANSI C。

1987年，ANSI又公布了新标准，即87 ANSI C。

1989年，ANSI又公布了新的标准，即ANSI X3.159—1989(简称C89)。

1990 年,国际标准化组织(ISO)接受 C89,作为国际标准 ISO/IEC9899:1990,称为标准 C,简称 C90。ISO 的 C90 和 ANSI 的 C89 基本上相同。

1995 年,ISO 对 C90 作了一些修订,称为 C95。

1999 年,C 语言标准又得到改进,这就是 ISO/IEC9899:1999,俗称 C99,该标准于 2000 年 3 月被 ANSI 采用。但目前各软件厂商提供的 C 语言编译系统都未实现 C99 建议的功能,例如 Microsoft(微软)和 Borland 公司,大多数是以 C89 为基础进行开发的。但厂商提供的不同版本的 C 编译系统所实现的语言功能和语法规则又略有差别。因此读者应了解所用的 C 语言编译系统的特点。本书的叙述基本上以 C89 为基础。

目前,在计算机上广泛使用的 C 语言编译系统有 Turbo C、Borland C++ Builder、Microsoft Visual C++(简称 VC++)以及 Microsoft Visual C++.NET 等。本书使用的开发环境是 VC++ 6.0 系统。

C 语言功能强大、使用灵活,C 语言不仅具有高级语言的要素,还兼有低级语言的功能,既可用于编写系统程序,也可用于编写不同领域的应用程序,因此 C 语言问世以后得到迅速推广。熟练掌握 C 语言成为计算机开发人员的一项基本功。

1.1.2 C 语言的特点

每一种语言都有自己的特点,C 语言也不例外,所以才有了语言的更替,有了不同语言的使用范围。C 语言主要有以下特点。

1. 简洁紧凑、灵活方便

C 语言一共只有 32 个关键字,9 种控制语句,程序书写自由,主要用小写字母表示。它把高级语言的基本结构和语句与低级语言的实用性结合起来。

2. 运算符丰富

C 语言的运算符包含的范围广泛,共有 44 种运算符。C 语言把括号、赋值、强制类型转换等都作为运算符处理,从而使 C 语言的运算类型极其丰富,表达式类型多样化。灵活使用各种运算符,可以实现在其他高级语言中难以实现的运算。

3. 数据结构丰富

C 语言的数据类型有整型、实型、字符型、数组类型、指针类型、结构体类型、共用体类型等,能用来实现各种复杂的数据结构的运算。C 语言还引入了指针概念,使程序效率更高。另外 C 语言具有强大的图形功能,支持多种显示器和驱动器,且计算功能、逻辑判断功能强大。

4. C 语言是结构化和模块化的语言

C 语言具有结构化的控制语句,控制程序流向,是一种结构化程序设计语言。这种结构化方式可使程序层次清晰,便于使用、维护以及调试。C 语言是以函数形式提供给用户的,用函数作为程序的模块单位,可方便地调用,这些函数便于实现程序的模块化。

5. C 语言语法程序设计自由度大

一般的高级语言语法检查比较严格，而 C 语言则允许程序编写者有较大的自由度，且生成代码质量高，程序执行效率高。

6. C 语言可以进行底层开发

C 语言允许直接访问物理地址，可以直接对硬件进行操作，C 语言可以像汇编语言一样对位、字节和地址进行操作，而这三者是计算机最基本的工作单元，可以用来编写系统软件。

7. C 语言适用范围大，可移植性好

C 语言适合于多种操作系统，如 DOS、UNIX、Windows 等，也适用于多种机型。

综上所述，C 语言是一种功能很强的语言。但是，它也有一些不足之处。C 语言语法限制不严格，虽然熟练的程序员编程灵活，但安全性低；运算符丰富，完成功能强，但难记、难掌握。因此，学习、使用 C 语言不妨先学习使用基础部分，用熟练后再学习语法规则，进而全面掌握 C 语言。

1.2 C 语言的语法基础

1.2.1 基本符号

C 语言的基本符号可分为 4 类，归纳如下。

(1) 英文字母：大小写各 26 个，共计 52 个。

(2) 阿拉伯数字：0、1、2、3、4、5、6、7、8、9 共 10 个数字。

(3) 下划线：_。

(4) 特殊符号：通常由一两个符号组成，主要用来表示运算符。下面列举几种常用运算符。

算术运算符：+、-、*、/、%、++、--

关系运算符：＜、＞、＞＝、＜＝、＝＝、！＝

逻辑运算符：&&、||、!

位运算符：&、|、~、^、≫、≪

条件运算符：?:

赋值运算符：=

其他分隔符：( )、[ ]、{ }、,、:、;

1.2.2 标识符

1. 标识符的概念

标识符就是用来标识变量名、符号常量名、函数名、数组名、数据类型名、宏以及文件名等有效字符序列。简单地说，标识符就是一个名字。

2. 定义规则

(1) 标识符只能由字母、数字和下划线3种字符组成，且第一个字符必须为字母或下划线。变量名、函数名等用小写字母标识，而符号常量全用大写字母表示，函数名和外部变量名由小于6个字符的字符串组成，系统变量由下划线起头构成。

(2) 在C语言中，大小写字母不等效。因此，a和A、I和i、Sum和sum分别是两个不同的标识符。

(3) 用户自定义的标识符不能与C语言的保留字(关键字)同名，也不能与C语言库函数同名。

(4) 标识符应当直观且可以拼读，让读者看了就能了解其用途。标识符最好采用英文单词或其组合，不要太复杂，且用词要准确，便于记忆和阅读。切忌使用汉语拼音来命名。

(5) 在C语言中，标识符的长度可以是一个或多个字符，但是只有前面32个字符有效，即系统能识别的标识符最大长度为32。

有的系统取8个字符，假如程序中出现的变量名长度大于8个字符，则只有前面8个字符有效，后面的不被识别。

例如，下面的3个变量名将被当作同一个标识符处理：

student_name、student_number、student_sex

因此，为了程序的可移植性及阅读程序的方便，建议标识符的长度不要超过8个字符。

(6) 尽量避免名字中出现数字编号，如value1、value2等，除非逻辑上需要编号。

例如，下面为合法的标识符：

year、month、student_name、sum2_3、PRICE

下面为不合法的标识符：

M. D. Jones、#a、$432、3b、? c、a=b

1.2.3 保留字

保留字又称为关键字，就是具有特定含义的标识符，用户不能用作自定义标识符。C语言提供的标准保留字有32个，非标准保留字有27个，另外还有特定字。

1. 标准保留字

(1) 与数据类型有关的保留字有14个，包括char、int、float、double、signed、unsigned、short、long、void、struct、union、typedef、enum、sizeof。

(2) 与存储类别有关的有4个，包括auto、extern、register、static。

(3) 与程序控制结构有关的有12个，包括do、while、for、if、else、switch、case、default、goto、continue、break、return。

(4) 其他的有2个，包括const、volatile。

2. 非标准保留字

非保留字有 27 个，包括 asm、-AX、-AH、-AL、cdecl、-BX、-BH、-BL、near、-CX、-CH、-CL、far、-DX、-DH、-DL、huge、-BP、-SP、-DI、interrupt、-SI、-cs、-ds、pascal、-es、-ss。

3. 特定字

特定字有 7 个，包括＃include、＃define、＃ifdef、＃ifndef、＃undef、＃endif、＃elif。

特定字用在预处理语句中，虽不是保留字，但人们习惯将它们看成保留字，并赋予了特定的含义。

1.3 设计简单的C程序

一个完整的计算机程序通常具备三个功能，即输入数据、数据运算和输出结果。在 C 语言中，数据运算主要由赋值语句完成，而 C 语言本身不提供输入/输出语句，在 C 语言中，数据的输入/输出则需要调用 C 编译系统提供的 scanf 函数与 printf 函数来实现。在系统学习 C 语言程序设计之前，本节先简要介绍赋值语句、scanf 函数和 printf 函数的使用。以便能进行简单的程序设计，方便以后各章内容的叙述。

1.3.1 赋值语句

1. 赋值运算符

赋值符号＝即为赋值运算符，它的作用是执行一次赋值操作(或称赋值运算)。

例如：

a＝5，将常量 5 赋给变量 a。

x＝a/b，将表达式 a/b 的值赋给 x。

2. 赋值表达式

由赋值运算符连接起来的式子叫作赋值表达式。其一般形式为：

左值表达式=右值表达式

左值表达式必须是变量，右值表达式可以是表达式，赋值表达式的操作是先计算赋值号右边表达式的值，再赋给左边的变量，即将数值存入变量的存储单元中。

例如：

a＝b＝c＝10 等价于 a＝(b＝(c＝10))

即先将常量 10 赋给变量 c，然后再将 10 赋给变量 b，最后将 10 赋给变量 a。

3. 赋值语句

赋值表达式后加上“;”就构成了赋值语句。

赋值语句的格式是：

```
左值表达式=右值表达式;
```

例如：

```
x=10;
x=2 * y+3;
```

都是合法语句。

```
3=x-2 * y;
```

是不合法语句。因为3是常数，不是变量。

C语言允许在同一个语句中进行反复赋值。

例如：

```
a=b=c=1;
```

其操作是将1赋值给c变量，将c变量的值1赋值给b变量，再将b变量的值1赋值给a变量，其作用等同于“a=1;b=1;c=1;”，这在有些语言中是不允许的。

1.3.2 printf()函数

1. printf()函数的调用格式

printf()函数的调用格式为：

```
printf(格式控制,输出表列);
```

printf()函数的主要功能是按“格式控制”所指定的格式，从标准输出设备上输出“输出表列”中列出的各输出项。在printf()函数结尾加上“;”就构成了格式输出语句。

2. printf()函数格式说明

(1)“格式控制”是由双引号括起来的字符串，包括格式说明和普通字符，格式说明由“%”和其后的格式字符组成，用来指定输出数据的输出格式。不同类型的数据需要不同的格式字符。表1-1列出了printf()函数常用格式字符。

表1-1 printf()函数格式字符

格式字符	输出类型	说明
d	整型数据	以带符号的十进制形式输出整数(正数符号不输出)
o	整型数据	以八进制无符号形式输出整数(不输出前导符0)
x	整型数据	以十六进制无符号形式输出整数(不输出前导符0x或0X)
u	整型数据	以十进制无符号形式输出整数
c	字符型数据	以字符形式输出，只输出一个字符
s	字符型数据	以字符串形式输出
f	实型数据	以小数形式输出单、双精度数，隐含输出6位小数
e	实型数据	以标准指数形式输出单、双精度数，数字部分小数位数为6位

(2)“输出表列”由若干个变量或表达式组成,之间用逗号“,”隔开。

例如:

```
printf("a=%d,b=%d",a,b);
```

【例 1-2】 printf()函数的使用。

```
#include <stdio.h>
void main()
{
    int a,b,c,d;
    a=10;
    b=20;
    c=50;
    d=25;
    printf("a=%d,b=%d,c=%d,d=%d\n",a,b,c,d);
    printf("a+b=%d,a-b=%d\n",a+b,a-b);
    printf("a*b=%d,c/d=%d\n",a*b,c/d);
}
```

说明:

(1) 程序第 4 行,是声明部分,定义 a、b、c 和 d 四个整型变量。

(2) 程序第 5～8 行,是赋值语句,分别将常量 10、20、50 和 25,赋给变量 a、b、c 和 d。

(3) 程序第 9～11 行,是格式输出语句。

运行结果为:

```
a=10,b=20,c=50,d=25
a+b=30,a-b=-10
a*b=200,c/d=2
```

1.3.3 scanf()函数

1. scanf()函数的调用格式

scanf()函数的调用格式为:

```
scanf(格式控制,地址表列);
```

scanf()函数的主要功能是按所指定的格式从标准输入设备读入数据,并将数据存入地址表列所指定的存储单元中。在 scanf()函数结尾加上“;”就构成了格式输入语句。

2. scanf()函数格式说明

(1)“格式控制”是由双引号括起来的字符串,仅包括格式说明部分,格式说明由%和类型说明符组成,用于指定输入数据的类型。scanf()函数用到的格式字符如表 1-2 所示。

表 1-2 scanf()函数格式字符

格式字符	输入类型	说明
d	整型数据	输入十进制整数
o	整型数据	输入八进制整数
x	整型数据	输入十六进制整数
u	整型数据	输入无符号十进制整数
c	字符型数据	输入单个字符
s	字符型数据	输入字符串
f	实型数据	输入实数,可用小数形式或指数形式输入
e	实型数据	与 f 作用相同

(2)"地址表列"由若干个变量的地址组成,在变量名前加 &,当变量地址有多个时,各变量地址之间用逗号","隔开。"地址表列"中的地址个数必须与格式参数的个数相同,并且依次匹配。例如:

```
scanf("%d%d%d",&a,&b,&c);
```

当从键盘输入数据时,输入的数值数据之间用间隔符(空格符、制表符或回车符)隔开,间隔符数量不限。最后一定要按 Enter 键,scanf()函数才能接收从键盘输入的数据。

1.3.4 库函数和头文件

前面介绍的 printf()函数和 scanf()函数是 C 编译系统提供的库函数。库函数不是 C 语言的组成部分。而是由 C 编译系统提供的一些非常有用的功能函数(C 语言库函数见附录 C),例如各种输入输出函数、数学函数、字符串处理函数等,可供用户在自己程序中直接调用。这些库函数的说明、类型和宏定义都分门别类地保存在相应的头文件(也称包含文件或标题文件)中。在 C 语言的编译系统中,提供了若干个头文件。头文件以. h 为扩展名,且为文本文件。当使用系统提供的库函数时,只需在程序开始加上预处理语句:

```
#include <头文件>或者#include "头文件"
```

这条语句指明用#include 命令将头文件中的内容包含到用户源程序中,使之成为源程序的一部分。

printf()函数和 scanf()函数是在头文件 stdio. h 中定义的,stdio 是 standard input & output 的缩写,h 是 head 的缩写,因此,在调用它们之前,只要在程序开始加上预处理语句:

```
#include <stdio.h>或者#include "stdio.h"
```

然后就可以在程序中使用 scanf()函数和 printf()函数实现输入和输出功能。

C 语言有丰富的库函数,应该尽量利用。

【例 1-3】 计算任意立方体的表面积和体积。

设一个立方体的三条边分别是 a、b、c，表面积为 s，体积为 v，程序代码如下。

```
#include <stdio.h>
void main()
{
    int a,b,c,s,v;                    /*定义三条边为 a、b 和 c，表面积为 s，体积为 v*/
    scanf("%d%d%d",&a,&b,&c);         /*输入三条边的长度*/
    s=2*(a*b+b*c+a*c);                /*计算表面积*/
    v=a*b*c;                          /*计算体积*/
    printf("s=%d\n",s);               /*输出表面积*/
    printf("v=%d\n",v);               /*输出体积*/
}
```

说明：

(1) 程序第 4 行代码是声明部分，定义三条边为 a、b 和 c，表面积为 s，体积为 v，均为整型变量。

(2) 程序第 5 行代码，当运行到"scanf("%d%d%d",&a,&b,&c);"时，系统停下等待用户将整型数据从键盘输入给变量 a、b、c。其中，&a 的含义是变量 a 在内存中的地址。scanf()函数按照 a、b、c 在内存中的地址 &a、&b、&c 给 a、b、c 赋值。

scanf()函数中的"%d%d%d"表示按十进制整数形式输入数据。从键盘输入时，两个数据之间用一个或多个空格间隔，也可用 Enter 键、Tab 键间隔。不能用逗号间隔两个数据。

(3) 程序第 6 行是赋值语句，将表面积的值赋值给 s 变量。

(4) 程序第 7 行是赋值语句，将体积的值赋值给 v 变量。

(5) 程序第 8 行是格式输出语句，printf()函数的 s=按原样输出，%d 表示以十进制整数类型输出 s 变量的值，printf()函数括号内逗号右边 s 是要输出的变量。

(6) 程序第 9 行，格式输出语句，输出 v 变量的值。

程序运行时，从键盘输入 1、2、3，数字之间间用空格分隔，并以 Enter 键结束。

运行结果为：

```
s=22
v=6
```

1.4 C程序的开发过程

1.4.1 C程序的实现步骤

C 语言是一种编译型的程序设计语言，开发一个 C 程序要经过编辑、编译、连接和运行 4 个步骤，4 个步骤都正确无误，才能得出正确结果，如图 1-1 所示。其中带箭头的实线表示操作流程，带箭头的虚线表示操作所需要的条件和产生的结果。

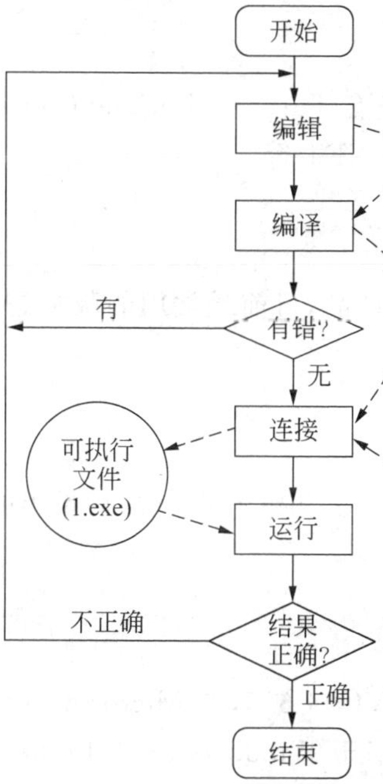

图 1-1 C 程序的开发过程

1. 编辑

编辑是指 C 语言源程序的输入和修改，最后以文本文件的形式存放在磁盘上，文件名由用户自己选定，扩展名一般为. c，这里以 1. c 为例。

2. 编译

计算机硬件不能直接执行源程序，必须将源程序翻译成二进制目标程序，翻译工作是由编译程序完成，翻译的过程称为编译，编译程序自动对源程序进行句法和语法检查，当发现错误时，就将错误的类型和在程序中的位置显示出来，以帮助用户修改源程序中的错误。修改有语法错误的源程序称为调试。重新编译如果未发现句法和语法错误，就自动生成目标程序文件 1. obj。

3. 连接

连接也称链接或装配，是用连接程序将编译过的目标程序文件和程序中用到的库函数以及其他目标程序文件连接装配在一起，形成可执行的程序文件 1. exe。

4. 运行

将可执行的程序文件 1. exe 运行，由计算机执行后，结果不正确，重复前面的步骤；结果正确，可获取程序的正确结果。

1.4.2 C语言常用集成开发环境

目前C语言常用的集成开发环境有Turbo C、Borland C++ Builder、Microsoft Visual C++ 6.0以及Microsoft Visual C++ .NET等。

1. Turbo C

Turbo C是美国Borland公司的产品，目前最常用的版本是Turbo C 2.0。Turbo C 2.0是该公司1989年推出的。

2. Borland C++ Builder

Borland C++ Builder是由Borland公司继Delphi之后推出的一款高性能集成开发工具，具有可视化的开发环境。

3. Microsoft Visual C++ 6.0

Microsoft Visual C++ 6.0简称VC++ 6.0，是Microsoft Visual Studio家族的成员，是Microsoft公司于1998年推出的基于Windows 98/NT/2000/XP平台的可视化集成开发环境。Microsoft Visual C++ 6.0不仅可以开发C++程序，也可以开发C程序。

4. Microsoft Visual C++ .NET

Microsoft Visual Studio. NET是Microsoft Visual Studio 6.0的后续版本，是一套完整的开发工具集。在.NET平台下包含Visual C++开发组件。

前一段时间，Turbo C 2.0用得比较多，但Turbo C 2.0基于DOS环境，在进入Turbo C 2.0集成开发环境后，不能用鼠标进行操作，主要通过键盘选择菜单，不够方便。

由于C++是从C语言发展而来的，C++对C程序是兼容的，也就是说，一个C程序可以在C++集成开发环境中进行调试和运行。

目前学习C++的人多使用Microsoft Visual C++ 6.0集成开发环境，为了读者今后方便地学习C++。本书主要是以Microsoft Visual C++ 6.0为C语言集成开发环境，因为它功能完善，操作简单，界面友好，适合初学者开发使用。在本书配套一体化实训教材《C语言程序设计实训》中，详细介绍了Microsoft Visual C++ 6.0集成开发环境的使用方法。

1.5 在Microsoft Visual C++ 6.0中开发C程序

Microsoft Visual C++ 6.0简称VC++ 6.0，在VC++ 6.0开发环境中，一个C程序被称为一个项目或工程(Project)，它是由程序中所需的所有文件组成的一个有机整体，一般包括源文件、头文件、资源文件等。项目被置于项目工作区(Workspace)的管理之下。一个项目工作区可以包含多个项目，甚至是不同类型的项目。这些项目之间相互独立，但共用一个项目工作区的环境设置。

本节主要介绍如何在 VC++ 6.0 中编辑、编译、连接和运行 C 程序。本书中的程序都是在 VC++ 6.0 环境下调试和运行的。

1.5.1 VC++ 6.0 集成开发环境简介

1. VC++ 6.0 的启动

在 Windows XP 操作系统上成功安装了 VC++ 6.0 以后，选择“开始”→“程序”→Microsoft Visual C++ 6.0→Microsoft Visual C++ 6.0 命令，进入 VC++ 6.0 集成开发环境，如图 1-2 所示。或者双击桌面上的 Microsoft Visual C++ 6.0 图标，也可以进入 VC++ 6.0 集成开发环境。屏幕上出现 VC++ 6.0 的主窗口。

图 1-2 启动 VC++ 6.0

2. VC++ 6.0 主窗口

VC++ 6.0 主窗口由标题栏、菜单栏、工具栏、项目工作区窗口、编辑窗口、输出窗口和状态栏组成，如图 1-3 所示。

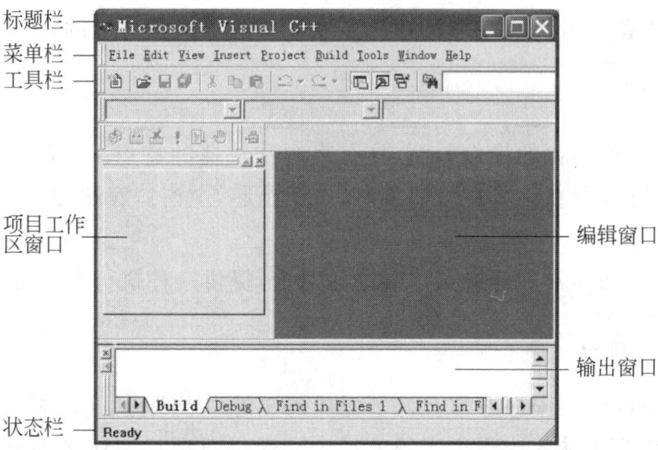

图 1-3 VC++ 6.0 主窗口

最上端的标题栏显示应用程序名和所打开的文件名(最大化时)，标题栏的下面是菜单栏和工具栏。工具栏的左下方是项目工作区窗口，右下方是编辑窗口，再下面是输出窗口，主要用于显示项目建立过程中所产生的错误信息，最下方是状态栏，显示当前操作或所选命令的提示信息。

3. 开发环境的菜单栏

在 VC++ 6.0 开发环境界面中，菜单栏如图 1-4 所示，VC++ 6.0 开发环境大部分功能都是通过菜单来完成的，因此，首先了解各个菜单命令的基本功能。

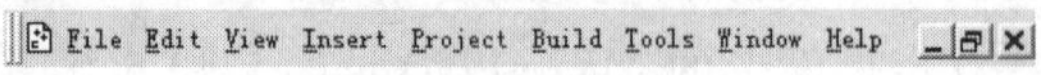

图 1-4 菜单栏

(1) File 菜单。File 菜单中的命令主要用于对文件和项目进行操作，如新建、打开、保存、打印等。

(2) Edit 菜单。Edit 菜单中的命令主要用于使用户便捷地编辑文件内容，如进行删除、复制等操作。

(3) View 菜单。View 菜单中的命令主要用于改变窗口和工具栏的显示方式，激活调试时所用的各个窗口等。

(4) Insert 菜单。Insert 菜单中的命令主要用于项目及资源的创建和添加。

(5) Project 菜单。Project 菜单中的命令主要用于项目的一些操作，如项目中添加源文件等。

(6) Build 菜单。Build 菜单中的命令主要用于应用程序的编译、连接、调试、运行。

(7) Tools 菜单。Tools 菜单中的命令主要用于选择或定制开发环境中的一些实用工具。

(8) Window 菜单。Window 菜单中的命令主要用于文档窗口的操作，如排列文档窗口、打开或关闭一个文档窗口、重组或切分文档窗口等。

(9) Help 菜单。Help 菜单中的命令主要用于提供大量详细的帮助信息。

4. 开发环境的工具栏

工具栏是一种图形化的操作界面，具有直观和快捷的特点。工具栏是一系列工具按钮的组合。当鼠标停留在工具栏按钮上时，按钮凸起，主窗口底端的状态栏上显示出该按钮的一些提示信息。

工具栏上的按钮通常和一些菜单命令相对应，提供一种执行常用命令的快捷方式。

5. 项目和项目工作区

一个 Windows 应用程序通常有许多源代码文件以及菜单、工具栏、对话框、图标等资源文件，这些文件都将纳入应用程序的项目中。通过对项目工作区的操作，可以显示、修改、添加、删除这些文件。项目工作区可以管理多个项目。

6. 资源

在 Windows 环境下，多数应用程序除大量源代码文件外，还包含菜单、工具栏、对话框和图标等，VC++ 6.0 环境下称它们为资源。因此，资源是一种界面成分，用户可以在资源中获取信息并在其中执行某种操作。

1.5.2 建立控制台应用程序

前面简单介绍了 VC++ 6.0 开发环境，VC++ 6.0 提供了在编制 Windows 环境下运行 DOS 程序的方法，这就是控制台应用程序。以控制台应用程序为例，利用 VC++ 6.0 提供的向导工具，开发 C 应用程序的大致步骤如下。

1. 创建项目工作区和项目

在 VC++ 6.0 中，程序在项目中的管理之下，而项目则在工作区的管理之下。因此，开发一个 C 程序，首先要创建一个工作区和一个项目，其中，创建工作区和创建项目可以同时完成。

(1) 在 VC ++ 6.0 开发环境中，选择 File→New 命令，弹出 New 对话框，选择 Projects 选项卡(默认)，如图 1-5 所示。

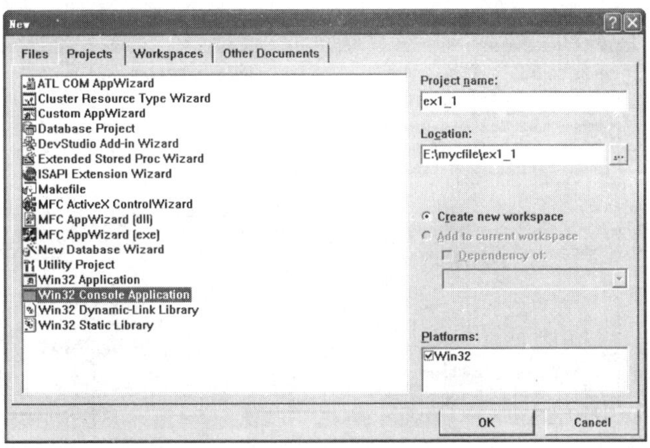

图 1-5 New 对话框下的 Projects 选项卡

(2) 在 New 对话框下的 Projects 选项卡中，列出了 VC++ 6.0 可为用户创建的各种类型的应用程序，从中选择 Win32 Console Application，创建一个基于控制台的项目。

(3) 在右侧上部 Project name 下的文本框中输入新建项目名称，如 ex1_1。

(4) 在右侧中部 Location 下的文本框中输入或选择该项目的存放路径，如 E:\mycfile\ex1_1，并且选中 Create new workspace 单选按钮。最后单击 OK 按钮。

(5) 在弹出的 Win32 Console Application 对话框中，显示了四种项目类型，如图 1-6 所示，选择不同的选项，意味着系统会自动生成一些程序代码，为项目增加相应的功能。这里选中 An empty project 单选按钮，表示生成一个没有任何源程序文件的空项目，再单击 Finish 按钮。

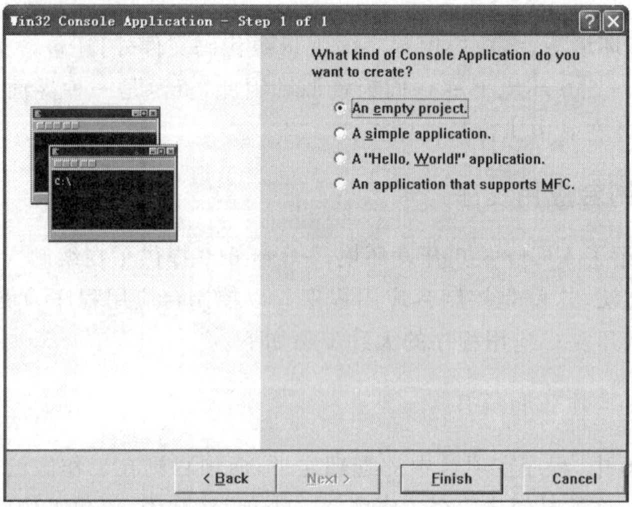

图 1-6 Win32 Console Application 对话框

(6) 在弹出的 New Project Information 对话框中,显示将要创建的新项目的基本信息,如图 1-7 所示,单击 OK 按钮。

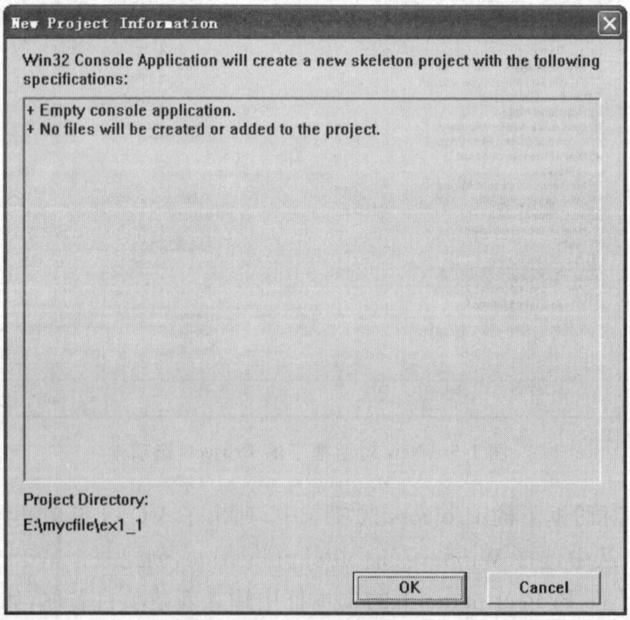

图 1-7 New Project Information 对话框

(7) VC++ 6.0 创建新项目,系统返回主窗口,并在文件夹 mycfile 下生成项目文件夹 ex1_1 及该文件夹下的工作区文件等,并在项目工作区中显示与项目有关的信息(通过 ClassView/FileView 选项卡切换),如图 1-8 所示。

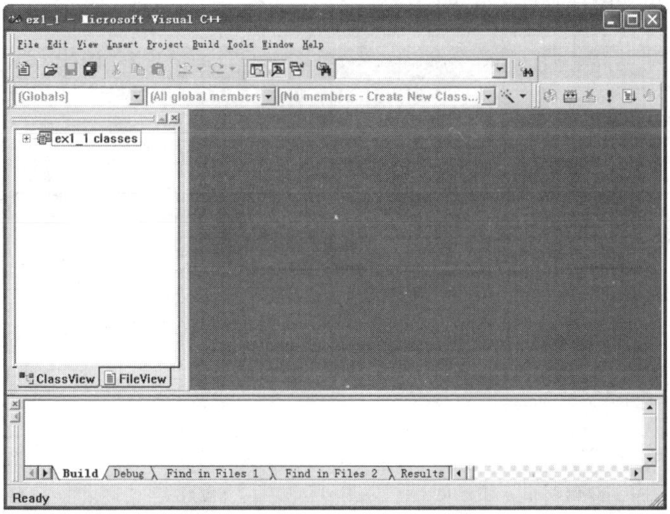

图 1-8　创建空项目后的主窗口

2. 创建和编辑程序源文件

创建的空白项目中没有任何文件，可添加各种类型的新文件到项目中。

(1) 在 VC++ 6.0 开发环境中，选择 File→New 命令，弹出 New 对话框，选择 Files 选项卡(默认)，如图 1-9 所示。

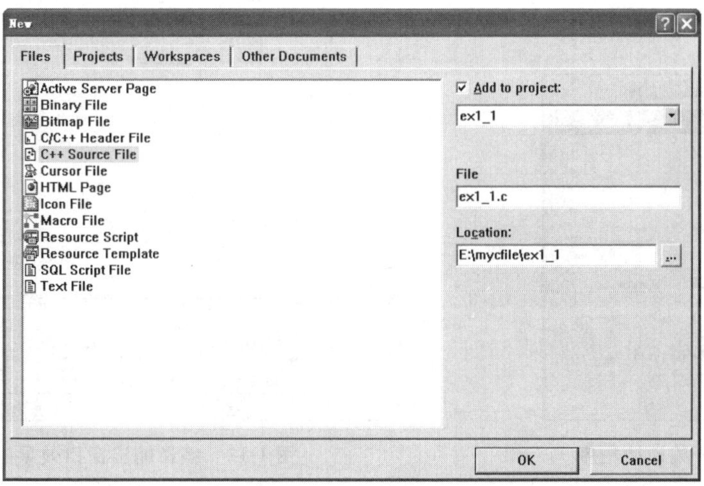

图 1-9　New 对话框下的 Files 选项卡

(2) 在 New 对话框下的 Files 选项卡中，列出了各种文件类型，从中选择 C++ Source File 选项，然后在确保右侧的 Add to project 复选框被选中的情况下，在 File 下的文本框中输入新建源程序文件名，如 ex1_1. c，单击 OK 按钮，系统返回主窗口，创建空的源程序文件 ex1_1. c，将其加入项目中，并在文件编辑窗口中打开。

(3) 在文件编辑窗口中输入例 1-1 的源程序代码。

(4) 输入结束,单击工具栏上的🖫按钮,保存文件,如图 1-10 所示。

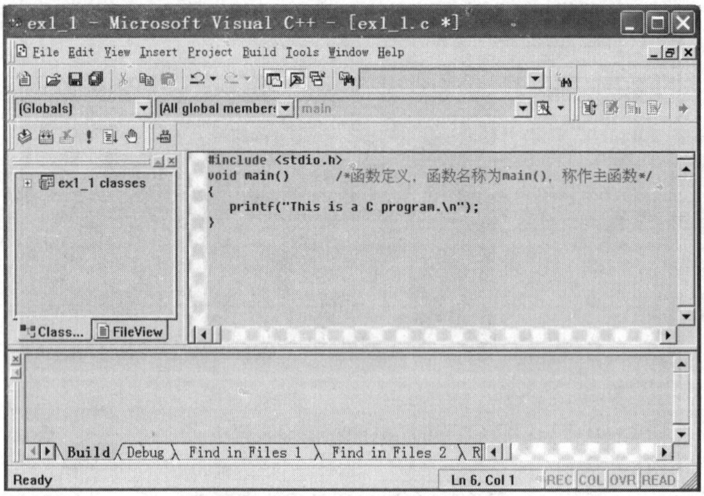

图 1-10 文件编辑窗口

3. 编译

(1) 单击编辑窗口中需要编译的源程序;选择 Build→Compile ex1_1. c 命令,或按 Ctrl+F7 组合键,如图 1-11 所示。

(2) 编译成功,输出窗口如图 1-12 所示,系统生成 ex1_1. obj 目标文件,则可进行连接。

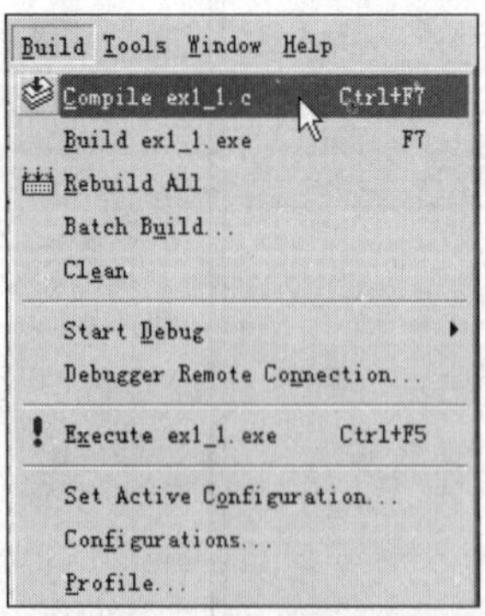

图 1-11 编译源程序

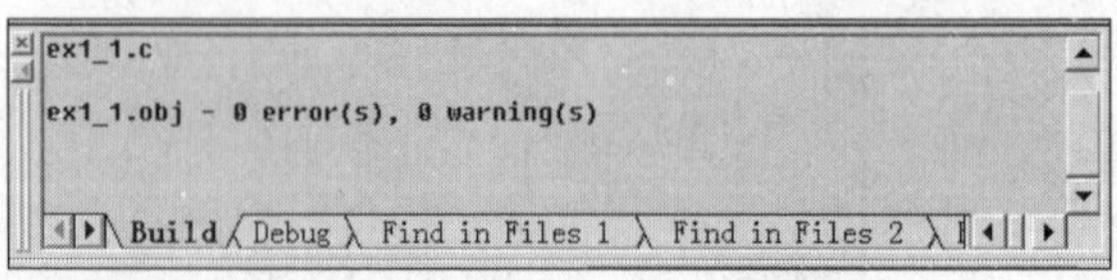

图 1-12 编译输出窗口效果

4. 连接

选择 Build→Build ex1_1. exe 命令,或按快捷键 F7,如图 1-13 所示。可将目标文件连接生成可执行文件 ex1_1. exe,如图 1-14 所示。

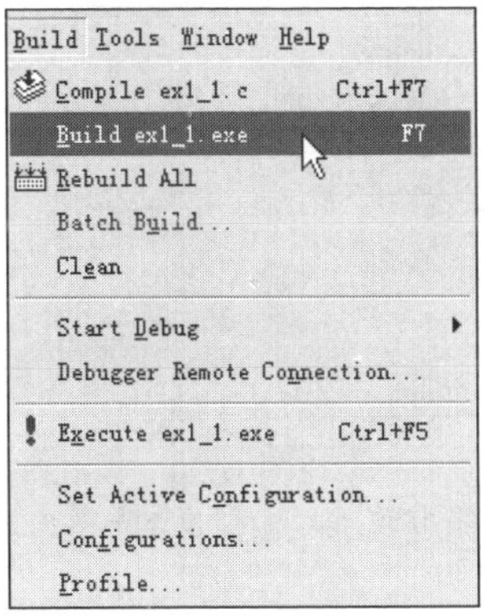

图 1-13 连接生成可执行文件

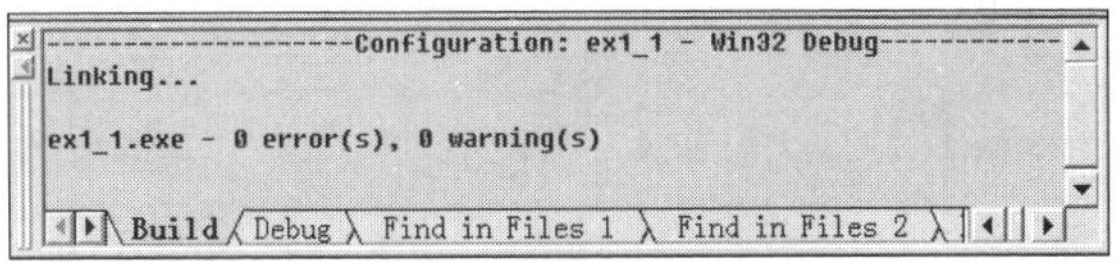

图 1-14 连接输出窗口效果

5. 运行

在 VC++ 6.0 开发环境中，选择 Build→Execute ex1_1.exe 命令，或按 Ctrl+F5 组合键，如图 1-15 所示。即可运行经编译、连接生成的可执行文件 ex1_1.exe。结果显示在 DOS 窗口屏幕上，如图 1-16 所示。查看输出结果后，按任意键，将返回 VC++ 6.0 的主窗口。

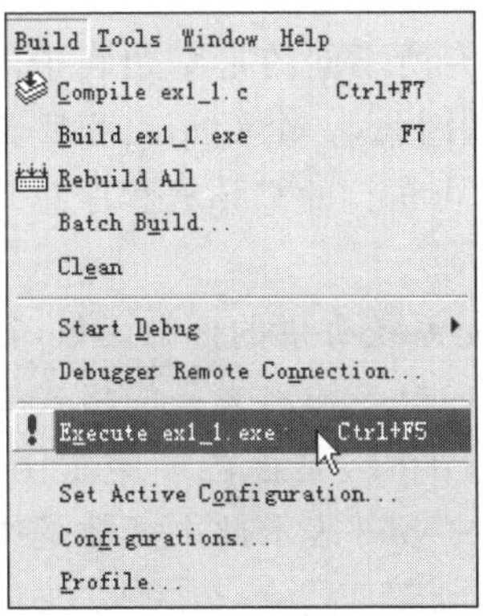

图 1-15 运行可执行文件

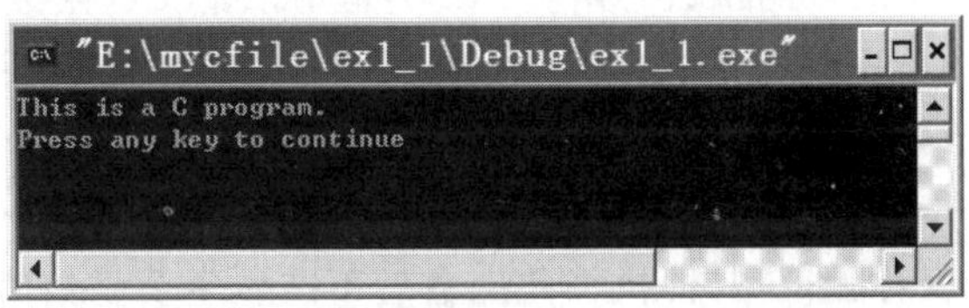

图 1-16 运行结果显示在 DOS 窗口屏幕

1.6 程序案例

下面通过一个例题说明一下 C 语言程序的结构、特点及其设计风格。

【例 1-4】 下列程序完成从算式 1+2+3+…+N 中找出一个其和大于 5000 的最小整数 N。

```
#include <stdio.h>
#define SUM_VALUE 5000
sum()
```

```
{
    int total=0,n=0;
    while(total<=SUM_VALUE)
    {
        n++;
        total=total+n;
    }
return(n);
}
void main()                              /*函数定义,函数名称为 main,称为主函数*/
{
    printf("This least value of N is %d.\n",sum());
}
```

运行结果:

```
This least value of N is 100.
```

上述程序虽不复杂,但可以说明C语言程序的结构及其特点。现将其总结归纳如下。

1. 函数与主函数

C语言中函数的概念类似于其他语言中的子程序概念,有所不同的是C语言中的主程序也被称为函数,并且被定义成名字为main()的主函数。因此,一个C语言程序是由一个或多个函数组成,其中必须有一个主函数main()。一个可执行的C语言程序总是从main()函数开始执行。

C语言的函数有两类:一类是用户定义的函数;另一类是系统提供的标准函数,在程序中所用到的系统标准函数是printf(),它是系统提供的面向标准输出设备的格式输出函数。而sum()和main()是两个用户定义的函数,其中main()是该程序的主函数。main后面的括号是函数定义的标志,不能省略。main前面的void表示此主函数是空类型,又称无值型,即执行此函数后不产生一个函数值。

2. 注释

为了使程序易读,在C语言程序中,设置注释部分,帮助阅读和理解程序。程序中以/*开头到*/结尾中的所有内容表示的意义是一个注释。在编译时注释行被忽略掉,并不产生代码行。注释可以写在程序的任何位置,/*与*/可以不在同一行上。如果注释写在程序的开头,一般用来说明整个程序的功能或注意事项等。注释嵌在程序语句行中或某行语句的尾部,一般用来说明一段程序的功能或某行程序的作用。当然,注释越多,程序的可读性和可维护性也就越好。

3. 花括号{ }的作用

花括号在C语言程序中是用来构成函数体和复合语句(也叫程序块,即逻辑上相关的一组语句的集合)的分隔符。一个C语言程序中至少要有一对花括号,以表示程序体的开始和结束。

4. 程序语句

在C语言程序中,一条完整的语句必须以分号";"结束。C语言程序语句可分为下面4类。

1) 说明语句

用来说明变量的类型和初值。例如,程序中的语句:

```
int total=0,n=0;
```

它说明 total 和 n 都是整型变量,并且初值都为 0。并列的标识符或项之间用逗号","分隔;两个关键词相邻时,中间用空格(至少一个)相间。

2) 表达式语句

用来描述逻辑运算、算术运算或产生某种特定动作的语句。例如,程序中的语句:

```
n++;
total=total+n;
printf("This least value of N is %d.\n",sum());
```

这些都是表达式语句。printf()函数是格式输出函数,此处是调用该函数完成输出功能。双引号内的字符串原样输出。\n 表示回车换行。

3) 程序控制语句

用来描述语句的执行条件与执行顺序的语句。例如,程序中的语句:

```
while(total<=SUM_VALUE)
    {循环体语句}
```

4) 复合语句

由花括号{ }括起来的逻辑上相关的一组语句。例如,程序中的语句:

```
{
    n++;
    total=total+n;
}
```

5. 大小写字母敏感性

C语言惯用小写字母。例如,C语言中的保留字及系统提供的标准库中所有函数的名称均使用小写字母。在C语言中,变量A和a是两个完全不同的变量,因为它们在内存中所分配的不是同一个地址。因此,字母大小写的敏感性应在C语言程序设计中引起足够的重视。

另外,在C语言中,以下划线_字符开头的标识符一般由内部使用,所以,在C语言程序设计时,最好不要用下划线字符作为标识符的开头字符。

6. 程序的书写格式

C语言在书写时是比较自由的，几个说明项或几个语句可以写在一行，一个语句可以分为几行写，但是一个词或一个数不能分两行写。例如，程序中的sum()函数完全可以写成下面的形式：

```
sum(){ int total=0,n=0;
while(total<=SUM_VALUE)
{ n++;total=total+n;}return(n);}
return(n);}
```

这种写法虽然允许，并且也是正确的，但却不如前面所写的那样在逻辑上清晰易懂。因此，良好的C语言程序书写格式，会给程序带来良好的可读性和可操作性。建议使用锯齿形的程序书写风格，因为这种书写风格具有较强的层次感和逻辑性。

7. 预处理特性

在C语言中除了上面所述的4类语句外，还有一类语句，这类语句的作用不是实现程序的功能，而是给C编译系统发布信息，它告诉C编译系统在对源程序进行编译之前应该做些什么。所以，这类语句被称为编译预处理语句。这类语句以＃号开头，占用一个单独的书写行。

在程序中使用了下面两个类型的预处理语句：

```
#include <stdio.h>
#define SUM_VALUE 5000
```

(1) ＃include ＜stdio.h＞是包含预处理语句。它指明C编辑器在对源程序编译之前，用stdio.h文件中的内容来取代该预处理语句，使之成为源程序的一部分。stdio.h称为包含文件或标题文件。在C语言的编译系统中，提供了若干个包含文件。包含文件以.h为后缀，且为文本文件。在stdio.h文件中，有使用标准输入输出函数时所需要的函数说明语句和符号常量的定义等。

(2) ＃define SUM_VALUE 5000是宏定义预处理语句。其功能是将一个符号常量SUM_ VALUE定义成数字量5000。在整个程序执行期间，SUM_VALUE被当作数字5000来使用。

8. 容易犯的错误

在C语言程序设计中，语句的结束符为分号“;”。但在下面3种情况下不允许有分号。

(1) 预处理语句后面不使用分号。

(2) 所定义的函数名称后面不使用分号。

(3) 在右花括号}后面不使用分号。

因此，下面横线上的分号均是错误的：

```
#include <stdio.h>;
#define SUM_VALUE 5000 ;
sum();
{ int total=0,n=0;
while(total<=SUM_VALUE)
{ n++;total=total+n;};
return(n);
};
```

9. 了解程序功能

在了解了C语言程序结构、特点及其设计风格之后，来解释一下例1-4中程序的功能。

第1行是嵌入包含文件stdio.h，因为程序中所用到的格式输出函数printf()的原形说明包含在stdio.h文件中。

第2行是一个宏定义语句。

第3行是定义sum()函数名，表示sum()函数开始。

第4～12行是sum()函数的函数体。

第5行定义了两个整型变量total和n，并为它们赋初值为0。

第6～10行是一个循环语句，完成求算式1+2+3+…+N大于5000的最小n值的任务。

第11行是终止sum()函数的执行，返回到调用它的函数，同时将所求出的n值返回给调用它的函数。

第13行是定义main()函数名，表示主函数开始，main()函数前面的void表示此主函数是空类型，该函数没有返回值。

第14～16行是main()函数体。其中第15行为main()函数中唯一的一条语句，它调用系统标准格式输出函数printf()，在屏幕上输出由sum()函数所求出的n值。

从以上程序可以看出，要学习使用C语言编写程序，首先要学习程序的结构，还要学习如何说明变量，如何使用各种可执行的语句以及如何将函数组成一个完整程序。

1.7 本章小结

本章首先从一个例题开始初识C语言程序，简要介绍了C语言的发展及特点、C语言的语法基础知识，通过简单的C程序设计，学习开发设计C语言程序的方法。通过程序案例分析讨论了C程序的格式、构成及其基本要求，现将本章的知识点归纳如下。

(1) C语言是一种兼有汇编语言和高级语言特点的新语言，于20世纪70年代初期由贝尔实验室研制。

(2) C语言主要有以下特点。

① 简洁紧凑、灵活方便；

② 运算符丰富；

③ 数据结构丰富；

④ C 语言是结构化和模块化的语言；

⑤ C 语言语法程序设计自由度大；

⑥ C 语言可以进行底层开发；

⑦ C 语言适用范围大，可移植性好。

(3) C 语言标识符的构造规则如下。

① 标识符由字母、数字和下划线组成。

② 标识符必须以字母或下划线开头。

(4) 保留字又称为关键字，就是具有特定含义的标识符。

(5) 将一个数据赋给一个变量用赋值运算符＝。赋值表达式后加上“;”就构成了赋值语句。

(6) printf()函数的主要功能是按“格式控制”所指定的格式，从标准输出设备上输出“输出表列”中列出的各输出项。

(7) scanf()函数的主要功能是按所指定的格式从标准输入设备读入数据，并将数据存入“地址表列”所指定的存储单元中。

从键盘输入时，两个数据之间用一个或多个空格间隔，也可用 Enter 键、Tab 键间隔。不能用逗号间隔两个数据。

(8) 功能相对独立的函数是 C 语言程序的基本单位。一个 C 源程序可以由多个函数组成，其中有且仅有一个名为 main()的主函数。不论 main()函数的位置在何处，C 语言总是从 main()函数开始执行。

(9) 任何函数都是由函数首部和函数体两部分组成。

(10) 用 C 语言编写的程序称为 C 语言源程序，必须经过编译和连接，生成可执行程序后才能执行。

(11) 在 VC++ 6.0 中开发一个 C 程序要经过编辑、编译、连接和运行 4 个步骤。

(12) 预处理语句包括：①包含预处理语句；②宏定义预处理语句。

1.8 习　　题

一、填空题

1. C 语言中的标识符只能由________、________和________3 种字符组成。

2. C 语言是一种________化程序设计语言。

3. 在 C 程序中语句必须以________作为结束标志。

4. 一个完整的 C 程序至少要有一个________函数。

5. 函数体以________符号开始，以________符号结束。

6. C 语言源程序文件的扩展名是________，经过编译后，所生成文件的扩展名是________，经过连接后，所生成的文件扩展名是________。

7. 开发一个 C 程序要经过________、________、________和________4 个步骤。

8. 在一个 C 源程序中，注释部分两侧的分界符分别为________和________。

二、判断题

1. C 语言并不属于高级语言。 (　　)
2. C 语言中的 main()函数是程序的入口。 (　　)
3. C 语言不是结构化程序设计语言。 (　　)
4. C 语言程序中的 main()函数必须放在程序的开始部分。 (　　)
5. C 程序是由函数构成的,每一个函数完成相对独立的功能。 (　　)
6. C 语言程序中的 ♯include 和 ♯define 均不是 C 语句。 (　　)
7. 预处理命令的前面必须加一个 ♯ 号。 (　　)
8. C 语言标准格式输入函数 scanf() 的参数表中要使用变量的地址值。 (　　)
9. 标准格式输入函数 scanf()可以从键盘上接收不同数据类型的数据项。 (　　)
10. C 语言是一种具有某些低级语言特征的高级语言。 (　　)

三、选择题

1. 下列人物当中,谁被称为 C 语言之父(　　)。

   A. 马丁·理查德　　B. 丹尼斯·麦卡利斯泰尔·里奇

   C. 肯尼思·汤普森　　D. 比雅尼·斯特劳斯特鲁普

2. 以下不属于算法基本特征的是(　　)。

   A. 有穷性　　B. 有效性　　C. 可靠性　　D. 有一个或多个输出

3. 以下描述正确的是(　　)。

   A. C 程序的执行是从 main()函数开始,到本程序的最后一个函数结束

   B. C 程序的执行是从第一个函数开始,到本程序的最后一个函数结束

   C. C 程序的执行是从 main()函数开始,到本程序的 main()函数结束

   D. C 程序的执行是从第一个函数开始,到本程序的 main()函数结束

4. 以下叙述中正确的是(　　)。

   A. C 语言比其他语言高级

   B. C 语言源程序可以不用编译就能被计算机识别执行

   C. C 语言以接近英语的自然语言和数学语言作为语言的表达式

   D. C 语言出现得最晚,具有其他语言的一切优点

5. C 语言源程序文件的扩展名为(　　)。

   A. .c　　B. .h　　C. .obj　　D. .exe

6. 以下叙述正确的是(　　)。

   A. 构成 C 程序的基本单位是函数

   B. 注释语句在 C 语言程序中是必不可少的

   C. main()函数必须放在其他函数之前

   D. 在 C 程序中,大小写字母等效

7. 以下有 4 个用户标识符,其中合法的一个是(　　)。

   A. while　　B. 3d　　C. a1_b2　　D. FOR_to

8. (　　)不是 C 语言的关键字。

   A. while　　B. auto　　C. break　　D. printf

9. 下列的单词中属于C语言关键字的是(　　)。

A. union　　B. include　　C. define　　D. ENUM

10. 下列叙述中,错误的是(　　)。

A. C语言中的标识符必须全部由字母组成

B. C语言不提供输入输出语句

C. C语言中的注释可以出现在程序的任何位置

D. C语言中的标准保留字必须小写

11. 下列标识中错误的一组是(　　)。

A. Name,char,a_bc,A－B　　B. a_bc, x5y,_USA,print

C. read,const,type,define　　D. include,integer,double,short_int

12. C语言语句的结束符是(　　)。

A. 分号　　B. 句号　　C. 逗号　　D. 回车

13. 以下叙述正确的是(　　)。

A. C程序的注释对程序的编译和运行不起任何作用

B. C程序的注释只能是一行

C. C程序的注释不能是中文信息

D. C程序的注释中存在的错误会被编译器检查出来

14. 下列四个叙述中,错误的是(　　)。

A. C语言中的标识符必须全部由字母组成

B. C语言不提供输入输出语句

C. C语言中的注释可以出现在程序的任何位置

D. C语言中的标准保留字必须小写

15. 下列关于标识符的说法中错误的是(　　)。

A. C语言合法的标识符是由字母、数字和下划线组成

B. C语言的标识符中,大写字母和小写字母被认为是两个不同的字符

C. C语言中的标识符的第一字符必须是字母

D. 用户自定义的标识符不能与C语言的保留字(关键字)同名

16. C语言中的标识符只能由字母、数字和下划线3种字符组成,且第一个字符(　　)。

A. 必须为字母

B. 必须为下划线

C. 必须为字母或下划线

D. 可以是字母、数字和下划线中任一种字符

四、简答题

1. C语言的主要特点是什么?

2. C语言程序中程序和函数的关系是什么?

3. 一个函数段从段名开始,至右花括号函数结束应包含几个部分?

4. 简述开发一个C语言程序的步骤。

第 2 章

基本数据类型、运算符及表达式

Chapter 2

在 C 程序中，每个数据都属于一个确定的、具体的数据类型。数据类型是指数据的内部表示形式。它是进行 C 语言程序设计的基础。计算机解决问题的过程其实就是数据处理过程。计算机是通过运行程序设计语言编制的程序来进行数据处理的。概括地说，一个程序一般包括两个部分：对数据的描述和对操作的描述。一个程序首先要告诉计算机有哪些数据需要处理，这些数据存放的位置，数据间有什么关系；还要告诉计算机在处理数据过程中产生的中间结果和最后结果存放的位置，这就是对数据进行描述；同时程序需要告诉计算机如何对这些数据进行处理，也就是对操作进行描述。

本章学习目标

1. 掌握 C 语言的数据类型
2. 掌握常量和变量的概念
3. 掌握运算符和表达式的使用方法
4. 掌握数据类型的转换方法

2.1 C 语言的数据类型

在学习用 C 语言编写程序前，需要掌握一些必备的基础知识，比如题目涉及哪些量？数据怎么表示？数据类型是什么？数据是程序设计中一个很重要的成分，学习任何一种计算机语言，必须了解这种语言所支持的数据类型。C 语言提供了丰富的数据类型，其包括的数据类型如图 2-1 所示。

1. 基本类型

基本类型指最基本的数据类型，包括整型（int）、实型（float 或 double）、字符型（char）、空类型（void）和枚举类型（enum）。

2. 构造类型

构造类型指由已知的基本类型通过一定的构造方法构造出来的类型，包括数组类型（array）、结构体类型（struct）、共用体类型（union）。

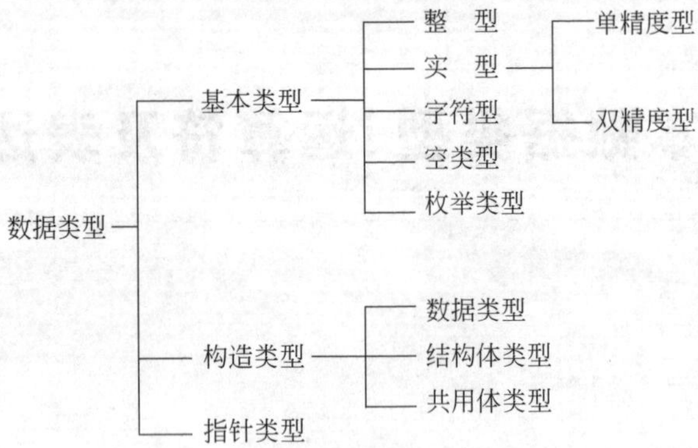

图 2-1 C 语言的数据类型

3. 指针类型

指针类型指用来表示某个量在内存储器中的地址，指针可以直接指向内存地址，访问效率高，用于构造各种形式的动态或递归数据结构，如链表、树、图等。

第 1 章介绍了基本类型中的空类型，本章将介绍基本数据类型中的整型、实型和字符型 3 种数据，其他数据类型将在以后的章节中介绍。

2.2 常　　量

C 语言中的数据，有常量和变量之分。

2.2.1 常量的概念

常量又称常数，是指在程序运行过程中其值保持不变的量，也叫字面常量。如程序中的具体数字、字符等。C 语言一般常量的表示和日常生活中常量的表示基本相同。

2.2.2 常量的分类

C 语言中的常量可分为整型常量、实型常量和字符型常量，下面将分别进行详细讲解。

1. 整型常量

整型常量又称为整数。它是由一系列数字字符组成的常数，不带小数点。整型常量的写法与日常算术整数写法基本一致。C 语言中的整型常量可用以下 4 种形式表示。

(1) 十进制整数。十进制整数是由正负号开头，后跟数码 0～9，正号可以省略不写。例如：

＋123，0，－456，789。

(2) 八进制整数。八进制整数必须以数字 0 开头，后跟数码 0～7。例如：

0123 表示八进制整数 123，相当于十进制整数 83。

－010 表示八进制整数－10，相当于十进制整数－8。

(3) 十六进制整数。十六进制整数以 0X 或 0x 开头，后跟数码 0～9、a～f(或 A～F)。其中 a～f(或 A～F)分别表示十进制数字 10～15。例如：

0x12，表示十六进制整数 12，相当于十进制整数 18。

－0XF，表示十六进制整数－F，相当于十进制整数－15。

(4) 无论是十进制整数、八进制整数，还是十六进制整数，都可以在它们的后面加上后缀 u(U)、l(L)或 ul(UL)，分别构成相应的无符号整数、长整数或无符号长整数。例如：

70u，0123u，0x6aU，－12783648L，0276543102L，0X1234567L，

1234567890ul，0345675026UL，0x3456ABEF56UL

2. 实型常量

实型也称浮点型，实型常量即实数(real number)，又称浮点数(floating-point number)。在 C 语言中，实型常量采用十进制表示，它有两种表示形式。

(1) 十进制小数形式。由数字 0～9 和小数点组成(注意，必须有小数点)。如 3.141 59、0.123、.321、21.0、0.0。

注意：在用十进制小数书写实型常量时，必须包含小数点，小数点的两边不一定要求都有数字，例如，21.0 可以写成 21.；0.123 可以写成.123。

(2) 指数形式。实型常量的指数形式类似于数学中的指数表示法，就是把其 10 的多少次幂中的 10 用 E(e)代替。一般格式为：

尾数 E(e)整数指数

如 5.1×10^{-27}、7.2×10^{23} 在 C 语言程序中分别表示为 5.1e－27、7.2e23 或 7.2e＋23。

注意：在用指数形式书写实型常量时，e(或 E)的前面和后面必须有数字，且 e 后面的指数必须为整数，而尾数可以是整数也可以是小数。例如，.0e0、1E0、0e5 合法，而 e3、2.1e3.5、.e3、e 等都是不合法的指数形式。

3. 字符型常量

字符型常量又分为字符常量、转义序列、字符串常量和符号常量。

(1) 字符常量。C 语言中字符常量是由一对单引号括起来的单个字符构成。例如：'x'、'y'、'7'、'%'、';'等都是有效的字符常量。

字符常量存储在内存中时，并不是存储字符(如 a、0、# 等)本身，而是以其 ASCII 编码存储的。例如，字符'b'的 ASCII 编码是 98，因此在内存中以二进制形式存放 98。需要注意的是，单引号只是界限符；字符常量只能是一个字符，不能写成'abc'或'12'；字符常量是区分大小写的，'a'和'A'是不同的字符常量。建议在程序中最好使用字符常量而不使用其编码值，编译程序就会自动地将其转换为相应的编码值。这样做不但提高了程序的可读性，也提高了程序的可移植性。

(2) 转义字符。除了能直接表示和在屏幕上显示的字符外，还有一些字符是不能显

示的,用来作为输出信息时的控制符号(如换行、退格等),可以用转义字符来表示。例如,前面已经遇到过的,在 printf()函数中的\n,它代表一个回车换行符。这类字符称为转义字符,意思是将反斜杠\后面的字符转换成另外的意义。例如,\n 中的 n 不代表字母 n 而作为回车换行符。转义字符及其作用如表 2-1 所示。

表 2-1 转义字符及其作用

转义字符	ASCII 值	字符	功　能
\'	39	'	单引号
\"	34	"	双引号
\\	92	\	反斜线
\0	0	NULL	表示字符串结束
\a	7	BEL	发出铃声
\b	8	BS(退格)	将当前的输出位置退回前一列处,即消除一个已输出的字符
\f	12	FF(换页)	将当前的输出位置移到下页的开头,对屏幕没有任何影响,但会影响打印机执行响应操作
\r	13	CR(回车)	将当前的输出位置移到本行开头
\n	10	LF(回车换行)	将当前位置移到下一行开头
\t	9	HT(水平跳格)	使下一个输出的数据跳到下一个输出区(一行中一个输出区占 8 列)
\v	11	VT(垂直跳格)	将当前位置移到下一个垂直制表对齐点,对屏幕没有任何影响,但会影响打印机执行响应操作
\ddd			用八进制数表示的 ASCII 字符
\xhh			用十六进制数表示的 ASCII 字符

表 2-1 给出的转义序列在不同的系统中可能会有所不同,使用时请注意参阅有关手册。表中的值是十进制数,使用\ddd 或\xhh 时,可表示 ASCII 编码表中的任何字符。反斜线\后面的 ddd 表示 3 位八进制数,xhh 表示 2 位十六进制数。例如,\173 或\x7B 可表示{,而\175 或\x7D 可表示}。又如,\b 可以写成\010 或\x08,ESC 可以写成\033 或\x1B。

【例 2-1】 转义符号的使用。

```
#include<stdio.h>
void main()
{
    printf("1234567890\n");
    printf("A\t\102\n");
}
```

运行结果为:

```
1234567890
A       B
```

说明：程序第4行printf()函数先在第一行左端开始输出1234567890，遇到\n换行到下一行。程序第5行printf()函数先在第二行左端第1列输出A，遇到\t，跳到下一个输出区（一个输出区占8列），即第9列。\102代表大写字母B，所以在第9列显示B。遇到\n换行到下一行。

(3) 字符串常量。字符串常量是用一对双引号括起来的字符序列。其中双引号起定界符的作用，它并不是字符串中的字符。

例如，"program"，"a"，"string constant"，" "，"A" 都是字符串常量。

注意：不要将字符常量与字符串常量混淆，'a'是字符常量，"a"是字符串常量，二者不同。

C语言规定，任何一个字符串都有一个结束符，并指定结束符为空字符\0。两个双引号间不包括任何字符的表示形式称为空字符串（NULL string）。字符串中的字符个数称为字符串的长度。字符串常量中不能直接包含单引号'、双引号"和反斜线\，若要使用，请遵照转义字符中介绍的方法。

(4) 符号常量。C语言中，常量可以用符号代替，代替常量的符号称之为符号常量。为了便于与一般标识符、变量名相区别，符号常量一般用大写英文字母序列构成，符号常量在使用之前必须预先进行定义。其定义的一般格式是：

```
#define 符号常量名 常量
```

例如：

```
#define NULL 0
#define EOF -1
```

其中NULL和EOF是定义的符号常量，它们代替的常量分别是0和−1。

```
#define PI 3.14
```

该语句的功能是把标识符PI定义为符号常量，代表的常量是3.14，定义后在程序中所有出现标识符PI的地方均用3.14代替。符合常量的标识符是用户自己定义的。

每个符号常量定义行只能定义一个符号常量，并占用一个书写行，且必须以#开头，define是用来定义的关键字，符号常量和常量之间至少要有一个空格分隔，其结束不能加分号。符号常量定义是C语言中的预处理命令，C语言的预处理命令等将在后面有关章节中介绍。

使用符号常量有以下优点。

① 使用符号常量增强了程序的可读性。如前面定义的符号常量EOF，它的含义是表示文件结束，即程序中出现的−1不仅仅是个数，还具有确定的意义。

② 使程序易于修改。程序中的某些常量，在调试、扩充或移植时要求修改它的值，把这类常量定义为符号常量，当需要修改其值时，仅需要改变其定义的值即可。当一个符号常量在一个大型程序中多处被使用时，就避免了在多处修改同一个常量，这充分体现了使

用符号常量的优越性。

【例 2-2】 符号常量的使用。

```
#include<stdio.h>
#define PRICE 8
void main()
{
    int num,
    int total;
    num=20;
    total=num*PRICE;
    printf("total=%d",total);
}
```

运行结果为：

```
total=160
```

例 2-2 中用一个标识符 PRICE 代表一个常量 8，称标识符 PRICE 为符号常量。请注意符号常量不同于变量，它的值在其作用域(在本例中为主函数)内不能改变，也不能再被赋值。如再用以下赋值语句给 PRICE 赋值是错误的。

```
PRICE=9;
```

2.3 变　　量

2.3.1 变量的定义

1. 变量的概念

变量是在程序运行过程中可以改变、可以赋值的量。在 C 语言中，变量必须遵循“先定义、后使用”的原则，即每个变量在使用之前都要用变量定义语句将其声明为某种具体的数据类型。

2. 变量的要素

(1) 变量名。变量的名称(简称为变量名)用标识符表示。每个变量都必须有一个名称作为标识，变量命名遵循标识符命名规则。习惯上，变量名用小写字母表示。

(2) 变量值。程序运行时，计算机按变量的类型分配一定量的存储空间，变量的值放在变量的存储空间内，程序通过变量名引用变量值，实际上是通过变量名找到其内存地址，从内存单元中读取数据。

3. 变量的定义

变量定义的一般格式为：

```
数据类型标识符 变量名 1[,变量名 2,…];
```

说明：

(1) 数据类型标识符必须是C语言有效数据类型符，例如：int、float、char、double等。

(2) 数据类型标识符与变量名之间加一个空格，方括号内的内容为可选项。可以同时声明多个相同类型的变量，当变量名多于两个以上时，变量名之间用逗号分隔，定义结尾加分号。例如：

```
int a;
int i,j,k;
float f1,f2;
char c;
```

4. 变量的赋值和初始化

变量的值可以通过赋值和初始化两种方式获得。

(1) 变量的赋值。在定义变量以后，通过赋值语句可以使变量获得数据。例如：

```
int a;
float f;
char c;
a=8;
f=8.24;
c='a';
```

(2) 变量的初始化。C语言允许在定义变量的同时给变量赋初值，这称为变量的初始化，变量初始化的一般格式为：

```
数据类型标识符 变量名 1=初值 1[,变量名 2=初值 2, …];
```

说明：

① 在定义变量时同时初始化变量。

```
int a=5;                          /*指定 a 为整型变量,初值为 5*/
float f=7.28;                     /*指定 f 为实型变量,初值为 7.28*/
char c='a';                       /*指定 c 为字符型变量,初值为'a'*/
```

② 给被定义变量的部分赋初值。

```
int a,b,c=-6;
```

它表示指定a、b、c均为整型变量，而只对c进行初始化，且c的初值为−6。

③ 对几个变量赋给同一个初值。

若对几个变量赋同一个初值，应写成：

```
int a=6,b=6,c=6;
```

而不应写成：

```
int a=b=c=6;
```

【例 2-3】 变量的定义与使用。

```
#include <stdio.h>
void main()
{
    int x;                           /*指定x为整型变量*/
    x=12;                            /*赋值语句,将12赋给x*/
    printf("x=%d\n",x);
}
```

程序中首先定义了一个整型变量 x，系统为整型变量 x 分配 2 个字节的存储空间，用于存放变量 x 的值 12。变量名和变量值是两个不同的概念，变量的存储方式如图 2-2 所示。

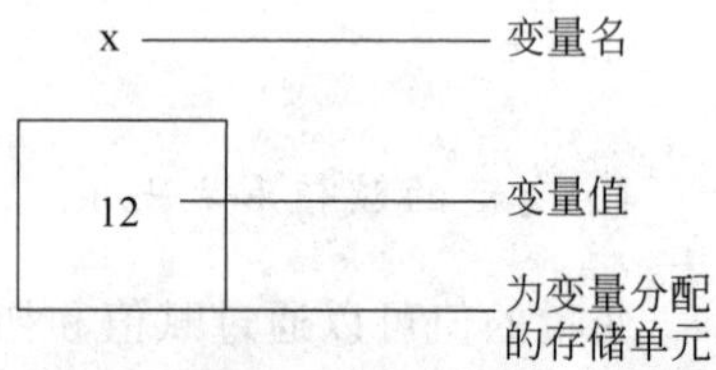

图 2-2 变量的存储方式

2.3.2 整型变量

1. 整型变量的分类

整型变量的基本类型以 int 表示。

在 int 之前可以根据需要分别加上修饰符：short（短整型）或 long（长整型）。因此，有以下 3 类整型变量。

(1) 基本整型，以 int 表示。

(2) 短整型，以 short int，或 short 表示。

(3) 长整型，以 long int 或 long 表示。

在实际应用中，变量的值常常是正的（如学号、库存量、年龄、存款额等）。为了充分利用变量的表数范围，此时可以将变量定义为无符号类型。以上 3 类加上修饰符 unsigned，以指定是无符号数。如果加上修饰符 signed，则指定是有符号数。如果既不指定为 signed，也不指定为 unsigned，则隐含为有符号（signed）。实际上 signed 是完全可以不写的。

如果指定 signed，则存储单元中以最高位代表符号（0 为正，1 为负）。如果指定 unsigned，则为无符号型，存储单元中全部二进位（bit）用作存放数本身，而不包括符号。无符号型变量只能存放不带符号的整数，如 510、715 等，而不能存放负数，如－529、－586 等。一个无符号整型变量中可以存放的正数的范围比一般整型变量中正数的范围大一倍。

因此，有以下 6 种整型变量的表示方法，如表 2-2 所示。

表 2-2 整型变量的表示方法

序 号	数据类型名称	表 示 方 法	简 写
1	有符号基本整型	[signed] int	int
2	有符号短整型	[signed] short [int]	short
3	有符号长整型	[signed] long [int]	long
4	无符号基本整型	unsigned int	unsigned int
5	无符号短整型	unsigned short [int]	unsigned short
6	无符号长整型	unsigned long [int]	unsigned long

注：方括号内的部分是可以省略的。例如，signed short int 与 short 等价，尤其是 signed，它是完全多余的，一般不写。

各类数据所占内存字节数，各种机器处理上有所不同，通常的做法是：把 long 定为 4 字节(32 位)，把 short 定为 2 字节(16 位)，而 int 可以是 2 字节(16 位)，也可以是 4 字节(32 位)。这主要取决于机器字长。在微机上用 long 型可以得到大范围的整数，但同时会降低运算速度，因此，除非不得已，不要随便使用 long 型。VC++ 6.0 规定 C 语言中整型变量占用的字节数(位数)及取值范围如表 2-3 所示。

表 2-3 VC++ 6.0 规定整型变量占用的字节数(位数)及取值范围

类 型	所占字节(位数)	取 值 范 围
int	4 字节(32 位)	−2 147 483 648～2 147 483 647
short	2 字节(16 位)	−32 768～32 767
long	4 字节(32 位)	−2 147 483 648～2 147 483 647
unsigned int	4 字节(32 位)	0～4 294 967 295
unsigned short	2 字节(16 位)	0～65 535
unsigned long	4 字节(32 位)	0～4 294 967 295

2. 整型数据在内存中的存放形式

数据在内存中是以二进制形式存放的。如果定义了一个整型变量 x，系统就给变量 x 分配相应的存储单元。例如：

```
int x;                              /* 定义变量 x 为整型变量 */
x=12;                               /* 赋值语句,将 12 赋给 x */
```

十进制数 12 的二进制形式为 1100，每一个整型变量在内存中占 2 字节。

图 2-3 所示为数据存放的示意图。

图 2-4 所示为数据在内存中实际存放的情况。

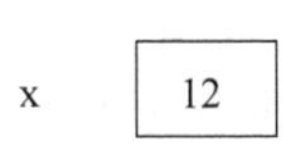

图 2-3 数据存放的示意图

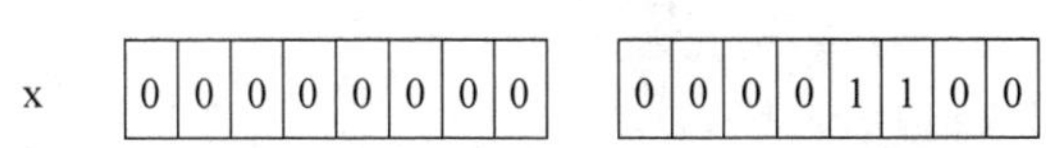

图 2-4 数据在内存中实际存放的情况

实际上，数值是以补码(complement)表示的。一个正数的补码和其原码的形式相同。求负数的补码的方法是将该数的绝对值的二进制形式按位取反再加 1。

【例 2-4】 求－12 的补码。

取－12 的绝对值 12,12 的二进制形式为 1100。

12 的原码为：	0 0 0 0 0 0 0 0 0 0 0 0 1 1 0 0
再对上述原码取反：	1 1 1 1 1 1 1 1 1 1 1 1 0 0 1 1
再加 1：	＋1
即得－12 的补码：	1 1 1 1 1 1 1 1 1 1 1 1 0 1 0 0

在整数 16 位中,最左边的一位表示符号,该位为 0,表示数值为正;该位为 1,表示数值为负。

3. 整型变量的定义

C 语言程序中所有用到的变量都必须"先定义,后使用"。对整型变量定义时请注意以下几点。

(1) 定义变量一般要在程序块的首部进行,以免在编译中出现变量未定义的错误。变量定义的位置决定了被定义变量的作用域,这一概念将在以后介绍。

(2) 描述数据类型的关键字与被定义的变量之间至少要有一个以上的空格隔开,这样做的目的一是便于阅读程序,二是便于编译系统识别。

(3) 多个变量是同一数据类型时,可以用一个数据类型的关键字进行定义,但必须注意,变量间要用逗号隔开,结尾要用分号结束。

(4) 变量可以以任意顺序进行定义,不必与它们在代码块中出现的顺序相对应。

(5)在定义 short int 型、long int 型和 unsigned int 型变量时,可以只用 short,long 和 unsigned 进行定义。

例如,有以下语句:

```
int a,b,c;
unsigned int d;
unsigned long e;
```

上面语句中定义变量 a、b、c 为有符号整型变量,定义变量 d 为无符号整型变量,定义 e 为无符号长整型变量。

【例 2-5】 整型变量的定义与使用。

```
#include<stdio.h>
void main()
{
    int a,b,c,d;unsigned u;
    a=10;b=-50;u=30;
    c=a+u;d=b+u;
    printf("a+u=%d,b+u=%d\n",c,d);
}
```

运行结果为:

```
a+u=40,b+u=-20
```

说明：程序中 a、b、c、d 均定义为带符号的整型变量，u 定义为无符号整型变量。printf()函数中的%d 是输出一个整数的格式符。

从上例中可以看出不同类型的整型数据可以进行算术运算。整型常量赋值给整型变量时必须注意数据类型的匹配。整型常量赋值如何做到类型匹配？请注意以下几点。

① 一个整型常量，其值在－32 768～32 767 范围内，认为它是 int 型，它可以赋值给 int 型和 short int 型变量。

② 一个整型常量，其值若超过了上述范围，在－2 147 483 648～2 147 483 647 范围之内，则认为它是 long int 型，可以将它赋值给一个 long int 型变量。

③ 在 C 语言中确定 short int 与 int 型数据在内存中占据的长度相同，则它的表数范围与 int 型相同。因此，一个 int 型的常量也同时是一个 short int 型常量，可以赋值给 int 型或 short int 型变量。

④ 常量中无 unsigned 类型。但一个非负值的整型常量可以赋值给 unsigned 型的整型变量，只要它的范围不超过变量数值的表示范围即可。例如，将 60 000 常量赋给一个无符号整型变量是允许的，但若常量的值超过 65 535 赋给无符号整型变量 unsigned int 就将产生溢出的错误。

⑤ 在一个整型常量后面加一个字母 l 或 L，则认为是 long int 型常量。如 10l、20L。

2.3.3　实型变量

1. 实型变量的分类

实型变量分为单精度（float 型）、双精度（double 型）和长双精度（long double 型）3 类。VC++ 6.0 规定实型变量占用内存字节数、有效位数及取值范围如表 2-4 所示。

表 2-4　VC++ 6.0 规定实型变量占用内存字节数、有效位数及取值范围

类　型	字节（位）	有效数位	取值范围
float	4(32)	6～7	3.4e－38～3.4e＋38
double	8(64)	15～16	1.7e－308～1.7e＋308
long double	8(64)	15～16	1.7e－308～1.7e＋308

表 2-4 列出的是计算机上常用的 C 语言编译系统的情况，不同的系统会有差异。

2. 实型变量的定义

(1) 单精度型变量。在使用单精度型变量之前，必须在程序块的首部对其进行定义。定义单精度型变量的关键字是 float。例如：

```
float x,y,z;
x=12.3456;
y=0.123456e2;
z=12345.6e-3;
```

上面将变量 x、y、z 定义为单精度型变量，并用 3 种不同的方式对变量 x、y、z 赋予同一个实型常量 12.3456。

而在 VC++ 6.0 编译系统中将实型常量作为双精度来处理，因此系统将无法编译通过。此时需在实型常量数的后面加字母 f 或 F，这样 C 编译系统将为其分配 4 字节(32 位)的存储空间并按单精度处理。

将上面的语句修改为：

```
float x,y,z;
x=12.3456f;
y=0.123456e2f;
z=12345.6e-3F;
```

(2) 双精度型变量。在使用双精度型变量之前，也必须在程序块的首部对其进行定义。定义双精度型变量的关键字是 double。例如：

```
double ex,sec;
ex=2.718281828459;
sec=4.848136811076e-7;
```

这里 ex、sec 均被定义为双精度型变量。定义为双精度型变量，C 编译系统将为其分配 8 字节(64bit)的存储空间。

在初学阶段，对 long double 型用得较少，因此不作详细介绍。读者只要知道有此类型即可。

3. 实型数据的误差

由于实型变量是用有限的存储单元存储的，因此，能提供的有效数字总是有限的，在有效位以外的数字将被舍去。由此可能会产生一些误差。观察下面的程序。

【例 2-6】 实型数据的误差。

```
#include <stdio.h>
void main()
{
    float a,b;
    a=12345678.123e3f;
    b=a+10;
    printf("%f\n",b);
}
```

运行结果为：

```
12345677834.000000
```

a+10 的理论值应是 12345678133.000000，而一个实型变量只能保证的有效数字是 7 位有效数字，后面的数字是无意义的，并不准确地表示该数。

应当避免将一个很大的数和一个很小的数直接相加或相减，否则就会“丢失”小的数。

2.3.4 字符变量

1. 字符变量的定义

字符变量是用来存放字符常量的，在一个字符变量中只能放一个字符，而不能存放一个字符串(包括若干字符)。

字符变量和整型变量一样也需要先定义，其定义应该在程序块的首部，其关键字是char。

字符变量的定义形式如下：

```
char c1,c2;
char c1; char c2;
```

前者是用一个 char 关键字定义 c1、c2 为字符变量；而后者则是分别定义 c1、c2 为字符变量，这两种定义方法的作用是一样的，但通常使用前者。

它表示 c1 和 c2，可以各放一个字符，因此，可以用下面的语句对 c1、c2 赋值。

```
c1='a';c2='b';
```

可以在定义字符变量的同时给它赋初值，即字符变量初始化。

例如：

```
char c1='a';
char c2='b';
```

一般规定以一个字节来存放一个字符，或者说一个字符型变量在内存中占一个字节。

2. 字符常量在内存中的存放形式及使用

将一个字符常量放到一个字符变量中，实际上并不是把该字符本身放到内存单元中去，而是将该字符的相应的 ASCII 代码放到存储单元中。例如，字符'a'的 ASCII 代码为 97，'b'为 98，在内存中变量 c1、c2 的值如图 2-5(a)所示。实际上是以二进制形式存放的，如图 2-5(b)所示。

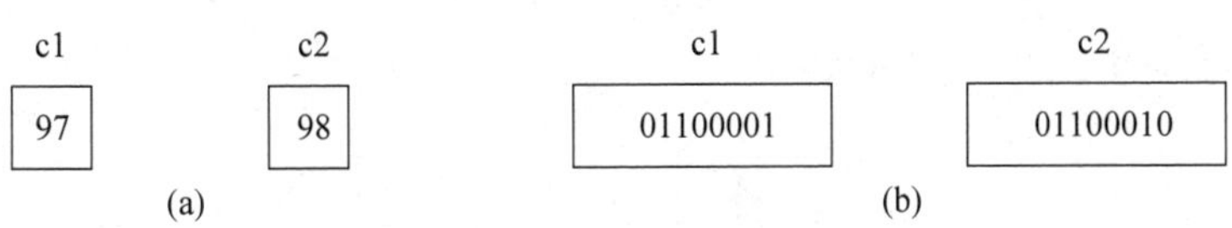

图 2-5 字符常量在内存中的存放形式

既然在内存中，字符数据以 ASCII 代码存储，与整型数据的存储形式类似。也就是说字符数据和整型数据之间可以进行运算。对字符数据进行算术运算，只是相当于对它们的 ASCII 码进行算术运算。同样，在数据输出时，一个字符数据既可以以字符形式输出，也可以以整数形式输出。以字符形式输出时，需要先将存储单元中的 ASCII 码转换成相应字符，然后输出。以整数形式输出时，直接将 ASCII 码作为整数输出。但是应注意字符数据只占一个字节,它只能存放0～255范围内的整数。

说明:

(1) 不是任何整型常量都可以作为字符的代码值,也不是任何字符代码都可以有对应的输出字符。例如,有些控制字符就是如此,这一点应特别注意。

(2) C语言的字符变量仅能接收字符常量的赋值或某些函数的返回值的赋值。

【例 2-7】 向字符变量赋整数。

```
#include <stdio.h>
void main()
{
    char c1,c2;
    c1=97; c2=98;
    printf("%c,%c\n",c1,c2);
    printf("%d,%d\n",c1,c2);
}
```

运行结果为:

```
a,b
97,98
```

例2-7中,第2行中c1、c2被指定为字符型变量,但在第3行、第4行中,将整数97和98分别赋给c1和c2,它的作用相当于以下两个赋值语句:

```
c1='a';c2='b';
```

因为'a'和'b'的ASCII码为97和98。也可以理解为97和98两个整数直接存放到c1和c2的内存单元中。而c1='a'和c2='b'是先将'a'和'b'化成ASCII码为97和98,然后放到内存单元中。二者作用是相同的。第5行将输出两个字符,c%是输出字符的格式符。第6行将输出两个数字,%d是输出数字的格式符。

【例 2-8】 大小写字母的转换。

```
#include <stdio.h>
void main()
{
    char c1,c2;
    c1='a';
    c2='b';
    c1=c1-32;
    c2=c2 - 32;
    printf("%c\n",c1);
    printf("%c\n",c2);
}
```

运行结果为:

```
A
B
```

程序的作用是将两个小写字母a和b转换成大写字母A和B。'a'的ASCII码为97，而'A'为65，'b'为98，而'B'为66。从ASCII代码表中可以看到每一个小写字母比它相应的大写字母的ASCII码大32。C语言对字符数据的处理使程序设计增大了自由度。

3. 字符串常量在内存中的存放形式

字符串常量在内存中存储时，系统自动在该字符串的末尾加一个字符串结束标志，这个结束标志就是'\0'(ASCII码值为0的字符)，也用'NULL'表示。它是一字节(8bit)的代码，因此，长度为n个字符的字符串常量，在内存中要占用n+1字节的存储空间。例如，字符串常量"program"有7个字符，则它在内存中就要占用8字节的存储空间，如图2-6所示。

'p'	'r'	'o'	'g'	'r'	'a'	'm'	'\0'

图2-6 字符串常量在内存中的存放形式

注意：字符串常量在内存中都是以其字符的ASCII编码值进行存储而不是字符本身。

特别要注意的是字符串常量和字符型常量在表示形式和存储形式上都是不同的。例如，'A'和"A"是两个不同的常量。其存储形式分别为：

字符型常量'A'，只包含1个字符即'A'，仅占用1字节的存储空间。

字符串常量"A"，包含2个字符即'A'和'\0'，占用2字节的存储空间。

因此，不能用字符串常量对字符型变量进行赋值。原因很简单，字符变量仅为其开辟1字节的存储空间，而字符串常量至少有2字节或2字节以上的信息需要存储。

C语言中没有专门的字符串变量，如果要把字符串存放在变量中，需要用字符数组来存放。关于字符数组将在后面章节介绍。

2.4 运算符和表达式

2.4.1 运算符的分类

C语言的运算符非常丰富，使用方法也非常灵活，这是C语言的主要特点。C语言有44个运算符，它们被用来把常数，变量以及函数等(统称操作数)按特定的操作方式结合起来以产生表达式。

按运算符的运算对象(即操作数)可将运算符分成3类：一目运算符、二目运算符、三目运算符。这里一目表示有一个操作数。若按运算符所完成的动作类型分类，则可分成下面几类。

(1) 圆括号运算符：()

(2) 算术运算符：+、-、*、/、%

(3) 增 1、减 1 运算符：++、--

(4) 赋值运算符：=及其扩展赋值运算符

(5) 关系运算符：<、<=、==、>、>=、!=

(6) 逻辑运算符：&&、||、!

(7) 逗号运算符：,

(8) 求字节数运算符：sizeof

(9) 强制类型转换运算符：(类型)

(10) 条件运算符：?:

(11) 下标运算符：[ ]

(12) 指针运算符：*、&

(13) 分量运算符：.、->

(14) 位运算符：&、∧、|、~、≪、≫

2.4.2 运算符的优先级与结合性

在 C 语言中，其运算符非常丰富，有算术运算符、赋值运算符、逗号运算符、关系运算符、逻辑运算符等。对于由单一的运算符组成的表达式，不难进行运算，但对于由多个运算符组成的表达式，就必须按一定的运算规则进行运算。否则，其运算将无法进行。

C 语言规定了运算符的优先级和结合性。在表达式求值时，既要按运算符的优先级别高低次序执行，同时还要考虑其结合性(结合方向)。

1. 运算符的优先级

所谓运算符的优先级就是在一个表达式中运算符所具有的运算优先次序。优先级数字越大，表示优先级越高，越优先被执行。在 C 语言中，运算符的优先顺序共分 15 个等级，最低为 1，最高为 15。处在同一级别的运算符，它们的优先级相同。运算符的优先顺序详见附录 B。

除了规定的优先级之外，还有一种强制改变优先级的方法，那就是使用圆括号()运算符。使用圆括号后，编译程序将依据如下原则确定优先顺序：先进行内层括号对内的运算，再进行次内层括号对内的运算，依此类推。

例如，要求将 a 与 b 的和除以 c，则可以写为(a+b)/c。如果没有这种强制改变优先级的方法完成上述操作将会麻烦些。

2. 运算符的结合性

所谓运算符的结合性就是同一优先级的运算符的结合方向。自左至右的结合方向，称为左结合性；反之称为右结合性。除单目运算符、赋值运算符和条件运算符是右结合性，分别为第 14、3、2 级。其他运算符都是左结合性。

2.4.3 算术运算符和算术表达式

1. 算术运算符

C语言有如下5个算术运算符。

+：加法运算符，或正值运算符，如1+4、+8。

-：减法运算符，或负值运算符，如5-2、-9。

*：乘法运算符，如2*6。

/：除法运算符，如7/4。

%：模运算符，或称求余运算符，如5%3。

所谓双目运算符就是运算符需要两个操作数构成表达式。例如，3+5、3和5就是两个操作数，算术运算符就是双目运算符。减号“-”又可作为单目运算符，即取负运算符。

说明：

(1) 两个整数相除的结果为整数，如5/3的结果值为1，舍去小数部分。但是，如果除数或被除数中有一个为负值，则舍入的方向是不固定的。例如，-5/3在有的机器上得到结果-1，有的机器则给出-2。多数机器采取“向零取整”的方法，即5/3=1，-5/3=-1，取整后向零靠拢。如果参加运算的两个数中有一个数为实数，则结果是double型，因为所有实数都按double型进行运算。

(2) 模运算是取整数除法的余数。例如，5%3的值为2，%两侧均应为整型数据，所以%不能用于float和double类型。

【例2-9】 模运算符%的用法。

```
#include <stdio.h>
void main()
{
    int x,y;
    int a,b;
    x=10;
    y=3;
    a=x/y;
    b=x%y;
    printf("x/y=%d\n",a);
    printf("x%%y=%d\n",b);
}
```

运行结果为：

```
x/y=3
x%y=1
```

2. 算术表达式

算术运算符和操作数结合构成算术表达式。操作数包括常量、变量、函数等。例如：

```
'b'-d*c+2.4/2-c%7
```

是一个合法的C算术表达式。

3. 算数运算符的优先级、结合性

算术运算符中的*、/、%运算符指定优先级是第13级，它们优先于优先级小于13级的各种运算符，但它们低于优先级为第15级和第14级的运算符。而运算符+、-的优先级是第12级。也就是说在一个表达式中有加、减、乘、除运算时要先进行乘、除运算，而后进行加、减运算。

例如，求表达式a-b*c的值。

按运算符的优先级别高低次序执行，即先乘除后加减。b的左侧为减号，右侧为乘号，而乘号优先于减号，因此，相当于a-(b*c)。

例如，求表达式a-b+c的值。

运算对象两侧的运算符的优先级别相同，则按左结合性处理。先运算a-b，再运算+c。

如果一个运算符两侧的数据类型不同，则先自动进行类型转换，使两者具有同一种类型，然后进行运算。

2.4.4 增1、减1运算符及表达式

1. 增1、减1运算符

C语言中除了基本运算符外，还包括两个特殊的算术运算符：增1运算符++，减1运算符--。

表达形式有4种：

(1) ++操作数；

(2) 操作数++；

(3) --操作数；

(4) 操作数--。

增1、减1运算符是单目运算符，其优先级是第14级，其结合性是从右至左结合。例如：

(1) ++i等价于i=i+1；

(2) --i等价于i=i-1。

2. 增1、减1表达式

由增1、减1运算符和变量构成的表达式是增1、减1表达式。

使用增1、减1操作时需注意以下几点。

(1) 增1、减1运算的操作对象只能是变量，而不允许是常量或表达式、函数调用等。

这一点很易理解，因为增1、减1操作是将操作对象的值加1或减1后送回原单元，而常量、表达式等没有对应的存储单元，例如，++x，y++是允许的，而++10，(i+j)+

＋则是不允许的。

(2) 增1、减1运算符的操作数通常是整型或字符型，因为上述类型的数据操作后其值是确定的；而实型数操作前后并不能确保其差的绝对值是1。

(3) 增1、减1操作又分前置和后置操作两类，它们有质的区别。

所谓前置操作是将操作数先执行增1或减1操作，再将操作后的值参加其他操作；而后置操作则是先将操作数的值参加其他操作，再对操作数做相应的增1或减1操作。例如：

```
b=++a
b=a++
```

前者a和b具有相同的值，也就是将a的值先进行加1运算并送回a所在单元，再将a加1后的值赋给变量b；而后者a的值比b的值大1，即先将a的值赋予b，再将a的值加1送回a所在的单元。

(4) 增1、减1运算是除了第15级以外优先级最高的运算。但是后置操作则要注意：必然先引用其值参加运算，再做后置操作。

(5) 注意增1、减1操作的副作用。副作用是指某些变量依赖于表达式的计值方法而发生的改变。为了保证程序的可移植性，应尽量避免使用那些容易产生副作用的语句。

(6) 增1、减1运算一般用于以下2种场合。

① 计数。最常用的场合是修改循环控制变量，因为n＋＋不论是从书写的角度还是从阅读的角度都比n＝n＋1来得简捷方便，且生成的目标码较n＝n＋1短。

② 指针增1、减1操作。操作对象是指针类型时，则按照指针所指向的存储单元递增或递减，被递增后的指针指向下一个单元的首地址；递减后的指针指向上一个单元的首地址。

(7) 在增1或减1表达式不是其他表达式的一部分时，其前置操作和后置操作的效果是一样的。例如，＋＋a和a＋＋。因为操作对象不参与其他操作，故a是先加1后引用其值，还是先引用其值后再加1效果一样。

【例2-10】 增1、减1运算符前置、后置应用。

```
#include <stdio.h>
void main()
{
    int i,j,k;
    k=10;
    i=k++;
    j=++k;
    printf("k=%d,i=%d,j=%d\n",k,i,j);
    k=10;
    i=--k;
    j=k--;
    printf("k=%d,i=%d,j=%d\n",k,i,j);
}
```

运行结果为：

```
k=12,i=10,j=12
k=8,i=9,j=9
```

2.4.5 赋值运算符和赋值表达式

简单的赋值运算符与赋值表达式在第 1 章已经讲述过，这里将进行深入的研究。

1. 赋值运算符

C 语言提供了两种运算符，一种是简单赋值运算，另一种是复合赋值运算。

(1) 简单赋值运算符。简单赋值运算符是个＝，它是一种二目运算符，必须连接两个运算量，其左边只能是变量或数组元素，右边是任何表达式。它的作用是将一个数据赋给一个变量。例如：

```
a=10;                          /*把常量 10 赋给变量 a*/
b=2;                           /*把常量 2 赋给变量 b*/
x=a/b;                         /*将表达式 a/b 的值赋给 x*/
```

而 y＋2＝x，5＝x 等则是错误的。

如果赋值运算符两侧的类型不一致，但都是数值型或字符型时，在赋值时要进行类型转换。

【例 2-11】 赋值表达式中类型转换引起的数值变化。

```
#include <stdio.h>
void main()
{
    unsigned a;
    int b=-1;
    a=b;
    printf("%u\n",b,a);
}
```

运行结果为：

```
4294967295
```

在 VC++ 6.0 中，数值是按补码形式存储的，int 型的－1 的二进制存储格式为 32 个 1，在进行 a＝b 的赋值时，要将－1 转换成 unsigned int 型，这时，最高位的符号位也被视为数值位，32 个 1 代表的数值是 4 294 967 295。因此，输出结果是 4 294 967 295。

(2) 复合赋值运算符。在赋值符＝之前加上其他运算符，可以构成复合赋值运算符。C 语言规定可以使用 10 种复合赋值运算符，它们是：

```
+=、-=、*=、/=、%=、<<=、>>=、&=、^=、|=
```

其中，前五种复合赋值运算符具有算术运算和赋值的双重功能，例如：

a+=6 等价于 a=a+6；

a-=5 等价于 a=a-5；

x*=y+6 等价于 x=x*(y+6)；

x/=6 等价于 x=x/6；

x%=4 等价于 x=x%4。

说明：

① 赋值运算符的优先级在所有的C运算符中处于倒数第二，仅高于逗号运算符，结合性从右到左。

② 在使用复合赋值运算符时，要将右边的表达式作为一个整体与左边的变量进行运算，例如，x*=y+3 表示 x=x*(y+3)而不是 x=x*y+3。

后五种复合赋值运算符则具有位运算和赋值的双重功能，将在第12章中介绍。

C语言中采用这种复合运算符的目的：一是为了简化程序，使程序精炼；二是为了提高编译效率。

2. 赋值表达式

(1) 定义。由赋值运算符将一个变量和一个表达式连接起来的式子称为赋值表达式。其一般形式为：

```
变量=表达式
```

赋值表达式可以嵌套，并可以放在任何可以放置表达式的地方。例如：

```
a=(b=10)
```

括号内的 b=10 是一个赋值表达式，它的值等于 10。a=(b=10)相当于 b=10 和 a=b 两个赋值表达式，因此，a 的值等于 10，整个赋值表达式的值也等于 10。从附录B中可以知道赋值运算符按照"自右而左"的结合顺序，因此，b=10 外面的括号可以不要，即 a=(b=10)和 a=b=10 等价，都是先求 b=10 的值，然后再赋值给 a。

将赋值表达式作为表达式的一种，使赋值操作不仅可以出现在赋值语句中，而且可以以表达式形式出现在其他语句(如输出语句、循环语句等)中。例如：

```
printf("%d",a=b);
```

如果 b 的值为 10，则输出 a 的值(也是表达式 a=b 的值)为 10。在一个语句中完成了赋值和输出双重功能。这是C语言灵活性的一种表现。

(2) 由++和--运算构成的赋值表达式。++和--运算施加于变量后也构成赋值表达式，例如，i++表示 i=i+1，所以 i++也是赋值表达式。

但要特别注意++或--只能施加于变量，而不能施加于表达式。例如，++i++就不是正确的赋值表达式，因为根据++运算符从右到左的结合性，它表示++(i=i+1)，++被施加在赋值表达式 i=i+1 上是不允许的。

(3) 赋值表达式也可以包含复合赋值运算符。其一般形式为：

```
变量 双目运算符=表达式
```

例如,有表达式 x+=x+=x*=x-2,假设 x 的初值为 5,求 x 的值。

这个赋值表达式中含有 3 个复合的赋值运算符。

首先看一下它们的优先级别和结合方向。其优先级别相同,结合方向均为自右向左,所以从右到左,可以按以下步骤来求解此表达式:

① 先进行 x*=x-2 的计算,此式子相当于 x=x*(x-2),因为赋值运算符的优先级别最低,所以根据运算规则,将 x=5 代入此式,即得:

x=x*(x-2)→x=5*(5-2)→x=15

② 再计算 x+=x*=x-2,此时即是计算 x+=x→x=x+x→x=15+15→x=30。

③ 最后计算整个式子的值:

x+=x+=x*=x-2→x+=x+=x→x+=x→x=x+x→x=30+30→x=60

该赋值表达式的值是 60,x 的值为 60。

注意:*赋值号左边必须是变量或数组元素,诸如 a=b+c=d、x=i++=y、u=2=v 这样的表达式就不是正确的赋值表达式。*

【例 2-12】 复合赋值运算符和赋值表达式作为运算量。

```
#include <stdio.h>
void main()
{
    int a=12;
    a+=a-=a*a;
    printf("%d\n",a);
}
```

运行结果为:

```
-264
```

在计算赋值表达式 a+=a-=a*a 时,按从右到左的顺序先计算 a*a,得 144;然后进行 a-=144 的赋值运算,得到 a=12-144=-132;该值又参加下一个赋值表达式的计算,得 a=a+(-132)=-264。因此,当同一变量被连续赋值时,要注意其值在不断变化。

2.4.6 关系运算符和关系表达式

1. 关系运算符

关系运算符实际上是指比较运算,即将两个数据进行比较,判断两个数据是否符合规定的条件。C 语言提供了 6 种关系运算符,如表 2-5 所示。

说明:关系运算符 <、<=、>、>= 的优先级别相同,关系运算符 ==、!= 的优先级别相同,前面 4 种高于后面两种。关系运算符是双目运算符,结合性方向都是从左向右,即左结合性。关系运算符优先级低于算术运算符,但它们高于赋值运算符。

表 2-5　关系运算符

关系运算符	含　义	优先级	结合性
<	小于	10	从左向右
<=	小于或等于		
>	大于		
>=	大于或等于		
==	等于	9	
!=	不等于		

例如：

a>b+c 等价于 a>(b+c)；

a>b！=c 等价于(a>b)！=c；

a==b>c 等价于 a==(b>c)；

a<b<c 等价于(a<b)<c。

2. 关系表达式

(1) 关系表达式的概念。关系表达式是指用关系运算符将两个表达式连接起来进行关系运算的式子。其一般形式为：

表达式 1 关系运算符 表达式 2

关系运算符两边的运算对象可以是算术表达式、关系表达式、逻辑表达式、赋值表达式、字符表达式等任意合法的表达式。例如：

a>b,a+b>c−d,(a=3)<=(b=5),'a'>'b',(a>b)==(b<c)都是合法的关系表达式。

(2) 关系表达式的值——逻辑值（“真”或“假”）。由于 C 语言没有逻辑型数据，所以用整数 1 表示“逻辑真”，用整数 0 表示“逻辑假”。因为关系表达式的值为 1 或 0，所以可参与其他种类的运算，如算术运算、逻辑运算等。例如：a=3,b=4,c=5，则 a>b 的值为 0；(a>b)！=c 的值为 1；a<b<c 的值为 1；(a<b) | c 的值为 6，因为 a<b 的值为 1,1+5=6。

(3) 关系表达式的求值过程。首先计算关系运算符两边的表达式的值，然后比较这两个值的大小。如果是数值型数据，就直接比较值的大小；如果是字符型数据，则比较字符的 ASCII 码值的大小。比较的结果是逻辑值“真”或“假”。

【例 2-13】 关系表达式的计算和关系表达式的值。

```
#include <stdio.h>
void main()
{
    int x=8,y,z;
    y=z=x++;
    printf("%d    ",(x>y)==(z=x-1));
```

```
    x=y==z;
    printf("%d    ",x);
    printf("%d\n",x++>=++y-z--);
}
```

运行结果为：

```
0    1    1
```

程序执行赋值语句 y=z=x++后，得到 z=8、y=8、x=9。第一个 printf()函数输出的是关系表达式(x>y)==(z=x-1)的值，该表达式中 x>y 的计算结果是 1，z=x-1 的计算结果 8，经过 1==8 的比较后可知该关系表达式的值是 0；执行 赋值语句 x=y==z 时，由于==的优先级高于=，故先进行 y==z 比较，然后将比较的结果赋给变量 x。由于 y 和 z 的值均为 8，故 y==z 的值为 1，从而得到 x=1；第三个 printf()中的输出项是关系表达式 x++>=++y-z--，即比较 1>=9-8，得到结果为 1。

2.4.7 逻辑运算符和逻辑表达式

1. 逻辑运算符

C 语言提供了 3 种逻辑运算符，如下所示。

&&：逻辑与　　‖：逻辑或　　!：逻辑非

其中，&& 和 ‖ 运算符是双目运算符，如(x>=1)&&(x<9)和(x<1)‖(x>5)。！运算符是单目运算符，应该出现在操作对象的左边，如！(a>b)。逻辑运算符结合方向都是从左向右，即左结合性。

(1) 逻辑运算符的运算规则。

逻辑运算就是将关系表达式用逻辑运算符连接起来，并对其求值的一个运算过程。

① a&&b：若 a、b 同时为“真”，则 a&&b 为“真”，否则 a&&b 为“假”。

② a‖b：若 a、b 同时为“假”，则 a‖b 为“假”，否则 a‖b 为“真”。

③ ！a：若 a 为真，则！a 为“假”；若 a 为“假”，则！a 为“真”。

逻辑运算符的运算规则如表 2-6 所示。

表 2-6　用真和假逻辑运算符的运算规则

a	b	！a	！b	a&&b	a‖b
真	真	假	假	真	真
真	假	假	真	假	真
假	真	真	假	假	真
假	假	真	真	假	假
小　结		真变假，假变真		全真为真	全假为假

例如，假设 x=5，则：

```
(x>=1)&&(x<9)            /* 表达式的值为“真” */
```

```
(x<1) || (x>5)                /*表达式的值为"假"*/
```

(2) 逻辑运算符的优先级。

① 逻辑运算符的优先级顺序是：!(逻辑非)级别最高，&&(逻辑与)次之，||(逻辑或)最低。

② 逻辑运算与算术运算、关系运算和赋值运算之间从高到低的运算顺序是：!(逻辑非)、算术运算、关系运算、&&(逻辑与)、||(逻辑或)、赋值运算。

根据这个优先级关系，下列表达式可以简化为：

```
(a>b)&&(x>y)                  /*可写成 a>b&&x>y*/
(a==b) || (x==y)              /*可写成 a==b || x==y*/
(!a) || (a>b)                 /*可写成!a || a>b*/
(a+b)&& (x%y)                 /*可写成 a+b&&x%y*/
```

2. 逻辑表达式

用逻辑运算符将算术表达式、关系表达式或逻辑量连接起来的式子就是逻辑表达式。例如：

```
(x>=1)&&(x<9),(x<1) || (x>5),!(x==0)
```

如前所述，逻辑表达式的值也是逻辑值"真"或"假"。

C 语言用整数 1 表示"逻辑真"，用整数 0 表示"逻辑假"。但在判断一个数据是"真"或"假"时，却以 0 和非 0 为根据：如果为 0，则判定为"逻辑假"；如果为非 0，则判定为"逻辑真"。例如：

(1) 若 a=5，则!a 的值为 0。因为 a 的值为非 0，被认作"真"，对它进行非运算，得"假"，而"假"的值为 0。

(2) 若 a=5，b=8，则 a&&b 的值为 1。因为 a 和 b 均为非 0，被认为是"真"，因此 a&&b 的值也为"真"，值为 1。

(3) 4&&0 || 2 的值为 1。

通过这几个例子可以看出：

(1) 由系统给出的逻辑运算结果不是 0 就是 1，不可能是其他数值。

(2) 逻辑运算符两侧的运算对象不但可以是 0 和 1，或者是 0 和非 0 的整数，也可以是任何类型的数据，包括实型、字符型或指针型等。不管这些运算对象是什么类型，系统最终以 0 和非 0 来判定它们属于"真"或"假"。例如：3.56&&'a'和(−0.24)&& 'b' 的值均为 1，因为 3.56 和(−0.24)都是实型数据，是一个非 0 的数，'a'和'b'的 ASCII 值都不为 0，按"真"处理。因此，表 2-6 可以改写成表 2-7 的形式。

下面讨论复杂的逻辑表达式 2<4&&6||8−!0 的计算步骤。

(1) 首先执行! 运算，因为它的优先级最高，!0 的值为 1，故式子变为 2<4&&6 || 8−1。

(2) 按优先级别，再作算术运算"8−1"，即 8−1=7，式子变为 2<4&&6||7。

表 2-7 用 0 和非 0 逻辑运算符的运算规则

a	b	! a	! b	a&&b	a‖b
非 0	非 0	0	0	1	1
非 0	0	0	1	0	1
0	非 0	1	0	0	1
0	0	1	1	0	0
小 结		1变 0,0变 1		全 1 为 1	全 0 为 0

(3) 接着作关系运算“2<4”,即 2<4 的值为 1,式子变为 1&&6||7。

(4) 进行逻辑与运算,1&&6 的值为 1,式子变为 1||7。

(5) 按照逻辑或运算,最后结果为 1。

2.4.8 逗号运算符和逗号表达式

1. 逗号运算符

C 语言提供一种特殊的运算符,即逗号“,”运算符。逗号运算符又称为顺序求值运算符,其优先级为 1,即最低优先级;结合方向是从左至右。操作数的类型不受限制。此运算符不进行算术转换。

2. 逗号表达式

用逗号连接的表达式称为逗号表达式。一般形式为:

```
表达式 1,表达式 2,…,表达式 n
```

逗号表达式的求解过程是:先求解表达式 1,再求解表达式 2,依此类推,最后求解表达式 n,整个逗号表达式的值是表达式 n 的值。例如:

```
a=3*5,a*4
```

先求解 a=3*5,得到 a 的值为 15;然后求解 a*4,得 60。整个逗号表达式的值为 60。

一个逗号表达式又可以与另一个表达式组成一个新的逗号表达式。例如:

```
(a=3*5,a*4),a+5
```

先计算出 a 的值等于 15,再进行 a*4 的运算得 60(但 a 值未变,仍为 15),再进行 a+5 的运算得 20,即整个表达式的值为 20。

其实,逗号表达式是把若干个表达式“串联”起来。在许多情况下,使用逗号表达式的目的只是想分别得到各个表达式的值,而并非一定需要得到和使用整个逗号表达式的值,逗号表达式最常用于循环语句(for 语句)中。

注意:并不是任何地方出现的逗号都是作为逗号运算符。如函数参数也是用逗号来间隔的,就不是逗号运算符。

例如:

```
printf("%d,%d,%d",a,b,c);
```

其中的“a,b,c”并不是一个逗号表达式，它们是printf()函数的3个参数，参数间用逗号间隔。如果改写为：

```
printf("%d,%d,%d",(a,b,c),b,c);
```

则(a,b,c)是一个逗号表达式，它的值等于c的值；括号内的逗号不是参数间的分隔符而是逗号运算符；括号中的内容是一个整体，作为printf()函数的一个参数，C语言表达能力强，其中一个重要方面就在于它的表达式类型丰富，运算符功能强。

2.4.9 sizeof 运算符

C语言并不规定各种类型的数据占用多大的存储空间，同一类型的数据在不同的计算机上可能占用不同的存储空间，为此，C语言提供了测试数据长度运算符sizeof，以测试各种数据类型的长度。sizeof运算符是一个单目运算符，它的一般格式为：

```
sizeof(运算项)
```

其功能是给出“运算项”所占用的内存字节数。“运算项”可以是类型名、变量名、数组名或表达式。当操作数是类型名或表达式时，必须用圆括号将其括起来；当操作数是变量名时，圆括号可以省略。例如，sizeof(double)，sizeof x，sizeof(a+b)等。

【例 2-14】 用sizeof运算符测试VC++ 6.0中各种数据类型的长度。

```
#include <stdio.h>
void main()
{
    char c='a';
    int i=10;
    float x=20.1f;
    double y=30.1;
    printf("The size of an integer is %d bytes.\n",sizeof (int));
    printf("The size of a short is %d bytes.\n",sizeof(short));
    printf("The size of a long is %d bytes.\n",sizeof(long));
    printf("The size of a unsigned int is %d bytes.\n",sizeof(unsigned int));
    printf("The size of a unsigned short is %d bytes.\n",sizeof(unsigned short));
    printf("The size of a unsigned long is %d bytes.\n",sizeof(unsigned long));
    printf("The size of a float is %d bytes.\n",sizeof(float));
    printf("The size of a double is %d bytes.\n",sizeof(double));
    printf("The size of a character is %d bytes.\n",sizeof(char));
    printf("The size of variable c is %d bytes.\n",sizeof c);
    printf("The size of variable i is %d bytes.\n",sizeof i);
    printf("The size of variable x is %d bytes.\n",sizeof x);
    printf("The size of variable y is %d bytes.\n",sizeof y);
}
```

运行结果为：

```
The size of an integer is 4 bytes.
The size of a short is 2 bytes.
The size of a long is 4 bytes.
The size of a unsigned int is 4 bytes.
The size of a unsigned short is 2 bytes.
The size of a unsigned long is 4 bytes.
The size of a float is 4 bytes.
The size of a double is 8 bytes.
The size of a character is 1 bytes.
The size of variable c is 1 bytes.
The size of variable i is 4 bytes.
The size of variable x is 4 bytes.
The size of variable y is 8 bytes.
```

2.5 数据类型的转换

整型(int、short、long)数据和实型(float、double)数据可以混合运算。字符型数据可以与整型数据通用，因此，整型数据、实型数据、字符型数据可以在一个表达式中混合使用。如果一个运算符两侧的操作数的数据类型不同，则系统按“先转换、后运算”的原则，首先将数据自动转换成同一类型，然后在同一类型数据间进行运算。C 语言中类型转换有自动类型转换和强制类型转换两种。

2.5.1 自动类型转换

自动类型转换又称隐式类型转换，自动类型转换主要分为 3 类：算术转换、赋值转换和输出转换。

当表达式中的运算对象不同时，系统会进行类型的自动转换。转换的基本原则是：自动将低精度、表示范围小的运算对象类型向高精度、表示范围大的运算对象转换。具体转换规则如图 2-7 所示。

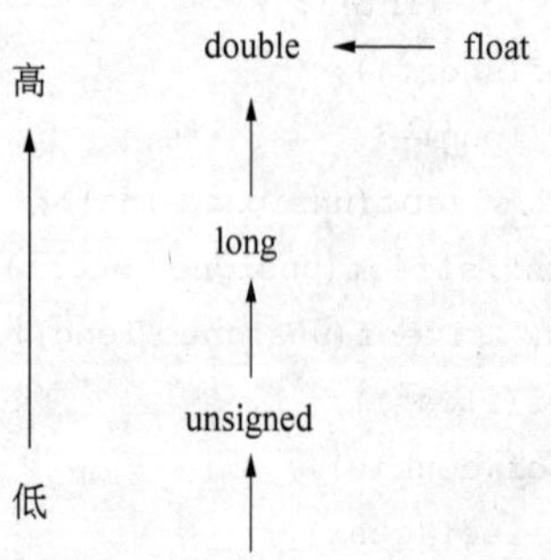

图 2-7 数据混合运算转换规则

(1) 在图 2-7 中横向向左的箭头，表示必定的转换，如 char 型和 short 型数据必定先转换成 int 型数据。所有 float 型数据在运算时一律转换成 double 型，以提高运算精度。

(2) 在图 2-7 中纵向向上的箭头，表示当运算对象为不同类型时转换的方向。注意箭头方向只表示数据类型级别的高低，由低向高转换，不要理解为 int 型先转成 unsigned 型，再转成 long 型，再转成 double 型。例如，一个 int 型数据与一个 double 型数据进行运算，是直接将 int 型数据转成 double 型，然后两个 double 型数据进行运算，结果为 double 型。

如果已经定义以下变量：

```
int i;
float f;
double d,result;
long e;
result=10+'a'+i*f-d/e;
```

则计算 10+'a'+i*f−d/e 时，数据转换如图 2-8 所示。

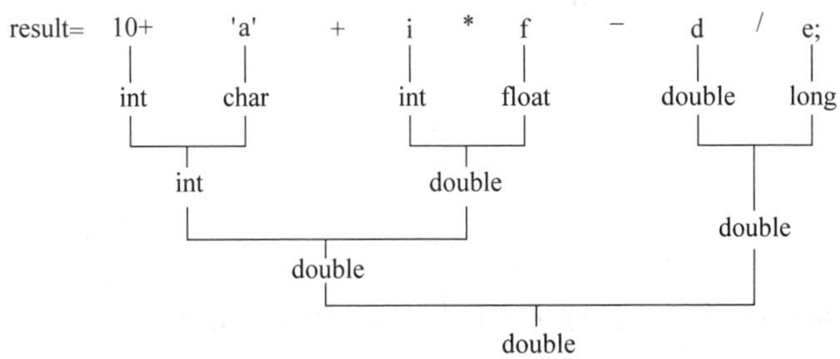

图 2-8 数据转换

2.5.2 强制类型转换

强制类型转换是利用强制类型转换运算符将一个表达式转换成所需数据类型的转换。强制类型转换常被称为显式类型转换。其一般格式为：

```
(类型标识符)表达式
```

其功能就是把表达式结果的数据类型强制转换为圆括号中的类型。其中，类型标识符可以是 int、char、float、double、long 等，也可以是后面章节介绍的指针、结构体类型标识符等。

注意：类型标识符两边的圆括号不可省略，此圆括号就是C语言中的强制类型转换符。例如：

```
(double)x                /*将 x 转换成 double 类型*/
(int)(x+y)               /*将 x+y 的值转换成整型*/
(float)(5%3)             /*将 5%3 的值转换成 float 型*/
```

表达式应该用括号括起来。如果写成(int)x+y，则表示只将 x 转换成整型，然后与 y 相加。

需要说明的是，在强制类型转换时，得到一个所需数据类型的中间变量，原来变量的类型未发生变化。例如：

```
(int)x                   /*不要写成 int(x)*/
```

如果 x 原指定为 float 型，进行强制类型运算后得到一个 int 型的中间变量，它的值等于 x 的整数部分，而 x 的类型不变，仍为 float 型。

【例 2-15】 强制类型转换举例。

```
#include<stdio.h>
void main()
{
    float x=2.4f;
    int i;
    i=(int)x;
    printf("x=%f,i=%d\n",x,i);
}
```

运行结果为：

```
x=2.400000,i=2
```

x 类型仍为 float 型,值仍等于 2.4。

强制类型转换的作用之一就是防止数据溢出产生的错误。

2.6 程序案例

【例 2-16】 运算符及表达式应用。

```
#include<stdio.h>
void main()
{
    int a=99;
    int b=5;
    int c=11;
    int d=3;
    int result;
    float r;
    result=a-b;
    printf("a-b=%d\n",result);
    result=b*c;
    printf("b*c=%d\n",result);
    result=a/b;
    printf("a/b=%d\n",result);
    result=a%b;
    printf("a%%b=%d\n",result);
    result=a%d+b/c;
    printf("a%%d+b/c=%d\n",result);
    r=(float)(a+b)/2;
    printf("(float)(a+b)/2=%f\n",r);
}
```

运行结果为：

```
a-b=94
b*c=55
a/b=19
a%b=4
a%d+b/c=0
(float)(a+b)/2=52.000000
```

说明：前 3 行的输出结果是简单的减法和乘除运算，这里不再叙述。

对于“result=a%b;”即 99 除以 5 的余数是 4，所以 result 的值是 4。

在语句“printf("a%%b=%d\n",result);”中，a%%b 中使用两个%，对应输出行中却只有一个%，原因是在 printf()函数的格式控制串中%的含义是%及其随后的特定字符组成转义字符，要打印%本身，就必须在%后面加一个%。

语句“result=a%d+b/c;”其中赋值号右边的表达式中有 3 个运算符，即%、+、/，因此涉及优先级的概念。基本算术运算符的优先级是“先乘除后加减”。据此，a%d+b/c 就等效于(a%d)+(b/c)，圆括号中的部分先进行运算，也就是(99%3)+(5/11)，其结果是 0。

在语句“r=(float)(a+b)/2;”中，用到了强制类型转换，由于类型转换符的优先级高于除法运算符，所以先计算 a+b 的值，然后将该值强制转换为 float 型数据，再进行除以 2 的运算，其结果为 52.000000。

2.7 本章小结

通过本章中的学习，初步了解了 C 语言的数据类型，重点学习常量、变量以及常用运算符和表达式的使用。现将本章的知识点归纳如下。

(1) C 语言的数据类型：基本类型、构造类型、指针类型。其中基本数据类型包括整型、实型(包括单精度实型和双精度实型)、字符型、空类型和枚举类型等。构造类型包括数组类型、结构体类型和共用体类型。

(2) 常量是指在程序运行过程中其值不能被改变的量。常量包括整型常量、实型常量和字符型常量，其中字符型常量包括字符常量、字符串常量等。整型常量可以用十进制、八进制和十六进制表示。实型常量有小数和指数两种表示形式，均按 double 类型处理。字符常量是用单引号括起来的单个可视字符或转义字符。字符串常量是用一对双引号括起来的若干字符序列，存储时系统会自动在其末尾加'\0'作为字符串的结束标志，因此字符串常量所占存储空间等于字符串长度加 1。

(3) 在程序运行时，其值可以被改变的量叫作变量，变量必须先定义后使用。变量的类型由定义语句中的数据类型标识符指定。系统根据变量类型分配相应的存储空间，存放变量的值。通过变量初始化可以给变量赋初值。不能直接使用未经赋值的变量，因为它的值是一个不确定的数据。

(4) C 语言的运算符，按运算对象分类有：一目运算符、二目运算符、三目运算符。按完成的动作类型分类有：算术运算符、赋值运算符、关系运算符、逻辑运算符、强制类型转换运算符、位运算符、条件运算符、逗号运算符等。

(5) 一个表达式中运算符所具有的运算优先次序称为运算符的优先级。同一优先级的运算符的结合方向称为运算符的结合性。自左至右的结合方向,称为"左结合性";反之称为"右结合性"。

(6) 在C语言中,基本的算术运算符有5个,分别是+、-、*、/、%。其中*、/和%的优先级相同且高于+、-。这5个运算符具有"左结合性"。

(7) C语言中增1运算符++和减1运算符"--"是两个特殊的算术运算符。将操作数先执行增1或减1操作,再将操作后的值参加其他操作称为前置操作。将操作数的值先参加其他操作,再对操作数做相应的增1或减1操作称为后置操作。

(8) C语言中,赋值运算符用=表示,它的作用是将一个数据赋给一个变量,有+=、-=、*=、/=、%=、<<=、>>=、&=、∧=、|=10种复合赋值运算符。由赋值运算符将一个变量和一个表达式连接起来的式子称为赋值表达式。

(9) C语言提供的关系运算符有6种:<、<=、>、>=、==、!=。用关系运算符将两个表达式连接起来,进行关系运算的式子称为关系表达式。

(10) C语言提供的逻辑运算符有3种:&&(逻辑与)、||(逻辑或)、!(逻辑非)。用逻辑运算符将一个或多个表达式连接起来,进行逻辑运算的式子称为逻辑表达式。

(11) C语言提供一种特殊的运算符,即逗号","运算符。用逗号连接的表达式称为逗号表达式。

(12) C语言中,sizeof运算符的作用是以字节为单位给出操作数所占用存储空间的大小。当操作数是类型名或表达式时,必须用圆括号将其括起来;当操作数是变量名时,圆括号可以省略。

(13) 在进行混合运算时,如果一个运算符两侧的运算对象的数据类型不同,系统则按"先转换,后运算"的原则,首先将数据自动转换成同一类型,然后在同一类型数据间进行运算。分自动类型转换和强制类型转换。自动类型转换主要又分为3类:算术转换、赋值转换和输出转换。强制类型转换格式为:(类型)表达式。

2.8 习　题

一、填空题

1. 已知:"char w;int x;float y;double z;",则表达式w*x+z-y结果的类型________。

2. 若定义"int x;",将x强制转换为双精度类型应写成________。

3. 设int类型占用4字节的储存空间,则unsigned int类型数据的取值范围是________。

4. 若a的值为3,表达式!a||++a的值是________。

5. 设x是int型变量,当x是奇数时,值为1的关系表达式为________。

6. 表示"整数y的绝对值大于5"时,值为"真"的C语言表达式为________。

7. 若x为int类型,与!x等价的C语言的表达式为________。

8. 若已知："int a=20,b=10;"，则表达式！a<b 的值是________。

9. 若有语句"float x=2.5;"，则表达式(int)x,x+1 的值是________。

10. 执行语句组"intj=2,m=3;m+=(j++)+(++j)+(j++);"后，m 的值是________。

二、判断题

1. "b"是正确的字符常量。 ( )
2. 'string'是正确的字符串常量。 ( )
3. x=3.600000,i=3,则 x%i=1.200000。 ( )
4. C 语言中只有字符串常量而没有字符串变量。 ( )
5. C 语言中赋值运算符比关系运算符的优先级高。 ( )
6. 关系运算符的优先级高于所有逻辑运算符。 ( )
7. C 语言中运算符的优先级最低的是逗号运算符。 ( )
8. 执行语句"++i;i=3;"后变量 i 的值为 4。 ( )
9. C 语言中的逻辑值"真"是用 1 表示的，逻辑值"假"是用 0 表示的。 ( )
10. 位运算符是专门针对数字 0 和 1 进行操作的。 ( )
11. 自动类型转换是指将取值范围大的数据类型转换为数据取值范围小的数据类型。 ( )

三、选择题

1. C 语言中字符型(char)数据在内存中以( )形式储存。

A. 原码 B. 反码 C. 补码 D. ASCII 码

2. C 语言中负数在内存中以( )形式储存。

A. 原码 B. 反码 C. 补码 D. ASCII 码

3. 以下不合法的用户标识符是( )。

A. f2_GH B. If C. 4d D. _89

4. 以下选项中属于 C 语言的数据类型的是( )。

A. 复数型 B. 逻辑型 C. 双精度型 D. 集合型

5. 下列常数中不能作为 C 语言常量的是( )。

A. 0xA5 B. 2.5e-2 C. 3e2 D. 0582

6. 下列可以作为 C 语言字符常量的是( )。

A. "a" B. '\t' C. "\n" D. 275

7. C 语言中整型数-8 在内存中的储存形式是( )。

A. 1111 1111 1111 1000 B. 1000 0000 0000 1000

C. 0000 0000 0000 1000 D. 1111 1111 1111 0111

8. 可以用作用户标识符的是( )。

A. switch B. char C. t-0 D. _if

9. 在 VC++ 6.0 编译系统中，double 型变量所占字节数是( )。

A. 2 B. 8 C. 4 D. 6

10. 在 VC++ 6.0 编译系统中，long 型变量所占字节数是( )。

A. 2　　B. 8　　C. 4　　D. 16

11. 下面不是C语言整型常量的是(　　)。

A. 02　　B. 0　　C. 038　　D. 0xAL

12. 以下选项中合法的实型常量是(　　)。

A. 5E2.0　　B. E－3　　C. 2E0　　D. 1.3E

13. 已有定义语句："int x＝3,y＝4,z＝5;",值为0的表达式是(　　)。

A. x＞y＋＋　　B. x＜＝＋＋y

C. x!＝y＋z＞＝y－z　　D. y%z＞＝y－z

14. x为奇数时值为"真",x为偶数时值为"假"的表达式是(　　)。

A. !(x%2＝＝1)　　B. x%2＝＝0

C. x%2　　D. !(x%2)

15. 已知："int j＝5,a;"执行语句"j＝(a＝2＊3,a＊5),a＋6;"后,j的值是(　　)。

A. 6　　B. 12　　C. 30　　D. 36

16. 若有"int x;",则将x强制转换为双精度类型应是(　　)。

A. (double)x　　B. x(double)　　C. double(x)　　D. (x)double

17. 字符串"\\\22a,0\n"的长度是(　　)。

A. 8　　B. 7　　C. 6　　D. 5

18. 已知："char c＝'A';int i＝1,j;",执行语句"j＝! c && i＋＋;"则i和j的值是(　　)。

A. 1,1　　B. 1,0　　C. 2,1　　D. 2,0

19. 判断字符型变量c是否是数字字符的表达式是(　　)。

A. 0＜＝c && c＜＝9　　B. '0'＜＝c && c＜＝'9'

C. "0"＜＝c && c＜＝"9"　　D. 前3个答案都是错误的

20. 若下列选项中的各个变量均为整型且已赋值,不正确的赋值语句是(　　)。

A. ＋＋t;　　B. n1＝(n2/(n3＋1));

C. k＝i＝j;　　D. a/＝b＋c＝1;

21. 已知："int a＝4,b＝5,c;",执行表达式c＝a＝a＞b后变量a的值为(　　)。

A. 0　　B. 1　　C. 4　　D. 5

22. 以下几种运算符中,优先级最高的运算符是(　　)。

A. ＜＝　　B. ＝　　C. %　　D. &&

23. 表示关系表达式"x≥y≥z",应使用的C语言表达式是(　　)。

A. (x＞＝y)&&(y＞＝z)　　B. (x＞＝y)AND(y＞＝z)

C. (x＞＝y＞＝z)　　D. (x＞＝y)&(y＞＝z)

24. 以下选项中非法的表达式是(　　)。

A. 'a'＋1　　B. i＝j＝0　　C. (char)(65＋3)　　D. 3.5%2/2

25. 若有语句"int a＝5;",则执行语句"a＋＝a＊＝10;"后,a的值是(　　)。

A. 55　　B. 100　　C. 60　　D. 105

26. 以下选项中，不属于C语言类型的是(　　)。

A. unsigned short int　　B. unsigned long int

C. long short　　D. unsigned int

四、简答题

1. 简述C语言的基本数据类型及其所占字节数、取值范围。
2. 标识符的作用及定义规则是什么?
3. C语言的常量有哪几种? 字符常量和字符串常量有什么区别?
4. 符号常量和变量有何差别?
5. 什么是关系运算? 关系运算符有哪些? 它们的优先级如何?
6. 什么是逻辑运算? 逻辑运算符有哪些? 它们的优先级如何?

第3章 顺序结构程序设计

Project 3

顺序结构是C程序中最简单、最基本、最常用的一种程序结构。也是进行复杂程序设计的基础。顺序结构的特点是完全按照语句出现的先后顺序依次执行程序。在日常生活中，需要“按部就班、依次进行”处理和操作的问题随处可见。赋值操作和输入/输出操作是顺序结构中最典型的操作。

本章学习目标

1. 掌握结构化程序设计基础知识
2. 掌握输入语句的使用方法
3. 掌握输出语句的使用方法

3.1 结构化程序设计基础

初学者常常会有这样的一种感觉：读别人编写的程序比较容易，自己虽然学了程序设计语言，可编写程序，却不知从何下手。其中一个重要的原因就是没有掌握程序设计的灵魂——算法。所以，多了解、掌握和积累一些计算机常用的算法，养成编写程序前先设计好算法的习惯至关重要。

3.1.1 算法的概念

1. 基本概念

一个程序应包括对数据的描述和对数据处理的描述。

对数据的描述，即数据结构(Data Structure)。数据结构是计算机学科的核心课程之一，有许多专门著作论述，本书不再赘述。

对数据处理的描述，即算法(Algorithm)。算法是为解决一个问题而采取的方法和步骤，是程序的灵魂。为此，著名计算机科学家尼克劳斯·沃思(Niklaus Wirth)提出了一个公式：

程序＝数据结构＋算法

实际上，一个程序除了以上两个主要因素之外，还应考虑程序设计的方法以及用何种计算机语言来描述。因此，程序还可以这样表示：

程序＝算法＋数据结构＋程序设计方法＋语言工具和环境

所以，在设计一个程序时要综合运用这 4 方面的知识。在这 4 个方面中，算法是灵魂，数据结构是要处理的对象，语言是工具，编程需要采用合适的方法。算法是解决"做什么"和"怎么做"的问题。程序中的操作语句，实际上就是算法的体现。

无论是解决数学问题，还是解决日常生活和工作中的问题，都必须采用一定的方法，并且按照一定的步骤来解决。因此，广义地认为，算法是指为解决一个问题而采取的方法和步骤。

对于不同的问题有不同的算法，而对于同一个问题，也可以有不同的算法。例如，求 1＋2＋3＋4＋5＋6＋7＋8＋9＋10 的和，就有多种算法。

其一，按照数的先后顺序，从左至右一个数一个数地相加，直到加完 10 为止；

其二，将 1 与 9 相加，2 与 8 相加……即原式＝(1＋9)＋(2＋8)＋(3＋7)＋(4＋6)＋10＋5＝5×10＋5＝55。

还有其他算法。显然，在这里第二种算法比第一种算法优越，也就是说，对于同一个问题，不仅有不同的算法，而且这些算法又有优劣之分。有的算法只需很少的步骤，而有些算法则需要较多的步骤。一般地说，应采用简单的和运算步骤少的算法。因此，为了有效地进行解题，不仅需要保证算法正确，还要考虑算法的质量，选择好的算法。

对于计算机而言，考虑的当然只限于计算机算法，即计算机所能执行的算法。例如，1＋2＋3＋4＋5，或者是将 50 名学生的成绩打印出来，并且统计及格学生人数。这是计算机可以做到的。

2. 算法分类

计算机算法可分为两大类，数值运算算法和非数值运算算法。

数值运算算法，如求方程的根，求一个函数的定积分等。其目的是求数值解，它们属于数值运算范围。

非数值运算算法，如图书检索、人事管理、车辆调度管理等，其范围十分广泛。

目前，计算机在非数值运算方面的应用远远超过了在数值运算方面的应用。由于数值运算有现成的模型，可以运用数值分析的方法，因此，对数值运算的算法研究比较深入，算法比较成熟，对各种数值运算都有比较成熟的算法可供选用。人们常常将这些算法汇编成册(写成程序形式)，或将这些程序存放在磁盘上，供用户调用。而非数值运算的种类繁多，要求各异，难以规范化，因此，只能对一些典型的非数值运算算法(如排序算法)作比较深入的研究。其他的非数值运算问题，往往需要用户参考已有的类似算法，重新设计解决特定问题的专门算法。

3.1.2 算法的特点

算法实际上是一种抽象的解题方法，它具有动态性。因此，算法的行为非常重要。作为一个算法，应具有以下特性。

1. 有效性(Effectiveness)

算法的有效性包括两个方面。一是算法中的每一个步骤必须能够实现。例如,在算法中,不允许分母为零的情况;在实数范围内不能求一个负数的平方根等。二是算法执行的结果要能达到预期的结果。通常,针对实际问题设计的算法,人们总是希望能够得到满意的结果。

2. 确定性(Definiteness)

算法的确定性,是指算法中的每一个步骤都必须有明确的定义,不允许有模棱两可的解释,也不允许有多义性。这一特征也反映了算法与数学公式的明显差异。在解决实际问题时,可能会出现这样的情况:针对某种特殊问题,数学公式是正确的,但按此数学公式设计的计算过程可能会使计算机系统无法认知。这是因为根据数学公式设计的计算过程只考虑了正常使用的情况,而当出现异常情况时,该计算过程就不适应了。例如,某计算公式规定,大于 100 的数被认为比 1 大很多,而小于 100 的数不能认为比 1 大很多;并且在正常情况下出现的数或是大于 100,或是小于 100。但指令"输入 X,若 X 比 1 大很多,则输出数字 1,否则输出数字 0"是不确定的。这是因为,在正常的输入情况下,这一指令的执行可以得到正确的结果,但在异常情况下(输入的 X 在 10～100),这一指令执行的结果就不确定了。

3. 有穷性(Finiteness)

算法的有穷性是指算法必须在有限的时间内执行完,即算法必须能在执行有限个步骤之后终止。数学中的无穷级数,在实际计算时只能取有限项,即计算无穷级数的过程只能是有穷的。因此,一个数的无穷级数的表示只是一种计算公式,而根据精度要求确定的计算过程才是有穷的算法。

算法的有穷性还包括合理的执行时间。如果一个算法的执行时间是有穷的,但需要执行千万年,显然这就失去了算法的实用价值。例如,克莱姆(Cramer)法则是求解线性代数方程组的一种数学方法,但不能以此为算法,这是因为,虽然总可以根据克莱姆法则设计出一个计算过程用于计算所有可能出现的行列式,但这样的计算过程所需的时间实际上是不能容忍的。再如,从理论上讲,总可以写出一个正确的弈棋程序,而且这也不是一件很困难的工作。由于在一个棋盘上安排棋子的方式总是有限的,而且,根据一定的规则,在有限次移动棋子之后比赛一定结束。因此,弈棋程序可以考虑计算机每一次可能的移动,它的对手每一次可能的应答,以及计算机对这些移动的可能应答等,直到每个可能的移动停止下来为止。此外,由于计算机可以知道每次移动的结果,因此,总可以选择一种最好的移动方式。但是即使如此,这种弈棋程序还是很难执行,因为所有这些可能移动的次数太多,所要花费的时间不能容忍。由上述两个例子可以看出,虽然许多计算过程是有限的,但仍有可能无实用价值。

4. 有零个或多个输入

输入是指在执行算法时需要从外界所取得的必要的信息。

5. 有一个或多个输出

算法的目的是为了求解,“解”就是输出。但算法的输出不一定就是计算机的打印输出,一个算法得到的结果就是算法的输出。没有输出的算法是没有意义的。

3.1.3 算法的描述

算法的描述语言是表示算法的一种工具,它只面向用户,不能直接作用于计算机,但却很容易转换为计算机上能执行的程序。常用的算法描述有自然语言、流程图、N-S 图、伪代码等。

1. 用自然语言描述

自然语言就是人们日常使用的语言,可以是汉语、英语或其他语言。用自然语言描述通俗易懂,但文字冗长,容易出现歧义。自然语言表示的含义往往不太严格,要根据上下文才能判断其正确含义。此外,用自然语言描述包含分支和循环的算法,很不方便。所以,自然语言描述一般适用于算法比较简单的情况。

【例 3-1】 求 1×2×3×4×5 的结果。

步骤 1:先求 1×2,得到结果 2。

步骤 2:将步骤 1 得到的结果 2 乘以 3,得到结果 6。

步骤 3:将步骤 2 结果 6 乘以 4,得 24。

步骤 4:将步骤 3 结果 24 乘以 5,得 120。这就是最后的结果。

使用这种算法是可以的,但如果此题要求 1×2×3×4×…×1000,则需要写 999 个步骤,那么,采用这种算法就显得太烦琐,也就是说这种算法是不可取的。如何改进呢?

分析上述算法,就会发现:步骤 2 要使用步骤 1 的结果,步骤 3 要使用步骤 2 的结果,也就是说后一步骤要用到前一步骤的计算结果,这样可以设两个变量,一个变量代表第 1 个乘数,一个变量代表第 2 个乘数,不另设变量存放乘积结果,而直接将每一步骤的积放在第 1 个乘数变量中。设 p 为第 1 个乘数,i 为第 2 个乘数。用循环算法求结果。将此算法可改写如下。

步骤 1:使 p=1。

步骤 2:使 i=2。

步骤 3:使 p×i,乘积仍放在变量 p 中,可表示为 p×i→p。

步骤 4:使 i 的值加 1,即 i+1→i。

步骤 5:如果 i 不大于 5,返回重新执行步骤 3~5;否则算法结束。最后得到 p 的值就是 1×2×3×4×5 的值。不难看出,这个算法比前面列出的算法简练。

如果题目改为 1×5×10×15×20×25。

上述算法只需作很小的改动即可得到它的算法。

步骤 1：1→p。

步骤 2：5→i。

步骤 3：p×i→p。

步骤 4：i+5→i。

步骤 5：若 i≤25，返回步骤 3；否则结束。

可以看出这种方法表示的算法具有通用性、灵活性。从步骤 3～5 组成一个循环，在实现算法时，反复多次地执行步骤 3～5，直到满足条件 i≤25 时，此算法结束，变量 p 的值就是所求的结果。

【例 3-2】 求一个班学生的平均成绩。设 A 等(85 分)15 人，B 等(70 分)24 人，C 等(60 分)8 人，D 等(50 分)3 人。

对于此例，可以采取如下的算法：设 SUM 为总分数，AVER 为人均成绩。

步骤 1：15→A。

步骤 2：24→B。

步骤 3：8→C。

步骤 4：3→D。

步骤 5：85×A+70×B+60×C+50×D→SUM。

步骤 6：SUM÷(A+B+C+D)→AVER。

AVER 就是所要求的结果。此例中，步骤 1、步骤 2、步骤 3、步骤 4 分别将成绩为 A 等、B 等、C 等、D 等的学生人数存在变量 A、B、C、D 中；步骤 5 计算总分数并将其存放在变量 SUM 中；步骤 6 求出人均成绩并将其存放在变量 AVER 中，算法结束。

2. 用流程图描述

流程图是用一些图框表示各种操作。用图形表示算法，直观形象，易于理解。美国国家标准化协会 ANSI(American National Standards Institute)规定了一些常用的流程图符号，已被世界各国程序工作者普遍采用，如表 3-1 所示。

表 3-1 流程图的基本符号及其含义

图形符号	名 称	含 义
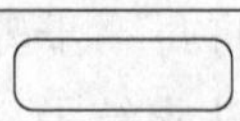	起止框	表示算法的开始和结束
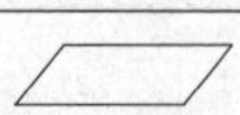	输入/输出框	表示输入输出操作
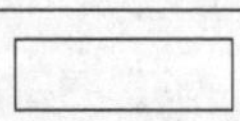	处理框	表示处理或运算的功能
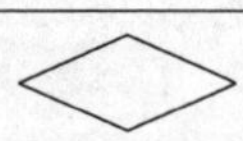	判断框	对一个给定的条件进行判断，根据给定的条件是否成立来决定其后的执行操作。它有一个入口两个出口
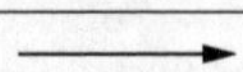	流线	表示程序执行的路径，箭头表示流程的方向
	连接符	用于转接到另一页，避免流线交叉，避免流线太长

需要注意的是，流程图仅仅描述了算法，但计算机是无法识别和执行流程图表示的算

法的,还必须使用 C 语言编写程序然后让计算机运行此程序,得到所需的结果。

【例 3-3】 用流程图表示 5! 的算法。

流程图如图 3-1 所示。若需要将最后的结果打印出来,可以在判断框下面再加一个输出框,如图 3-2 所示。

【例 3-4】 将求一个班学生的平均成绩的算法用流程图表示。设 A 等(85 分)15 人,B 等(70 分)24 人,C 等(60 分)8 人,D 等(50 分)3 人。

其流程图如图 3-3 所示。显然用图 3-3 表示的算法要比用自然语言描述算法直观、逻辑清晰、易于理解。

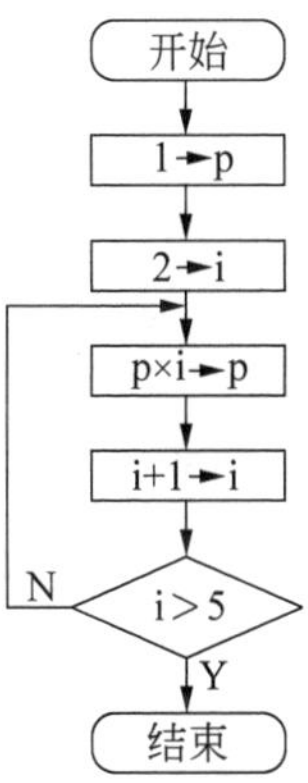

图 3-1 求 5! 的流程图

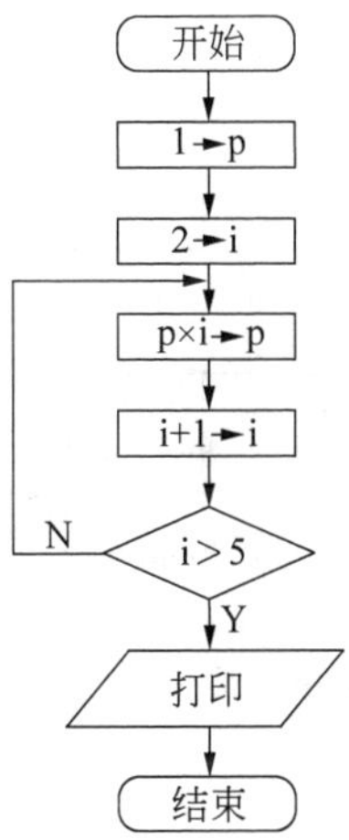

图 3-2 有打印功能的流程图

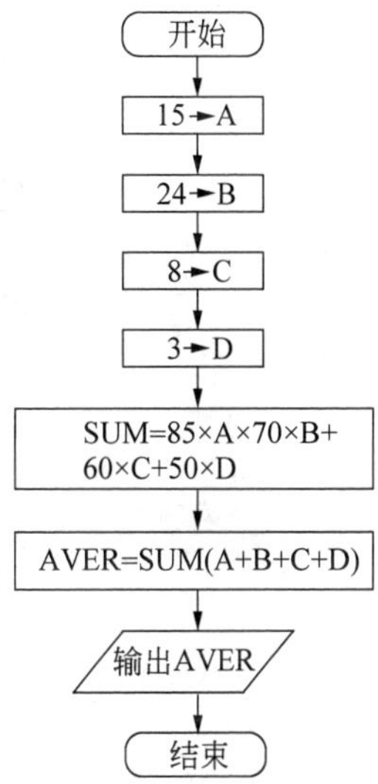

图 3-3 求平均成绩的流程图

通过上述几个例子,可以看出流程图是表示算法的较好的工具。一个流程图包括以下几个部分:①表示相应操作的流程框;②带箭头的流程线;③框内外必要的文字说明。

需要提醒的是流程线不要忘记画箭头,因为它反映流程的执行先后次序,如果不画出箭头就难以判定各框的执行次序了。

用这种流程图表示算法的好处是,用图形来表示流程,直观形象,各种操作一目了然,而且不会产生歧义,流程清晰。但缺点是占用面积大,而且由于允许使用流程线,使流程任意转移,有些较复杂的流程图,弄不好如同一团乱麻,使人分不清来龙去脉。

正是由于流程图的一些弊端,人们着手对这些流程图进行分析研究,最后发现,不管这些流程图如何复杂,它总可以用几种最基本的图形来进行组合后得到,于是人们设想,规定出几种基本结构,然后由这些基本结构按一定的规律组成一个算法结构(如同用一些基本预制构件来建造房屋一样),整个算法的结构是由上而下地将各个基本结构顺序地排列起来的。如果能做到这一点,算法的质量将得到保证和提高。

3. N-S 图(框图)描述

灵活的流线是程序中隐蔽问题的祸根。针对流程图这一弊病,美国学者 L. Nassi 和

B. Schneiderman 于 1973 年提出了一种无流线的结构化流程图形式，简称 N-S 图。Chapin 在 1974 年对其进行了进一步扩展，因此 N-S 图又称 Chapin 图或盒状图。

N-S 图最重要的特点就是完全取消流程线，使得算法只能从上到下顺序执行，不允许有随意的控制流，从而避免了算法流程的任意转向，保证了程序的质量。N-S 图的全部算法写在一个矩形框内。N-S 图的另一个优点就是直观形象，比较节省篇幅，尤其适合于结构化程序的设计，因而很受欢迎。

【例 3-5】 用 N-S 图描述 3 个数中取最大数的算法。

用 N-S 图描述 3 个数中取最大数的算法如图 3-4 所示。

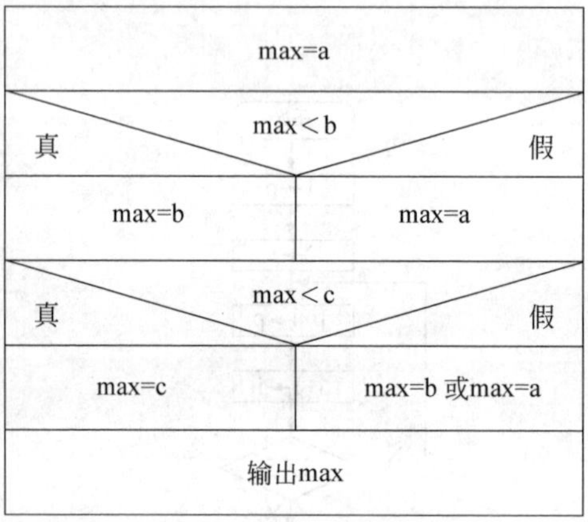

图 3-4 3 个数中取最大数的算法的 N-S 图

4. 伪代码描述

伪代码描述是指用介于自然语言和计算机语言之间的一种文字和符号来描述算法，它如同写文章一样，自上而下地写下来，每一行(或几行)表示一个基本操作。它不用图形符号，不能在计算机上运行，但是使用起来比较灵活，无固定格式和规范，只是写出来自己或别人能看懂即可。由于它与计算机语言比较接近，因此易于转换为计算机程序。

【例 3-6】 用伪代码表示输出 x 的绝对值的算法。

```
if x is positive then
    printf x
else
    print -x
```

这种描述好像一个英文句子一样好懂，在西方国家用得比较普遍。也可以用汉字伪代码，例如：

```
若 x 为非负数(正数)    输出 x
否则 输出 -x
```

也可以中英文混用。

在以上几种表示算法的方法中，具有熟练编程经验的专业人士喜欢用伪代码，初学者喜欢用流程图或 N-S 图，因为它比较形象，易于理解。本书主要使用流程图描述算法。

3.1.4 结构化程序设计

1. 3 种基本结构及流程图

1966 年，Bohra 和 Jacopini 提出了以下 3 种基本结构，用这 3 种基本结构作为表示一个良好算法的基本单元。

(1) 顺序结构。顺序结构是最简单的一种基本结构，可以由赋值语句、输入语句、输出语句构成，当执行由这些语句构成的程序时，将按这些语句在程序中的先后顺序逐条执行，没有分支，没有转移。顺序结构可用图 3-5 所示的流程图表示。其中 A 和 B 两个处理框是顺序执行的，即在执行完 A 框所指定的操作以后，再执行 B 框所指定的操作。

(2) 选择结构。选择结构也称为分支结构，当执行该结构中的语句时，程序将根据不同的条件执行不同分支中的语句，如图 3-6 所示。此结构中必包含一个判断框。根据给定的条件 P 是否成立而选择 A 框或是 B 框。

说明：对于选择结构而言，无论条件 P 是否成立，经判断后，只能执行 A 框或者是 B 框，不可能既执行 A 框又执行 B 框。无论走哪条路径，在执行完 A 框或 B 框之后，都经过 b 点，然后脱离该选择结构。A 或 B 两个框中可以有一个是空的，即不执行任何操作，如图 3-7 所示。

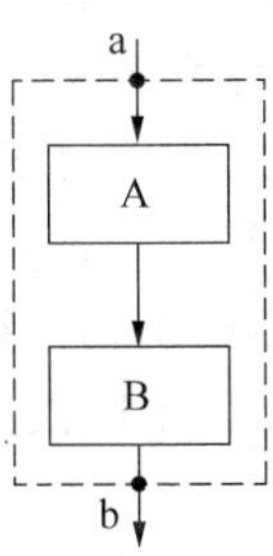

图 3-5 顺序结构

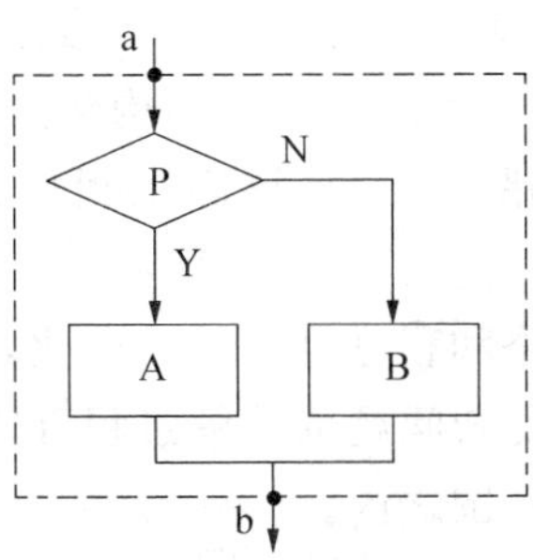

图 3-6 选择结构 1

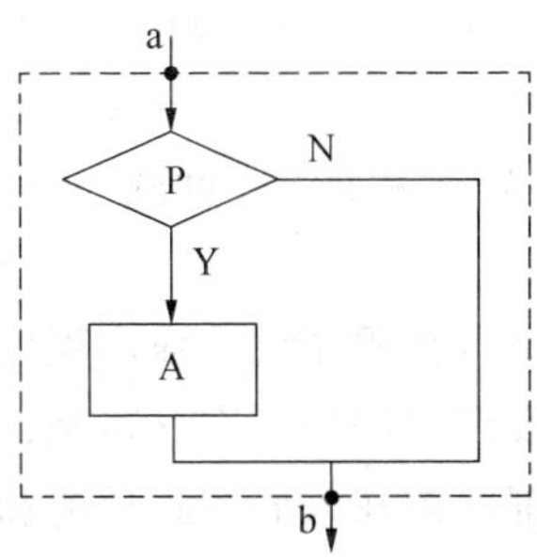

图 3-7 选择结构 2

(3) 循环结构。循环结构是指根据各自的条件，使同一组语句重复执行多次或一次也不执行。循环结构有两种形式：当型循环和直到型循环。

① 当型循环结构。它的功能是：当给定的条件 P_1 成立时，执行 A 框操作，执行完 A 框操作后，再判断 P_1 是否成立，如果仍然成立，则再执行 A 框操作，如此反复，直到某一次 P_1 条件不成立为止，此时不再执行 A 框操作，从 b 点脱离此循环结构，如图 3-8 所示。

② 直到型循环结构。它的功能是：首先执行 A 框操作，然后判断给定的条件 P_2 是否成立，如果条件 P_2 不成立，则再执行 A 框操作，然后再对条件 P_2 进行判断，如果条件 P_2 仍然不成立，则再一次执行 A 框操作，如此反复地执行 A 框，直到给定的条件 P_2 成立为止，此时不再执行 A 框，而从 b 点脱离本循环结构，如图 3-9 所示。

分析以上3种基本结构不难发现，以上3种基本结构，具有以下共同特点：

(1) 只有一个入口。如图3-5～图3-9所示，a点为入口点。

(2) 只有一个出口。如图3-5～图3-9所示，b点为出口点。

注意：一个菱形判断框有两个出口，而一个选择结构只有一个出口。不要将菱形判断框的出口与选择结构的出口混淆。

(3) 结构内的每一部分都有机会被执行到。也就是说，对每一个框来说，都应当有一条从入口到出口的路径通过它。

(4) 结构内不存在"死循环"(无终止的循环)。图3-10就是一个死循环示例。

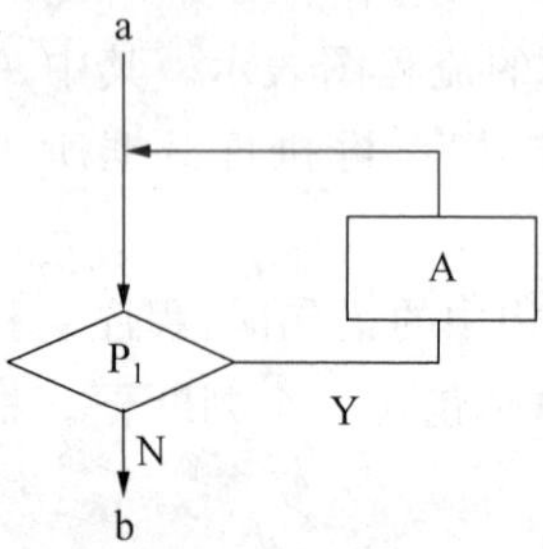

图3-8 当型循环

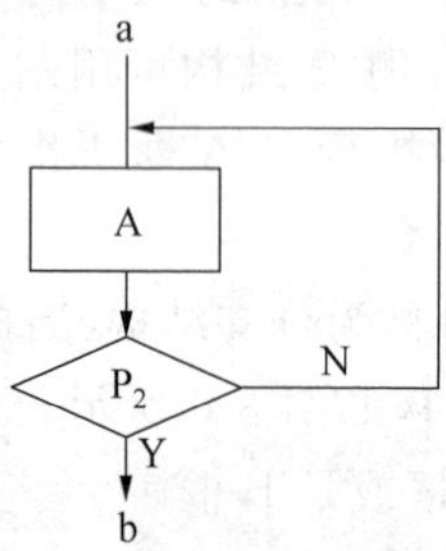

图3-9 直到型循环

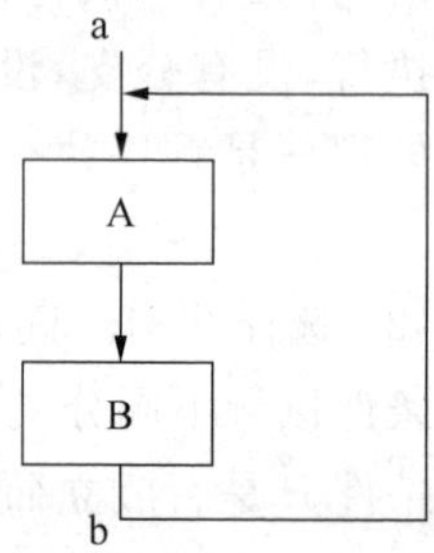

图3-10 死循环

2. 结构化程序设计方法

前面介绍了结构化的算法和3种基本结构。一个结构化程序就是用高级语言表示的结构化算法。用3种基本结构组成的程序必然是结构化的程序，这种程序便于编写、阅读、修改和维护，也减少了程序出错的机会，提高了程序的可靠性，保证了程序的质量。

结构化程序设计强调程序设计风格和程序结构的规范化，提倡清晰的结构。结构化程序设计方法的基本思路是：将一个复杂问题的求解过程分阶段进行，每个阶段处理的问题都控制在人们容易理解和处理的范围之内。

如何设计程序呢？有两种不同的方法。

一种是自顶向下，逐步细化。譬如说写一篇文章或一本书，先设计好整个文章分成哪几个部分，然后再进一步考虑每一部分分成哪几节，每一节分成哪几段，每一段应包含什么内容。这种设计方法的过程是将问题求解由抽象逐步具体化的过程。读者应当掌握自顶向下、逐步细化的设计方法。

而另一种方法是自下而上，逐步积累。还是用写一篇文章或一本书为例来进行说明。在写文章时可以不拟提纲，一段一段地写，想到哪里就写到哪里，直到认为将想写的内容都写出来为止。这种方法叫作"自下而上，逐步积累"。

将两种方法进行比较，显然，用第一种方法考虑周全，结构清晰，层次分明，作者容易写，读者容易看。如果发现某一部分中有一段内容不妥，需要修改，只需找出该部分，修改有关段落即可，与其他部分无关。应提倡用这种方法设计程序，即用工程的方法设计程序。

另外，第一种方法便于验证算法的正确性，在向下一层展开之前应仔细检查本层设计是否正确，只有上一层是正确的才能向下细化。如果每一层设计都没有问题，则整个算法就是正确的。由于每一层向下细化时都不太复杂，因此，容易保证整个算法的正确性。检查时也是由上而下逐层检查，这样做，思路清楚，有条不紊地一步一步进行，既严谨又方便。

学习程序设计的目的不只是学习一种特定的语言，而是学习进行程序设计的一般方法。掌握了算法就是掌握了程序设计的灵魂，再学习有关的计算机语言知识，就能够顺利地编写出任何一种语言的程序。脱离具体的语言去学习程序设计是困难的。但是，学习语言只是为了设计程序，它本身绝不是目的。世界上高级语言有多种多样，每种语言也都在不断发展，因而千万不能拘泥于一种具体的语言，应该做到举一反三。

如前所述，关键是设计算法。有了正确的算法，用任何语言编制程序都不应该有太大困难。

在程序设计中常采用模块的设计方法，尤其是当程序比较复杂时，更有必要。在拿到一个程序模块以后，根据程序模块的功能将它划分成若干个子模块，如果嫌这些子模块的规模大，还可以划分为更小的模块。这个过程采用自顶向下的方法来实现。

程序中的子模块在C语言中通常用函数来实现。程序中的子模块一般不超过50行，便于组织，也便于阅读。

划分子模块时应注意模块的独立性，即一个模块完成一项功能，耦合性越少越好。

在设计好一个结构化的算法之后，还要善于进行结构化编码，即用高级语言语句正确地实现3种基本结构。

3.2 输入语句

3.2.1 输入/输出(I/O)函数

C语言提供的输入/输出(I/O)函数可以分为两大类：一类是标准输入/输出(I/O)函数；另一类是系统输入/输出(I/O)函数。其中标准输入/输出(I/O)函数又分为面向标准设备的输入/输出(I/O)函数和面向文件的输入/输出(I/O)函数，其函数形式又有无格式和有格式之分。

那么，什么是标准设备呢？标准设备是在系统启动时系统分配指定的外部设备，并在系统运行过程中始终保持着这种分配和指定。标准输入设备一般指键盘，标准输出设备一般指显示器。

从计算机外部设备将数据送入计算机内部的操作称为输入。将数据从计算机内部送到计算机外部设备上的操作称为输出。

C语言本身不提供输入/输出的语句，在C语言程序中可以通过调用标准库函数提供的输入/输出函数来实现数据的输入/输出。

C语言规定，只要在程序中使用标准输入/输出(I/O)库函数时，必须在每个C语言

源程序的开头写上如下预处理语句:

```
#include <stdio.h>
```

或

```
#include"stdio.h"
```

两种方式略有区别。用一对尖括号< >括起文件名的文件包含命令,预处理程序不检查当前目录,只按系统指定的路径检索文件。用一对双引号" "括起文件名的文件包含命令时,预处理程序首先检查当前目录,在当前目录中没有找到时,再按系统指定的路径检索文件。

以下各节将介绍与标准设备有关的输入/输出(I/O)函数的功能与使用方法。

3.2.2 字符输入函数和字符输入语句

1. 字符输入函数

格式:

```
getchar()
```

功能:从标准输入设备(一般为键盘)上输入一个可打印字符,并将该字符返回函数的值。由于getchar的参数为标准输入设备,故参数表为空表,但一对圆括号不能缺省。

getchar()函数的类型为int,故实际返回函数的值为输入字符的ASCII码。

getchar()函数只能接收一个字符,该字符可以赋给一个字符变量或整型变量,也可以不赋给任何变量,作为表达式的一个运算对象参加表达式的运算处理。

2. 字符输入语句

格式:

```
字符变量=getchar();
```

功能:从标准输入设备上输入一个可以打印的字符,并将该字符赋给指定的字符变量,在结尾加上分号就构成了字符输入语句。

getchar()函数是无参函数,在输入时,空格、回车键等都作为字符读入,而且,只有在用户按Enter键后,读入才开始执行,一个getchar()函数只能接收一个字符。getchar()函数只能接收可以打印的字符。对于不可打印字符,只有使用赋值语句才能输入。

【例3-7】 getchar()函数应用。

```
#include <stdio.h>
void main()
{
```

```
    char c;
    c=getchar();
    printf("c=%c\n",c);
    printf("c=%d\n",c);
}
```

运行结果为：

```
b<Enter>
c=b
c=98
```

注意：从键盘输入字符 b 并按 Enter 键，这里＜Enter＞表示按 Enter 键，下同。

3.2.3 格式输入函数和格式输入语句

1. 格式输入函数

格式：

```
scanf(格式控制,地址表列)
```

功能：scanf()函数主要功能是按所指定的格式从标准输入设备读入数据，并将它们按指定格式进行转换后，存储于地址表所指定的对应的变量中。

2. 格式输入语句

格式：

```
scanf(格式控制,地址表列);
```

格式输入语句由格式输入 scanf()函数结尾加上分号构成，实际上它是一个格式输入函数调用语句。

3. scanf()函数格式说明

```
scanf("%d%d%d",&a,&b,&c);
        ↑          ↑
     格式控制    地址表列
```

(1) “格式控制”是由双引号括起来的字符串，仅包括格式说明部分，格式说明由%和格式字符组成，用于指定输入数据的类型。

(2) “地址表列”由一个或多个变量的地址组成，就是在变量名前加“&”，当变量地址有多个时，各变量地址之间用逗号“,”隔开。“地址表列”中的地址个数必须与格式参数个数相同，并且依次匹配。

(3) 格式说明符。在 scanf()函数中，根据输入数据的类型，输入的格式说明符可以分为整型数据输入、实型数据输入、字符型数据输入 3 类。scanf()函数用到的格式说明符及其含义如表 3-2 所示，在一些系统中，这些格式说明符只允许用小写字母。

表 3-2 scanf()函数格式说明符及其含义详表

格式字符	输入类型	含 义
d	整型数据	用来输入有符号十进制整数
u	整型数据	用来输入无符号十进制整数
o	整型数据	用来输入无符号八进制整数
x,X	整型数据	用来输入无符号十六进制整数(大小写作用相同)
c	字符型数据	用来输入单个字符
s	字符型数据	用来输入字符串,以'\0'作串结束标志
f(lf)	实型数据	用来输入实数,以小数形式或指数形式输入单精度(双精度)数
e(le)	实型数据	与 f 作用相同

(4) 附加格式说明符。附加格式说明符出现在%和格式字符之间,主要用于对输入的长整型和双精度实型数据做进一步的说明。表 3-3 列出了 scanf()函数中常用的附加格式说明符及其含义。

表 3-3 scanf()函数中常用的附加格式说明符及其含义

符 号	含 义
L	用于输入长整数据或 double 型数据,可加在 d、o、x、f、e 前
H	用于输入短整数据,可加在 d、o、x 前
M	指定输入数据的宽度
*	表示该项输入在读入后,不赋变量

3.2.4 通过 scanf()函数从键盘输入数据

当从键盘输入数据时,输入的数值数据之间用间隔符(空格符、制表符号或换行符)隔开,间隔符数量不限。最后一定要按 Enter 键,scanf()函数才能接收从键盘输入的数据。

1. 系统自动按指定输入数据的列宽截取数据

```
scanf("%4d%2d",&a,&b);
```

输入 123456,则系统自动将 1234 赋给 a,56 赋给 b。

当用于字符型数据时,例如:

```
scanf("%4c%2c",&x,&y);
```

当输入 abcdefgh,则 x 字符变量的值为'a',y 字符变量的值为'e'。

2. 用 * 实现"跳过"输入

```
scanf("%3d,%*3d,%2d",&a,&b)
```

若输入为:

```
12,345,67
```

将 12 赋给 a,67 赋给 b。第二个数 345 跳过,未赋给任何变量。

3. 输入数据时不能规定精度

```
scanf("%7.2f",&a);
```

这样是不合法的。

4. 输入的数据少于 scanf()函数要求输入的数据

当输入的数据少于输入项时,程序等待输入,直到满足要求为止。当输入的数据多于输入项时,多余的数据并不消失,而是留作下一个输入操作时的输入数据。

【例 3-8】 scanf()函数的使用。

```
#include <stdio.h>
void main()
{
    int a,b,c;
    scanf("%d%*d%d",&a,&b,&c);
    printf("a=%d,b=%d,c=%d\n ",a,b,c);
}
```

说明:当运行到 scanf("%d%*d%d",&a,&b,&c)时,系统停下等待用户将整型数据从键盘输入给变量 a、b、c。其中,&a、&b、&c 中的 & 是地址运算符,&a 的含义是变量 a 在内存中的地址。

scanf()函数的作用是:按照 a、b、c 在内存中的地址 &a、&b、&c 给 a、b、c 赋值。

scanf()函数中的"%d%*d%d"表示按十进制整数形式输入数据。其中"%*d"的作用是跳过对应的输入数据,在键盘输入时,两个数据之间用一个或多个空格间隔,也可用 Enter 键、Tab 键间隔。以下输入用法正确:

```
2 <Enter>
4(按 Tab 键)6<Enter>
```

运行结果为:

```
a=2,b=6,c=-858993460
```

由于使用了"%*d"从而跳过 4 的输入,把 6 赋值给 b,c 中未赋值,所以输出错误。

3.2.5 scanf()函数输入中常见错误分析

(1) scanf()函数中的"格式控制"后面为变量地址,而不是变量名。例如:

```
int a,b;
scanf("%d,%d",a,b);
```

scanf()函数行错误,应将"a,b"改为"&a,&b"。

(2) 在输入数据时,应将“格式控制”中除格式说明以外的其他字符照样输入。例如:

```
scanf("%d,%d",&a,&b);
```

正确的输入是:

```
5,6 <Enter>
```

请注意,5后面应输入逗号,使其与“格式控制”中的逗号相对应。若不输入逗号或用其他字符都不对。例如:

```
scanf("%d␣␣%d",&a,&b);
```

正确输入是:输入的两数间应空两个或更多空格。例如:

```
scanf("a=%d,b=%d",&a,&b);
```

正确输入是:

```
a=123,b=456<Enter>
```

(3) 在用c格式符%c时,输入的空格字符、转义字符均为有效字符输入。

```
scanf("%c%c%c",&c1,&c2,&c3);
```

若输入:

```
a␣b␣c<Enter>
```

则c1值为a;c2值为␣;c3值为b。

(4) 在输入数据时,除遇空格、按Enter或按Tab键是结束输入外,以下几种情况计算机也认为是结束输入。

① 遇宽度结束。如%3d,只取3列,自动结束。

② 遇非法输入结束。例如:

```
scanf("%d%c%f", &a,&b,&c);
```

若输入:

```
12c34b.5 <Enter>
```

则a值为整型12;b值为字符型c;c值为实型34。

小数点前的b为非法字符,使得输入终止。

3.3 输出语句

C语言为数据输出定义了两个输出函数:字符输出函数putchar()和格式输出函数printf()。

3.3.1 字符输出函数和字符输出语句

1. 字符输出函数

格式：

```
putchar(表达式)
```

功能：将指定表达式的值所对应的一个字符输出到标准输出设备上。

表达式可以是字符型常量、整型常量、变量或表达式。

它也可以输出控制字符。如 putchar('\n')输出一个换行符，即将显示器光标移到下一行行首。

2. 字符输出语句

格式：

```
putchar(表达式);
```

在字符输出函数结尾加上分号就构成了字符输出语句。实际是一个字符输出函数调用语句。

注意：putchar 函数也是标准输入函数，在使用标准输入/输出(I/O)库函数时，也要使用预处理命令#include 将 stdio.h 文件包括到用户源文件中。即：

```
#include<stdio.h>
```

或

```
#include"stdio.h"
```

【例 3-9】 利用 putchar()函数输出字符。

```
#include <stdio.h>
void main()
{
    int a,b,c;
    char d,e;
    a=55; b=56;
    c=72; d='e';
    e='l';
    putchar(c);
    putchar(d);
    putchar(e);
    putchar(e);
    putchar(a+b);
    putchar('\n');
}
```

运行结果为：

```
Hello
```

说明：程序中 a、b、c 定义为整型变量，d、c 定义为字符型变量，a+b 是表达式，也可输出转义字符，如 putchar('\n')表示输出一个换行符。

3.3.2 格式输出函数和格式输出语句

1. 格式输出函数

格式：

```
printf(格式控制,输出表列)
```

功能：按格式控制所指定的格式，从标准输出设备上输出“输出表列”中列出的各输出项。

2. 格式输出语句

格式：

```
printf(格式控制,地址表列);
```

格式输出语句由格式输出 printf()函数结尾加上分号构成，实际上它是一个格式输出函数调用语句。

3. printf()函数格式说明

普通字符

```
printf("a=%d,b=%d", a,b);
```

格式说明　　输出表列

(1)“格式控制”实际上是由双引号括起来的字符串。它包括两种信息：

① 格式说明。由%和格式说明符组成，用来指定输出数据的输出格式。不同类型的数据需要不同的格式说明符，如%d、%f。格式说明总是以%字符开头。它的作用是将输出的数据转换为指定的格式输出。

② 普通字符。即需要原样输出的字符或转义字符。

(2)“输出表列”由若干个变量或表达式组成，之间用逗号“,”隔开。

4. 格式说明符

在 printf()函数中，根据输出数据的类型，输出格式说明符可以分为整型数据输出、实型数据输出、字符型数据输出，printf()函数格式说明符及其含义如表 3-4 所示。

表 3-4 printf()函数格式说明符及其含义详表

格式字符	输出类型	含 义
d	整型数据	以带符号的十进制形式输出整数(正数不输出符号)
u	整型数据	以无符号的十进制形式输出整数
o	整型数据	输出无符号形式的八进制整数(不输出前导符 0)
x 或 X	整型数据	输出无符号形式的十六进制整数(不输出前导符 0x 或 0X)
c	字符型数据	以字符形式输出,只输出一个字符
s	字符型数据	以字符串形式输出
f	实型数据	以小数形式输出单、双精度数,隐含输出 6 位小数
e 或 E	实型数据	标准指数形式输出单、双精度数,数字部分小数位数为 6 位
g	实型数据	根据值和精度,选择%f 或%e 格式中输出宽度较短的一种

(1) 整型数据输出。输出 int 或 short int 型数据的格式说明符有%d、%o、%x(或%X)、%u。因为整型数据在内存中一律按二进制补码的形式存放。用%d 输出时,将最高位视为符号位,按有符号数进行输出;用%o、%x(或%X)、%u 输出时,将最高位视为数据位,按无符号数进行输出,其中%o 输出该数对应的八进制数,%x(或%X)输出该数对应的十六进制数(如果是%x,输出含小写字母表示的十六进制数,如果是%X,则输出含大写字母表示的十六进制数),而%u 则输出该数对应的无符号十进制数。

【例 3-10】 整型数据的输出。

```
#include <stdio.h>
void main()
{
    unsigned int a=4294967295;
    int b=-1;
    printf("a=%d,%o,%x,%u",a,a,a,a);
    printf("\n");
    printf("b=%d,%o,%x,%u",b,b,b,b);
    printf("\n");
}
```

运行结果为:

```
a=-1,37777777777,ffffffff, 4294967295
b=-1,37777777777,ffffffff, 4294967295
```

(2) 实型数据输出。输出实型数据的格式说明符有%f、%e(或%E)、%g。

按%f 输出小数形式的实型数据时,整数部分全部输出,小数部分固定输出 6 位;而按%g 形式输出时,系统自动选择输出形式,使输出数据的宽度最小。

【例 3-11】 %f 格式实型数据的输出。

```
#include <stdio.h>
void main()
```

```
{
    float a,b;
    double c,d;
    a=222222.222f;
    b=333333.333f;
    c=3333333333333.333333333;
    d=4444444444444.444444444;
    printf("%f/n",a+b);
    printf("%f",c+d);
}
```

运行结果为：

```
555555.562500
7777777777777.777300
```

注意：打印出来的全部数字不都是有效数字。单精度实数的有效位数一般为 7～8 位。双精度实数的有效位数一般为 15～16 位，超出部分就不准确了。

按%e(或%E)输出指数形式的实型数据时，由系统自动指定 6 位小数，指数部分占 5 位，其中 e 占 1 位，指数符号占 1 位，指数占 3 位(如 e+002)，使数值按标准化指数形式输出。其小数点前必须有且只有 1 位非零数字。

【例 3-12】 %e 格式实型数据的输出。

```
#include <stdio.h>
void main()
{
    printf("%e",123.456);
}
```

运行结果为：

```
1.234560e+002
```

即以%e 格式输出的实数，包括小数点在内共占 13 列宽度。

注意：目前，有的系统自动指定 5 位小数，指数部分占 4 位，其中 e 占 1 位，指数符号占 1 位，指数占 2 位，如 e+02，即以%e 格式输出的实数共占 11 列宽度。

(3) 字符型数据输出。字符型数据输出用格式说明符%c 和%s。%c 指定输出一个字符，与 putchar()函数的功能相同；%s 指定输出一个字符串常量或一个字符数组中存放的字符串。

在 C 语言中，字符型数据和整型数据之间可以通用。

一个字符数据既可以以字符形式输出，也可以以整数形式输出。

一个整数，只要它的值在 0～255 范围内，也可以用字符形式输出，在输出前，将该整数转换成相应的 ASCII 字符。

【例 3-13】 字符型数据的输出。

```
#include <stdio.h>
void main()
{
    char c='a';
    int d=98;
    printf("%c,%d\n",c,c);
    printf("%c,%d\n",d,d);
    printf("%s\n","CHINA");
}
```

运行结果为：

```
a,97
b,98
CHINA
```

5. 附加格式说明符

附加格式说明符出现在%和格式说明符之间，主要用于指定输出数据的宽度和输出形式，表 3-5 列出了 printf()函数中常用的附加格式说明符及其含义。

表 3-5 printf()函数中常用的附加格式说明符及其含义

符 号	含 义
-	使数据在输出域内按左对齐方式输出，省略时为右对齐
+	使输出的数值数据无论正负都带符号输出
m	指定输出字段的宽度
n	对于实数，表示输出 n 位小数；对于字符串，表示截取的字符个数
l	字母 l 在格式符 d、u、x、o 前时为 long int 型；在格式符 e、f、g 前时为 double 型
L	在格式符 e、f、g 前时，为 long double 型
#	作为格式说明符 o、x、X 的前缀时，输出结果前面将自动加上 0、0x 或 0X

(1) 整型数据附加格式说明。

① %md 中 m 为指定的输出字段宽度。如果数据的位数小于 m，则左端补以空格，若数据的位数大于 m，则按数据的实际长度输出。

② %ld 输出长整型数据。

③ %lo 用来输出无符号形式的八进制 long 型整数，也可以指定字段宽度。例如："%8o"。

④ %lx 用来输出无符号形式的十六进制 long 型整数，也可以指定输出字段的宽度。例如"%8x"。

【例 3-14】 整型数据附加格式的输出。

```
#include <stdio.h>
void main()
```

```
{
    int a,b;
    long int c=1234567;
    a=123,b=12345;
    printf("%4d,%4d\n",a,b);
    printf("%d\n",c);
    printf("%Lo\n",c);
    printf("%8o\n",c);
    printf("%lx\n",c);
    printf("%8x\n",c);
}
```

运行结果为：（注意：用␣表示空格）

```
␣123,12345
123456
4553207
␣4553207
12d687
␣␣12d687
```

（2）实型数据附加格式说明。

① %m.nf 指定输出实数共有 m 列，其中有 n 位小数。若实数的长度大于 m，则实数突破 m 的限制，按实际长度输出。如果实数的长度小于 m，则在其输出左端补空格，如果 m 前有数字 0，则输出结果前将补 0。

【例 3-15】 按%m.nf 格式右对齐输出实数。

```
#include <stdio.h>
void main()
{
    float f=123.456f;
    printf("%f,%7.2f,%07.2f\n",f,f,f);
}
```

运行结果为：

```
123.456001,␣123.46,0123.46
```

② %-m.nf 与%m.nf 含义相同，只是使得输出的实数向左靠齐，右端补空格。

【例 3-16】 按%-m.nf 格式左对齐输出实数。

```
#include <stdio.h>
void main()
{
    float f=123.456f;
    printf("%-7.2f,%f\n",f,f);
}
```

运行结果为：

```
123.46␣,123.456001
```

③ %m.ne和%-m.ne，其中m表示输出的数据所占的列宽；n表示数据的尾数部分的小数位数。

【例 3-17】 按%m.ne和%-m.ne格式输出实型数据。

```
#include <stdio.h>
void main()
{
    float f=123.456f;
    printf("%10e,%10.2e,%-10.2e,%.2e\n",f,f,f,f);
}
```

运行结果为：

```
1.234560e+002,␣1.23e+002,1.23e+002␣,1.23e+002
```

说明：%10e这里只指定了m=10，没有指定n，这时自动有n=6，整个数据占13位。超过m=10的限制，应按实际长度输出为1.234560e+002。

%10.2e，这里指定了m=10，n=2，总的长度没有超过10，输出为␣1.23e+002。

%-10.2，这里指定了m=10，n=2，总的长度没有超过10，此时，整个数据向左靠齐，右边补一个空格，输出为1.23e+002␣。

%.2e，这里未指定m，只指定n=2，这时数据长度为9，输出为1.23e+002。

（3）字符型数据附加格式说明。

① %mc指定输出字符的宽度，并输出字符。

② %ms输出的字符串占m列，如字符串的长度大于m，则字符串全部输出，若字符串的长度小于m，则左边补空格。

③ %-ms字符串长度小于m，则在m列范围内，字符串向左靠齐，右边补空格。

④ %m.ns表示输出占m列，但只取字符串中左端n个字符，这n个字符右对齐输出，左边补空格。

⑤ %-m.ns表示输出占m列，但只取字符串中左端n个字符。这n个字符左对齐输出，右边补空格。

【例 3-18】 字符型数据附加格式的输出。

```
#include <stdio.h>
void main()
{
    char c;
    c='a';
    printf("%2c,\n",c);           /*输出c占2列,第1列补空格,运行结果为" a"*/
    printf("%3s,\n","HELLO");    /*HELLO的长度大于3,则字符串全部输出*/
    printf("%6s,\n","HELLO");    /*HELLO的长度大于6,则左边补空格。*/
```

```
    printf("%-7s,\n","HELLO"); /*HELLO的长度小于7,向左靠齐,右边补2个空格*/
    printf("%7.3s,\n","HELLO");/*输出占7列,取左边3个字符,右对齐,左边补空格*/
    printf("%-7.3s.\n","HELLO");/*输出占7列,取左边3个字符,左对齐,右边补空格*/
}
```

运行结果为:

```
 a,
HELLO,
  HELLO,
HELLO  ,
    HEL,
HEL    .
```

6. 普通字符

格式控制中前面没有%的字符都是普通字符,可以是可视字符,也可以是转义字符,在输出时会原样输出,例如,前面的"a=,b="。

7. 使用格式输出printf()函数的注意事项

(1)"输出表列"中的数据类型应与格式说明相匹配。例如:

```
int a=100;
float b=3.14159f;
printf("%d,%f",a,b);
```

若将"printf("%d,%f",a,b);"写成"printf("%d,%f",b,a);"就不对了。

(2)格式字符一般应该采用小写字母,如%d不要写成%D。

(3)在printf()函数的"格式控制"字符串中可以加入转义字符,如\n、\t、\b、\r、\f、\377等。

(4)一个格式说明以%开头,其后紧跟着格式说明字符d、o、x、u、c、s、f、e其中之一。格式说明之间可以插入能够原样输出的普通字符。例如:

```
int a=100;
float b=3.14159f;
printf("x=%d,y=%f",a,b);
```

运行结果为:

```
x=100,y=3.141590
```

(5)需要输出字符%时,应在"格式控制"字符串中连续用两个%。例如:

```
float x=2,y=3;
printf("%f%%",x/y);
```

运行结果为:

```
0.666667%
```

3.4 程序案例

有了上面的基础,就可以顺利地编写具有顺序结构的程序了,顺序程序结构是最简单的一种程序结构,程序中所有的语句都是按自上而下的顺序执行的,不发送流程的跳转。

【例 3-19】 输入三角形的 3 边长度,求三角形的面积。

解题思路:

这个问题虽然简单,但也需要想好解题方法和步骤,也就是设计算法。

(1) 输入三角形的三条边长 a,b,c。为简单起见,假设这三条边能构成三角形。

(2) 确定从三条边长求三角形面积。从中学数学知识中可以知道求三角形面积的公式为:

$$area = \sqrt{s(s-a)(s-b)(s-c)}$$

其中 $s=(a+b+c)/2$。

(3) 输出求解出的三角形面积 area。

有了这个思路和步骤,又有了以上介绍的 C 语言知识,写出此程序并不困难。程序如下:

```
#include <stdio.h>
#include <math.h>                    /*要调用数学函数 sqrt,必须包含 math.h 头文件*/
void main()
{
    double    a,b,c,s,area;
    printf("input three edges:");
    scanf("%lf,%lf,%lf",&a,&b,&c);      /*输入三角形的三条边*/
    s=(a+b+c)/2.0;                      /*计算 s 的值*/
    area=sqrt(s*(s-a)*(s-b)*(s-c));     /*计算三角形的面积 area*/
    printf("a=%.2f\nb=%.2f\nc=%.2f\n",a,b,c);
    printf("area=%.2f\n",area);
}
```

运行结果为:

```
input three edges:3,4,5<enter>
a=3.00
b=4.00
c=5.00
area=6.00
```

说明:sqrt 是求平方根函数,由于要调用数学函数库中的函数,所以必须在程序的开头加一条#include <math.h>命令,把头文件 math.h 包含到程序中。

【例 3-20】 从键盘输入一个大写字母,在屏幕上输出其小写及 ASCII 值。

```
#include <stdio.h>
void main()
{
    char c1,c2;
    c1=getchar();                          /* 从键盘输入一个大写字母赋值给字符变量 c1 */
    putchar(c1);
    putchar('\n');                         /* 换行 */
    printf("%c,%d\n",c1,c1);
    c2=c1+32;                              /* 将小写字母变为大写字母 */
    printf("%c,%d\n",c2,c2);
}
```

运行结果为:

```
A<Enter>
A
A,65
a,97
```

3.5 本章小结

本章首先介绍结构化程序设计基础知识,接着详细介绍了输入语句和输出语句的使用方法,现将本章的知识点归纳如下。

1. 结构化程序设计基础知识

对数据处理的描述,即算法。算法是为解决一个问题而采取的方法和步骤,是程序的灵魂。

算法具有有效性、确定性、有穷性、有零个或多个输入、有一个或多个输出等特点。

算法可以用各种描述方法进行描述,最常用的是流程图和伪代码。

结构化程序由 3 种基本结构组成,分别是顺序结构、选择结构和循环结构。

2. 输入语句

(1) 字符输入函数 getchar()函数。

getchar()函数的作用是从标准输入设备输入一个字符。

getchar()函数调用的一般格式是:

```
getchar();
```

其中,getchar()函数是一个无参函数,但调用 getchar 函数时后面的括号不能省略。

在输入时,空格、Enter 键等都作为字符读入,而且,只有在用户键入 Enter 键后,读入才开始执行,一个 getchar()函数只能接收一个字符。

(2) 格式输入函数 scanf()函数。

scanf()函数功能是从键盘上输入数据，该输入数据按指定的输入格式被赋给相应的变量值。函数的一般格式为：

```
scanf(格式控制,地址表列);
```

其中，“格式控制”规定数据的输入格式，必须用双引号括起来，其内容仅仅是格式说明符。“地址表列”则由一个或多个变量地址组成，当变量地址有多个时，各变量地址之间用逗号“,”隔开。

3. 输出语句

(1) 字符输出函数 putchar()函数。

putchar()函数是单个字符输出函数。函数调用的一般格式是：

```
putchar(表达式);
```

其中，putchar 是函数名，圆括号中的表达式是函数参数，可以是字符型常量、整型常量、变量或表达式。

(2) 格式输出函数 printf()函数。

printf()函数是格式输出函数。作用是按“格式控制”所指定的格式，在标准输出设备中输出“输出表列”中列出的输出项。

printf()函数的一般调用格式为：

```
printf(格式控制,输出表列);
```

其中，“格式控制”包括格式说明符和普通字符。“输出表列”由若干个输出项构成，输出项之间用逗号隔开，每个输出项既可以是常量、变量，也可以是表达式。

3.6 习　　题

一、填空题

1. 结构化程序由________、________和________ 3 种基本结构组成。

2. 变量 i,j,k 被定义为 int 型且初值为 0，有以下语句：

```
scanf("%d",&i);
scanf("%d",&j);
scanf("%d",&k);
```

当执行第一个输入语句时从键盘上输入：12.3<Enter>

变量 i,j,k 的值分别是________、________、________。

3. 以下程序的运行结果是________。

```
#include <stdio.h>
void main()
```

```
{
    int x=0177;
    printf("%3d,%6d,%6o,%6x,%6u\n",x,x,x,x,x);
}
```

4. 以下程序的运行结果是________。

```
#include <stdio.h>
void main()
{
    double a=513.789215;
    printf("%8.6f,%8.2f,%14.8f,%14.8lf\n",a,a,a,a);
}
```

5. 当 scanf 函数输入“41,142,43”按 Enter 键时，以下程序的运行结果是________。

```
#include <stdio.h>
void main()
{
    int i,j,k;
    scanf("%d,%d,%d",&i,&j,&k);
    printf("i=%d,j=%d,k=%d\n",i,j,k);
}
```

6. 以下程序的运行结果是________。

```
#include <stdio.h>
void main()
{
    printf("%+d,%+d\n",10,-10);
}
```

7. 以下程序的运行结果是________。

```
#include <stdio.h>
void main()
{
    int i=12;float x=123.456;
    printf("i=%d,",i);printf("i=%o,",i);printf("i=%0x\n",i);
    printf("x=%f,",x);printf("x=%e,",x);printf("x=%g\n",x);
}
```

8. 以下程序的运行结果是________。

```
#include <stdio.h>
void main()
{
    int x=2;
    x*=3+2;
```

```
    printf("%d\n",x);
    x*=4;
    printf("%d\n",x);
}
```

9. 以下程序的运行结果是________。

```
#include <stdio.h>
void main()
{
    char c='a';
    printf("%d,%o,%x,%c\n",c,c,c,c);
}
```

10. 运行以下程序段,若要使“a=5.0,b=4,c=3”,则输入数据的形式应是________。

```
int b,c;
float a;
scanf("%f,%d,c=%d",&a,&b,&c);
```

二、判断题

1. C语言是一种结构化程序设计语言。 (　　)
2. 用流程图表示算法时,处理框用平行四边形来表示。 (　　)
3. C语言本身没有输入/输出语句,是用输入/输出函数实现输入/输出操作。 (　　)
4. C语言标准格式输入函数scanf()的参数表中要使用变量的地址值。 (　　)
5. C语言标准格式输入函数scanf()可以从键盘上接收不同数据类型的数据项。 (　　)
6. C语言标准格式输入函数scanf()的格式控制中不能没有格式控制字符。 (　　)
7. C语言中getchar()函数的作用是在标准输出设备上输出一个字符。 (　　)
8. C语言中putchar()函数的作用是在的标准输入设备上输入一个字符。 (　　)
9. 语句printf("\n\n")的功能为输出一个空行。 (　　)
10. “若i=3,则printf("%d",-i++);”输出结果是-3。 (　　)
11. 语句“int x=-1; printf ("%u",x);”的输出结果为4294967295。 (　　)

三、选择题

1. 在VC++ 6.0环境下(下同),以下程序的运行结果是(　　)。

```
#include <stdio.h>
void main()
{
    int x=10,y=3;
    printf("%d\n",y=x/y);
}
```

A. 0　　B. 1　　C. 3　　D. 不确定的值

2. 若变量说明为 int 类型，要给 a,b,c 输入数据，以下能正确输入的语句是(　　)。

A. read(a,b,c);

B. scanf("%d%d%d",a,b,c);

C. scanf("%D%D%D",&a,&b,&c);

D. scanf("%d%d%d",&a,&b,&c);

3. 以下程序的运行结果是(　　)。

```
#include <stdio.h>
void main()
{
    int a=-1;
    printf("%d,%u\n",a,a);
}
```

A. −1,−1　　B. −1,32767　　C. −1,32768　　D. −1,4294967295

4. 以下程序的运行结果是(　　)。

```
#include <stdio.h>
void main()
{
    int a=666;
    printf("*%-6d*\n",a);
}
```

A. *666　*　　B. *　666*　　C. *000666　　D. 输出格式符不合法

5. 以下程序的运行结果是(　　)。

```
#include <stdio.h>
void main()
{
    printf("|%10.5f|\n",12345.678);
}
```

A. |2345.67800|　　B. |12345.6780|　　C. |12345.67800|　　D. |12345.678|

6. 以下程序的运行结果是(　　)。

```
#include <stdio.h>
void main()
{
    float f-3.1415f;
    printf("|%6.0f|\n",f);
}
```

A. |3.1415|　　B. |　3.0|　　C. |　　3|　　D. |　　3.|

7. 以下程序的运行结果是(　　)。

```
#include <stdio.h>
void main()
{
    float f=57.666f;
    printf("*%010.2f*\n",f);
}
```

A. *0000057.66*　　B. *　57.66*

C. *0000057.67*　　D. *　57.67*

8. printf 函数中用到格式符%5s，其中 5 表示输出字符串占用 5 列。如果字符串长度大于 5，则输出按(　　)方式；如果字符串长度小于 5，则输出按(　　)方式。

A. 左对齐输出字符串，右补空格　　B. 原字符串长从左向右全部输出

C. 右对齐输出字符串，左补空格　　D. 输出错误信息

9. 以下对 scanf 函数的叙述中，正确的是(　　)。

A. 输入项可以是一个实型常数，如"scanf("%f",3.3);"

B. 只有格式控制，没有输入项，也能正确输入数据到内存，如"scanf("a=%d,b=%d");"

C. 当输入一个实型数据时，格式控制部分可以规定小数点后的位数，如"scanf("%4.2f",&f);"

D. 当输入数据时，必须指明变量地址，如"scanf("%f",&f);"

10. 以下程序的运行结果是(　　)。

```
#include <stdio.h>
void main()
{
    char c1='B',c2='E';
    printf("%d,%c\n",c2-c1,c2+'a'-'A');
}
```

A. 2,M

B. 3,e

C. 2,e

D. 输出项与对应的格式控制不一致，输出结果不正确

四、编程题

1. 编写程序，将数值 8086 靠左对齐按 5 位输出和右对齐按 15 位输出。

2. 编写程序，输出结果为如下形式。

```
A
  B
    C
      D
```

3. 编写程序，输出为如下结果。

```
A    A
 B  B
  C
```

4. 设 a=300,b=200,c=48 000,d=167 000,编写程序,计算 a+b 和 c-d 的值。

5. 若设 a 为整型数 2,b 为实型数 3.8,编写程序,求 a 与 b 之和。

6. 设 x=8,y=7,z=6,编写程序,求 x、y、z 之积。

7. 编写程序,求底边为 15.63cm、高为 2.84cm 的三角形面积,乘法运算符用 *,除法运算符用/。

8. 设一正方形边长为 5.7,编写程序,求正方形周长。

9. 设 y=10.2,x=123,编写程序,求两者之积,要求结果为实型数。

10. 设变量 a=12,b=365.2114,编写程序,求其浮点数。要求对 a 采用强制转换方式参与求和运算。

11. 设 b=35.425,c=52.954,编写程序,将 b+c 之和强制取整赋值给 a1,对 b、c 取整求和赋值给 a2。

12. 设 x=100,编写程序,按 x++、x、--x、x、++x、x、--x、x 的顺序输出运算结果。

13. 使用 getchar 函数输入一个字符,通过 putchar 函数将此字符的后续字符输出。

14. 设有整型变量 a、b、c,用一个条件表达式语句求出 a、b、c 中的最小值,将其赋给 min 变量并输出,编写完成此功能的完整程序。

15. 设 a=b=0,编写求 a==b、a! =b、++a<++b、a--==++b 值的程序。

16. 编写程序,读入 3 个整数给 a、b、c,然后交换它们的数值,使 a 存放 b 的值,b 存放 c 的值,c 存放 a 的值。

五、简答题

1. 什么是算法? 什么叫结构化的算法? 为什么要提倡结构化的算法?

2. 试述 3 种基本结构的特点。

3. 用传统流程图表示求解以下问题的算法。

(1) 求 1+2+3+…+100 的和。

(2) 判断一个数 n 能否同时被 3 和 5 整除。

4. 什么叫结构化程序设计? 它的主要内容是什么?

第 4 章

选择结构和循环结构程序设计

Chapter 4

早期的程序设计强调效率，注重程序设计的技巧。这种程序设计的方法引发了 20 世纪 60 年代末至 70 年代初期的“软件危机”。荷兰计算机科学家爱德斯格·维伯·迪克斯特拉(Edsger Wybe Dijkstra)首先提出了结构化程序设计的概念，强调从程序结构和风格来研究程序设计，注重提高程序的可读性、可理解性和可靠性，并易于查错和维护。

用结构化程序设计方法设计程序，在程序效率与程序结构发生冲突时，宁愿牺牲一些速度，也要保证良好的结构。其基本原则有以下三条：

① 对比较复杂的大系统，采用自顶向下、逐步求精的方法划分程序模块；

② 在程序设计中使用顺序、选择和循环这 3 种基本的程序控制结构；

③ 限制 goto 语句的使用。

C 语言是一种结构化的程序设计语言，因此，熟练掌握三大结构尤其是选择结构和循环结构的用法是程序设计的最基本的要求。

本章学习目标

1. 掌握 if 语句的使用方法
2. 掌握条件运算符和条件表达式
3. 掌握 switch 语句的使用方法
4. 掌握 while 语句的使用方法
5. 掌握 do...while 语句的使用方法
6. 掌握 for 语句的使用方法
7. 掌握 break、continue 语句的使用方法
8. 掌握语句标号和 goto 语句的使用方法

4.1 if 语句

在某些情况下，C 语句执行的顺序依赖于输入的数据和中间运算结果。这时，必须根据所给的条件是否满足来选择执行哪些语句和跳过哪些语句，这就是选择结构程序设计要解决的问题。

C语言中可以通过两种语句来实现选择结构程序设计，一种是条件语句，又称 if 语句；另一种是开关语句，又称 switch 语句。if 语句主要用来实现“二中择一”，switch 语句主要用来实现多分支选择，但通过 if 语句的嵌套也可以实现多分支选择。此外，条件表达式也能代替 if 语句，构成简单的选择结构。

4.1.1 if 语句

if 语句是C语言选择控制语句之一，用来对给定条件进行判定，并根据判定的结果(真或假)来决定执行给出的两种操作中的一种。

1. 单分支 if 语句

语句的格式为：

```
if (表达式) 语句
```

例如：

```
if (x>0) printf("%d",x);
```

说明：

(1) 表达式。表达式也称条件表达式，必须用一对花括号括起来。

表达式一般是关系表达式或逻辑表达式，有时也可以是数值表达式。

表达式的类型可以是任意的数据类型(包括整型、实型、字符型、指针型数据)。

系统对表达式的值进行判断，值为非0，按“真”处理；值为0，按“假”处理。

但在C语言中，如果有一个逻辑表达式，若其值为“真”，则以1表示；若其值为“假”，则以0表示。例如 2 && 3 的值为“真”，则系统给出 2 && 3 的值为1。

(2) 语句的执行过程。若表达式的值为“真”(非0)，执行语句，否则跳过语句继续执行 if 语句的下一条语句。

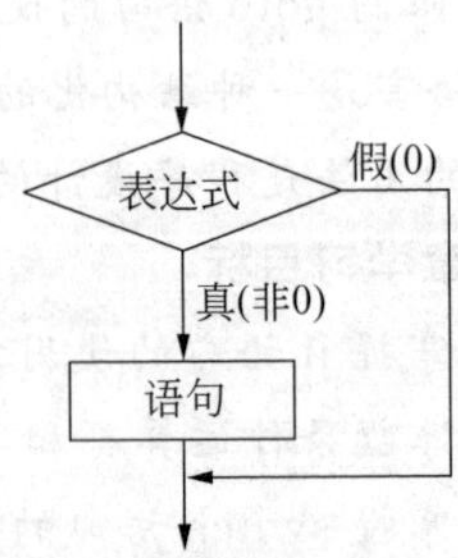

图 4-1 单分支 if 语句的执行过程

流程图如图 4-1 所示。

【例 4-1】 求一个整数的绝对值。

```
#include <stdio.h>
void main()
{
    int n;
    printf("Input a number:");
    scanf("%d",&n);
    if(n<0)n=-n;
    printf("The absolute value is %d",n);
}
```

运行结果为：

```
Input a number: -5 <Enter>
The absolute value is 5
```

2. 双分支 if 语句

语句的格式为：

```
if(表达式)
  语句 1
else
  语句 2
```

例如：

```
if(x>y)
  printf("%d",x);
else
  printf("%d",y);
```

这条语句也可写在一行上，例如：

```
if (x>y) printf("%d",x);else printf("%d",y);
```

但将 if 语句写成多行，则可使程序清晰，从而大大增强程序的可读性。

说明：

(1) 语句的执行过程。先计算表达式的值，如果表达式的值为“真”(即非 0)，则执行语句 1，执行完语句 1 后，再执行 if 语句的下一条语句(即跳过语句 2 继续向下执行)；如果表达式的值为“假”(即 0)，则跳过语句 1 而执行语句 2，执行完语句 2 后，再执行 if 语句的下一条语句。流程图如图 4-2 所示。

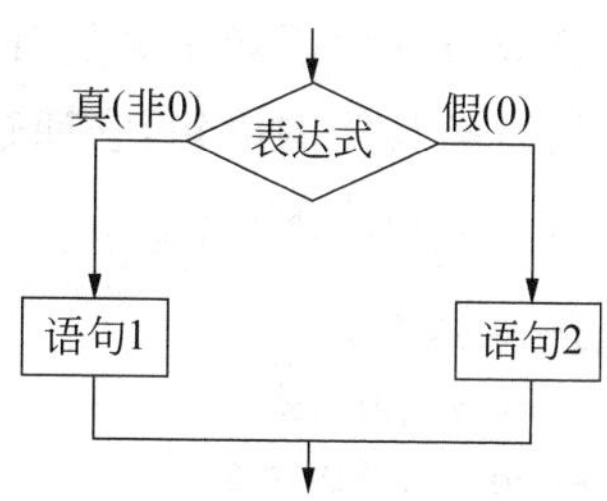

图 4-2 双分支 if 语句的执行过程

(2) 语句。语句 1 和语句 2 是内嵌在 if 语句中的，并不独立于 if 语句而存在。语句 1 和语句 2 中的两个分号不可缺少，只是表示两条内嵌语句的结束，并不是表示 if 语句的结束。不要误认为它们是用分号隔开的若干条语句。

else 必须和 if 配对使用，所以整个 if 语句应看作一条语句。

(3) 复合语句。如果满足某一个条件后有多于一条语句要执行时，必须使用复合语句的形式。即：如果语句 1 或语句 2 处有多于一条语句要执行时，必须使用{}把这些语句包括在其中，构成一条复合语句。

复合语句等效于一条语句，所以，语句 1 和语句 2 可以是一条语句，也可以是一条复合语句。此时 if 语句格式变为：

```
if(表达式)
```

```
  {语句体 1}
else
  {语句体 2}
```

注意：在{ }外面不需要再加分号，因为{ }内是一个完整的复合语句，所以不需另附加分号。

【例 4-2】 输入百分制分数，输出成绩是否及格。

```
#include <stdio.h>
void main()
{
    int grade;
    printf("请输入百分制分数：");
    scanf("%d",&grade);
    printf("分数为%d",grade);
    if(grade>=60) printf(",成绩及格\n");
    else printf(",成绩不及格\n");
}
```

运行结果为：

```
请输入百分制分数：96<Enter>
分数为 96,成绩及格
```

3. 多分支 if 语句

若双分支中语句 2 又是 if 语句，如此反复多次，就形成多分支 if 语句。多分支 if 语句不是一条具体的语句，它通过 if 语句的嵌套实现。

其一般格式为：

```
if(表达式 1)            语句 1
else if(表达式 2)       语句 2
else if(表达式 3)       语句 3
     ...                ...
else if(表达式 n)       语句 n
else                    语句 n+1
```

说明：

(1) 语句的执行过程。这种结构是从上到下对条件表达式逐个进行判断，一旦发现条件满足就执行与该条件对应的语句，并跳过其后所有语句；若没有一个条件满足，则执行最后一个 else 后的语句 n+1。最后这个 else 常起着"默认条件"的作用。流程图如图 4-3 所示。

(2) 格式。多分支 if 语句的一般形式中，没有采用缩行方案。虽然采用缩行方案在技术上是正确的，但嵌套深度增加时，向右缩行太多，带来诸多不便。

【例 4-3】 设 90～100 分为 A 等，80～89 分为 B 等，70～79 分为 C 等，60～69 分为 D

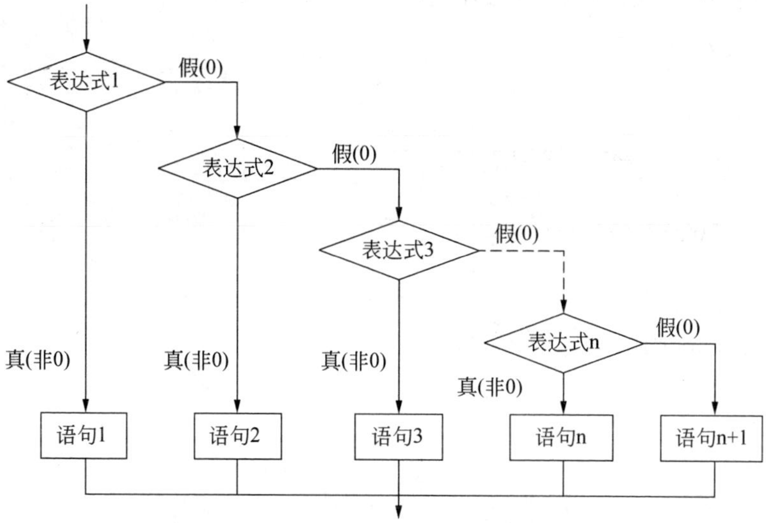

图 4-3　多分支 if 语句的执行过程

等,60 分以下为 E 等。输入百分制成绩,输出成绩等级 A、B、C、D、E。

```
#include <stdio.h>
void main()
{
    int grade;
    printf("请输入百分制成绩:");
    scanf("%d",&grade);
    printf("成绩=%d",grade);
    if(grade>=90) printf(",为 A 等\n");
    else if(grade>=80) printf(",为 B 等\n");
    else if(grade>=70) printf(",为 C 等\n");
    else if(grade>=60) printf(",为 D 等\n");
    else printf(",为 E 等\n");
}
```

运行结果为:

```
请输入百分制成绩:92<enter>
成绩=92,为 A 等
```

【例 4-4】　输入任意 3 个整数,求 3 个整数中的最大值。

```
#include <stdio.h>
void main()
{
    int   x,y,z,max;
    printf("Please input three numbers:");
```

```
    scanf("%d,%d,%d",&x,&y,&z);
    if((x>y)&&(x>z))
    {
        max=x;
        printf("max=%d\n",max);
    }
    else if((y>x)&&(y>z))
    {
        max=y;
        printf("max=%d\n",max);
    }
    else
    {
        max=z;
        printf("max=%d\n",max);
    }
}
```

运行结果为：

```
Please input three numbers:11,33,22 <Enter>
max=33
```

说明：本例中表达式 1 为(x>y)&&(x>z)，是一个逻辑表达式，必须在其两边加上括号。当表达式 1 成立时，执行一个复合语句。在第一个 else 后又跟了一条 if 语句。注意这个 if 语句只是一条内嵌语句。

4.1.2 if语句的嵌套

1. if 语句的嵌套格式

所谓 if 语句的嵌套是指 if 语句包含另一个 if 语句，即外层 if 语句的 if 块或 else 块中又包含一个或多个 if 语句。

if 语句嵌套的一般格式为：

```
if(表达式 1)
    if(表达式 2) 语句 1
    else 语句 2
else
    if(表达式 3) 语句 3
    else 语句 4
```

说明：ANSI 标准指明，编译程序必须最少支持 15 层嵌套。实际上，多数编译程序支持远大于 15 层的嵌套 if 语句。但 if 嵌套语句容易出错，其原因主要是不知道哪个 if 语句对应哪个 else 语句。上述格式中，第一个 else 和它上面的未曾配对过的表达式 2 对应的 if 进行配对;第二个 else 和它上面的未曾配对过的表达式 1 对应的 if 配对;第三个 else 和它上面的未曾配对过的表达式 3 对应的 if 进行配对。

2. if 语句的嵌套与嵌套匹配原则

(1) if 语句嵌套时,从最内层开始,else 总是与其上面最近且尚未匹配的 if 配对。

(2) 为明确匹配关系,避免 if 与 else 配对错位的最佳办法是将内嵌的 if 语句,一律用花括号括起来。

(3) 为了便于阅读,可以使用适当的缩进。此时花括号能保证 if 与 else 不错位配对。

例如:

```
if(x>2||x<-1)
    if(y<=10&&y>x) printf("Good");
    else    printf("Bad");
```

按嵌套匹配原则 else 与 if(y<=10&&y>x)相匹配。若要使 else 与 if(x>2||x<-1)相匹配,必须用花括号来帮助实现。如下所示:

```
if(x>2||x<-1)
{
    if(y<=10&&y>x) printf("Good");
}
else printf("Bad");
```

【例 4-5】 在直角坐标系中输入任意一点的坐标(x,y),判断该点在哪个象限。

流程图如图 4-4 所示。

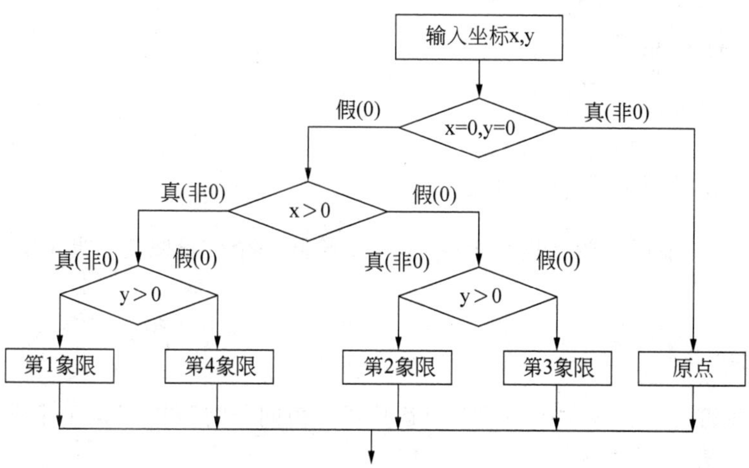

图 4-4 判断直角坐标系点的象限的流程图

根据流程图可写出如下程序:

```
#include <stdio.h>
```

```
void main()
{
float x,y;
printf("请输入任意点的坐标:");
scanf("%f,%f",&x,&y);
if (x==0&&y==0) printf("It is a origin.\n");          /*原点*/
else
   if(x>0)
       if(y>0)
        printf ("It is at quadrant 1.\n");            /*第一象限*/
       else
        printf ("It is at quadrant 4.\n");            /*第四象限*/
   else
       if(y>0)
        printf ("It is at quadrant 2.\n");            /*第二象限*/
       else
        printf ("It is at quadrant 3.\n");            /*第三象限*/
}
```

运行结果为:

```
请输入任意点的坐标:0,0
It is a origin.
请输入任意点的坐标:1,1
It is at quadrant 1.
请输入任意点的坐标:-1,1
It is at quadrant 2.
请输入任意点的坐标:-1,-1
It is at quadrant 3.
请输入任意点的坐标:1,-1
It is at quadrant 4.
```

4.1.3 条件运算符和条件表达式

在if语句中,有时不管条件是否成立,都要给同一个变量赋值。此时,可以使用条件运算符。

1. 条件运算符

条件运算符是C语言中唯一的三目运算符。由问号"?"和":"两个字符组成,用于连接3个运算对象。

2. 条件表达式

用条件运算符"?"和":"组成的表达式称为条件表达式。其中运算对象可以是任何合法的算术、关系、逻辑或赋值等类型的表达式。

条件表达式一般格式为：

```
表达式 1?表达式 2:表达式 3
```

例如：

```
if(x>y)max=x;
else max=y;
```

可以改写为：

```
max=(x>y)?x:y;
```

说明：

(1) 条件运算符的执行过程。先求解表达式 1 的值，若为非 0 时，整个条件表达式的值就是表达式 2 的值；若表达式 1 的值为 0 时，整个条件表达式的值是表达式 3 的值。

例如，当 a=3、b=2 时，执行表达式 a>b? a:b，条件表达式的值为 3。

(2) 优先级与结合性。条件运算符的优先级比关系运算符和算术运算符都低，但高于赋值运算符。它的结合方向是自右至左的。例如：

(x>y)?x:y+2 相当于(x>y)?x:(y+2)，而不相当于((x>y)?x:y)+2。

max=(x>y)?x:y 相当于 max=((x>y)?x:y)。

a>b?a:c>d?c:d 相当于 a>b?a:(c>d? c:d)，如果 a=1，b=2，c=3，d=4，则条件表达式的值等于 4。

(3) 条件表达式值的类型。条件表达式值的类型是表达式 2 和表达式 3 的类型中级别较高的那个类型。例如：

x>y?3:1.5，这个条件表达式的值的类型就为 double 型。

【例 4-6】 输入一个字母，如果这个字母是大写字母就将它转换成小写字母，如果是小写字母则原样输出。

```
#include <stdio.h>
void main()
{
    char ch;
    printf("请输入一个字母: ");
    scanf("%c",&ch);
    ch=(ch>='A'&&ch<='Z')?(ch+32):ch;          /*大小写字母的 ASCII 码值相差 32*/
    printf("该字母的小写字母为%c\n",ch);
}
```

运行结果为：

```
请输入一个字母: D<Enter>
该字母的小写字母为 d
请输入一个字母: h<Enter>
```

该字母的小写字母为 h

4.2 switch 语句

在编写程序时，经常会碰到按不同情况分转的多路选择问题，例如，学生的成绩分类为 A、B、C、D、E，人口按年龄分为老、中、青、幼等。这些分类可以用嵌套的 if 语句来完成，但是编写的程序非常长，不容易理解，并且容易出错，使用起来很不方便。对这种情况，C 语言提供了 switch 语句，也称开关语句，它是多分支选择语句，每个分支、每种情况可通过一个常量表达式取不同的值来描述。

switch 语句的一般格式为：

```
switch(表达式)
{
    case 常量表达式 1:语句 1
    case 常量表达式 2:语句 2
    …
    …
    case 常量表达式 n:语句 n
    default:语句 n+1
}
```

说明：

(1) 语句的执行过程。执行 switch 语句时，先计算表达式的值，然后将它逐个与 case 后的常量表达式的值进行比较，当 switch 后的表达式的值与某一个常量表达式的值一致时，程序就转到此 case 后的语句开始执行，执行完后，程序流程转到下一个 case 后的语句开始执行；如果没有一个常量表达式的值与 switch 后的值一致，就执行 default 后的语句。

(2) 表达式。switch 后的表达式可以是整型或字符型，也可以是枚举类型的，对于其他类型，原来的 C 语言标准是不允许的，但在新的 ANSI C 语言标准中允许表达式的类型为任何类型。

switch 语句中使用字符常数时，这些常数都被自动变换成整数。

(3) 常量表达式。每个 case 后的常量表达式只能是由常量组成的表达式。

每一个 case 后的常量表达式的值必须互不相同，否则，程序就不知该跳到何处开始执行。这是因为“case 常量表达式”只是起到语句标号的作用，并不是在该处进行条件判断。

(4) 语句。每个 case 或 default 后的语句可以是复合语句，但此处不需要使用{}括起来。

(5) 标号语句 case 和 default。case 语句是一种标号语句，但它不能在 switch 语句之外独立存在。各个 case 的出现次序不影响执行结果。一般情况下，将使用概率大的 case 放在前面。

在执行完一个 case 后面的语句后，程序流程转到下一个 case 后的语句开始执行。千万不要理解成执行完一个 case 语句后，程序就转到 switch 后的语句去执行了。这是因为在执行 switch 语句时，程序根据 switch 后面表达式的值找到匹配的入口标号，并从此标号开始执行下去，不再进行判断。

若想跳出 switch 结构，即终止 switch 语句的执行，可用一个 break 语句来实现。break 语句可用于 switch 语句，也可用于循环。

如果只想执行某个 case 后的语句，那么，就要在该 case 语句的最后，使用 break 语句以跳出 switch 语句。

【例 4-7】 switch 语句示例一。

```
#include <stdio.h>
void main()
{
    char x;
    x='B';
    switch(x)
    {
        case 'A':printf("Grade is A.\n");
        case 'B':printf("Grade is B.\n");
        case 'C':printf("Grade is C.\n");
        case 'D':printf("Grade is D.\n");
    }
}
```

运行结果为：

```
Grade is B
Grade is C
Grade is D
```

上面所给出的程序中变量 x 的值为'B'，原意是让程序输出 Grade is B 就可以了，但结果却是它把后面的语句全部执行了一遍。若将上例作如下修改，则只执行一次输出。

【例 4-8】 switch 语句示例二。

```
#include <stdio.h>
void main()
{
    char x;
    scanf("%c",&x);
    switch(x)
    {
        case 'A':printf("Grade is A.\n");break;
        case 'B':printf("Grade is B.\n");break;
        case 'C':printf("Grade is C.\n");break;
        case 'D':printf("Grade is D.\n");
```

```
    }
}
```

运行结果为：

```
B<Enter>
Grade is B.
```

利用 switch 语句的上述特点，多个 case 可以共用一段程序。

【例 4-9】 判定学生的成绩等级，只区分及格和不及格。

```
#include <stdio.h>
void main()
{
    char x;
    scanf("%c",&x);
    switch(x)
    {
        case 'A':
        case 'B':
        case 'C':printf("Score >60\n");break;
        case 'D':printf("Score <60\n");
    }
}
```

运行结果为：

```
B<Enter>
Score >60
D<Enter>
Score <60
```

当输入的 x 为 A、B 或 C 时，都执行同一语句。

(6) 嵌套 switch 语句。switch 语句可以作为另一个外层 switch 语句序列中的一部分，即使内外层的 case 常量相同，也不会引起冲突。

(7) switch 语句和 if 语句的不同。switch 只能测试表达式的值是否相等，而 if 语句还能测试关系表达式和逻辑表达式。

(8) switch 语句常用于处理键盘输入问题，如选择菜单成绩输出等。

【例 4-10】 按百分制输入学生的成绩，根据成绩输出等级。

```
#include <stdio.h>
void main()
{
    int grade;                    /* grade 中存放学生的成绩 */
    printf("请输入学生成绩:");
```

```
    scanf("%d",&grade);
    printf("成绩=%d",grade);
    switch(grade/10)                                  /*注意表达式的构造方法*/
    {
        case 10:
        case 9: printf("为A等。\n");break;
        case 8: printf("为B等。\n");break;
        case 7: printf("为C等。\n");break;
        case 6: printf("为D等。\n");break;
        default: printf("为E等。\n");
    }
}
```

运行结果为：

```
请输入学生成绩:90<Enter>
成绩=90为A等。
请输入学生成绩:50<Enter>
成绩=50为E等。
```

【例4-11】 简易计算器程序(两个数的加减乘除运算)。

```
#include <stdio.h>
void main()
{
    float x,y,result;
    char oper;
    printf("输入x运算符y:");
    scanf("%f%c%f",&x,&oper,&y);
    switch(oper)
    {
        case '+': result=x+y;printf("结果为%f\n",result); break;
        case '-': result=x-y;printf("结果为%f\n",result); break;
        case '*': result=x*y;printf("结果为%f\n",result); break;
        case '/': if(y!=0)
                  {
                      result=x/y; printf("结果为%f\n",result);
                  }
              else printf("除数为0\n");
    }
}
```

运行结果为：

```
输入x运算符y:3.0+4.5<Enter>
```

结果为 7.500000
输入 x 运算符 y:3.0/3.0<Enter>
结果为 1.000000

4.3 选择结构程序设计案例

【例 4-12】 写一程序，输入年号，判断是否为闰年。

1. 算法

判断公元年是否为闰年需至少满足以下两点中的一点：
(1) 公元年数如能被 4 整除，而不能被 100 整除；
(2) 公元年数能被 400 整除。

2. 流程图

设用变量 year 表示年号，以变量 leap 代表是否闰年的信息，若为闰年则令 leap=1，为非闰年则令 leap=0。最后判断 leap 是否为真，若是，则输出闰年信息。流程图如图 4-5 所示。

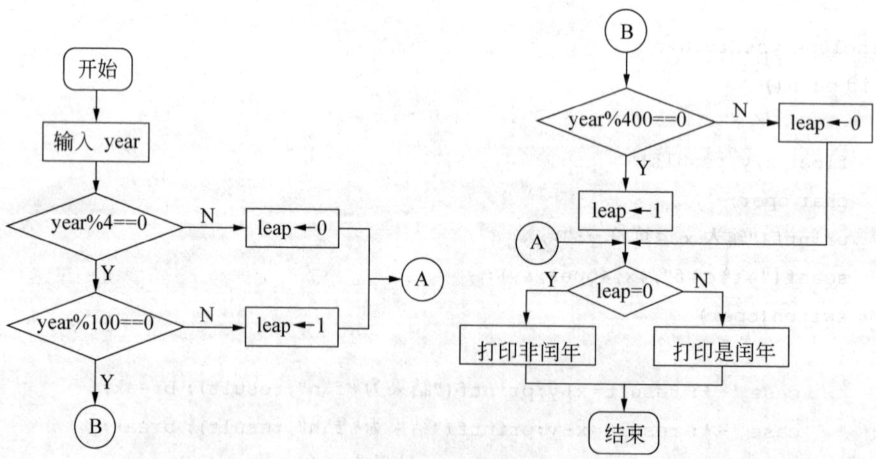

图 4-5 根据年号判断闰年的流程图

3. 程序

```
#include <stdio.h>
void main()
{
    int year,leap;
    scanf("%d",&year);
    if(year%4==0)
        {
```

```
            if(year%100==0)
            {
                if(year%400==0)
                    leap=1;
                else
                    leap=0;
            }
            else
                leap=1;
            }
    else
            leap=0;
    if(leap)
    printf("%d is ",year);
    else
    printf("%d is not ",year);
    printf("a leap year.\n");
}
```

运行结果为：

```
1900 <Enter>
1900 is not a leap year
2000 <Enter>
2000 is a leap year
```

4.4　while 语句

经过前面的学习，读者已经能够利用顺序结构和选择结构来处理一些简单的问题了。但是生活中还有一类情况，如小学生算加法，100 个 2 相加，2＋2＋…＋2＋2＝200，式子列了一长串。如果利用程序求解，用加法显然不可行。数学可以用乘法 100×2 表示 100 个 2 相加，因为“每次都加 2”是这个问题的基本规律。计算机上可以利用这个规律用循环结构求解，让“加 2”这个操作自动重复执行 100 次。

循环语句是算法语言中应用最普遍、最重要的语句，几乎所有的实用程序都包含循环。在程序设计中对那些需要重复执行的操作应该采用循环结构来完成，即循环语句允许反复执行同一组指令，直至达到某种条件为止。这种条件可以是预先定义的，也可以是执行中确定的。

为了实现循环结构程序设计，C 语言引入了 while 语句、do…while 语句、for 语句以及和循环语句配套的跳转语句(break、continue 和 goto 等语句)。C 语言的循环语句具有简洁和多变的特点。那么，在 C 语言中如何用 while 语句来实现该循环呢？

4.4.1 while 语句的一般格式

由 while 语句构成的循环也称为当循环，while 语句的一般格式为：

```
while(表达式)循环体
```

例如：

```
while(x<=0) x++;
```

说明：

(1) while 是 C 语言的关键字。

(2) 表达式。表达式即条件表达式，它是循环能否继续重复的条件。while 循环总是在循环的头部检验条件，这就意味着循环可能什么也不执行就退出。如果需要几个条件终止 while 循环，常由单变量构成条件表达式，在循环的不同点为其赋值。

(3) 循环体。循环体即语句部分。它是内嵌语句，可以是单一语句，也可以是由多条语句组成的一个复合语句(此时必须用{}括起来)。在循环体内应有使循环趋向于结束的语句。

4.4.2 while 语句的执行过程

while 语句的执行过程如图 4-6 所示。

步骤 1：计算 while 后圆括号中表达式的值，如表达式的值为非 0，执行步骤 2；如表达式的值为 0，执行步骤 3。

步骤 2：执行循环体中的语句，转去执行步骤 1。

步骤 3：退出 while 循环。

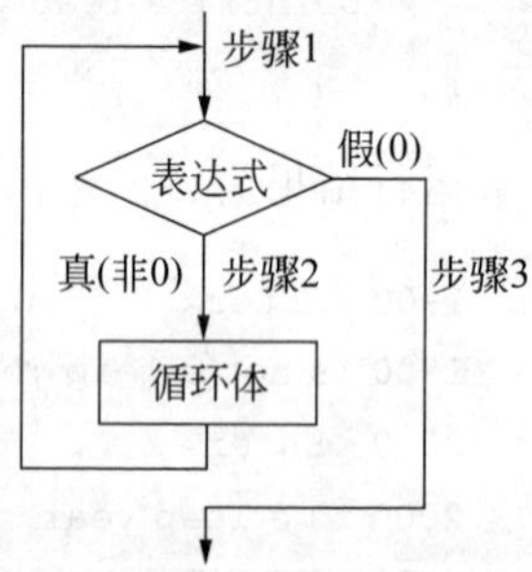

图 4-6 while 语句的执行过程

【例 4-13】 用 while 语句来实现 100 个 2 相加。

```
#include <stdio.h>
void main()
{
    int i=1,sum=0;      /*i为循环变量,称之为计数器,初值为 1;sum 为累加器,初值为 0*/
    while(i<=100)
    {
        sum=sum+2;      /*累加器 sum 累加*/
        i++;            /*循环变量 i 自增 1*/
    }
    printf("The sum is %d",sum);
}
```

运行结果为：

```
The sum is 200
```

在这个程序中，循环体语句是一个包含两条语句的复合语句。如果 while 后面不是复合语句，那么只有 while 后的第一条语句被认为是循环体语句。

在循环体语句中，一定要有能够使循环终止的语句，否则循环永不结束，出现“死循环”。在上例中，语句“i++;”使循环变量 i 每次自增 1，直到 i>100 使得循环条件不再满足，从而结束循环。

在编写程序时采用单步调试的方法对于理解的循环是非常重要的，观察执行过程时应留意两个方面：当前行的跳转和循环变量的变化。这二者也是编码、测试和调试的重点。

【例 4-14】 用公式 $\pi/4=1-1/3+1/5-1/7+1/9-\cdots$ 求 π 的近似值，直至最后一项的绝对值小于 10^{-6} 为止。

```
#include <stdio.h>
#include <math.h>
void main()
{
    int s;
    float n,t,pi;
    t=1.0;                  /* t 中存放每项的值,初值为 1 */
    pi=0;                   /* pi 中存放所求 π 的值,初值为 0 */
    n=1.0;                  /* n 中存放每项分母,注意 n 不能为 int 型 */
    s=1;                    /* s 中存放每项分子 */
    while(fabs(t)>=1e-6)
    {
        pi=pi+t;            /* 累加 */
        n=n+2;
        s=-s;               /* 改变符号 */
        t=s/n;              /* 构造通项 */
    }
    pi=pi*4;
    printf("pi=%f\n",pi);
}
```

运行结果为：

```
pi=3.141594
```

注意：上例中，关键在分析清楚数据变化的规律，找到通项的表达式。

【例 4-15】 判断是否输入回车符，若是，程序结束。

```
#include <stdio.h>
void main()
{
    char c;
    c='\0';                 /* 初始化 c */
    while(c!='\n')          /* 回车结束循环 */
```

```
    c=getchar();                    /*带回显的从键盘接收字符*/
}
```

上例中，while语句是以检查c是否为回车符开始，因其事先被初始化为空，所以条件为真，进入循环等待键盘输入字符；一旦输入回车，则c! ='\n'，条件为假，循环便结束。

上例中的循环语句也可简写成：

```
while((c=getchar())!='\n');
```

4.5 do...while 语句

4.5.1 do ... while 语句的一般格式

do...while语句构成的循环又称直到型循环，do...while语句的一般格式为：

```
do 循环体
while(表达式);
```

例如：

```
do x=2
while(x>5);
```

说明：

(1) do是C语言的关键字，必须和while联合使用。

(2) do...while语句由do开始，到while结束；必须注意的是，在while(表达式)后面的“;”不能缺，它表示do...while语句的结束。

(3) while后面的圆括号中的表达式用于进行条件判断，决定循环是否执行。

(4) do后面的循环体可以是一条语句，也可以是由多个语句构成的复合语句，若是复合语句则必须用{ }括起来。

4.5.2 do ... while 语句的执行过程

do...while语句的执行过程如图4-7所示。

步骤1：执行循环体中的语句。

步骤2：计算while后圆括号中表达式的值，如表达式的值为非0，执行步骤1；如表达式的值为0，执行步骤3。

步骤3：退出do...while循环。

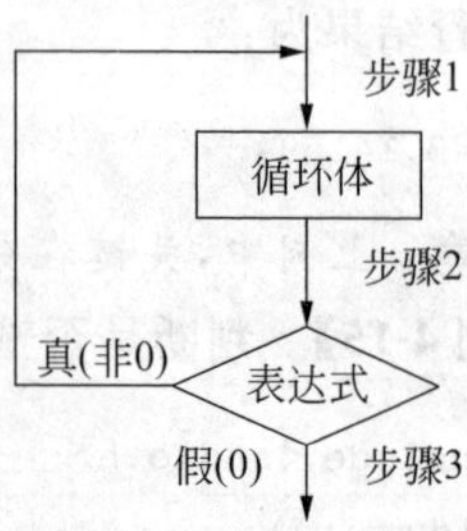

图4-7 do...while语句的执行过程

【例4-16】 用do...while语句来实现100个2相加。

```
#include <stdio.h>
void main()
```

```
{
    int i=1;
    int sum=0;
    do
    {
        sum+=2;
        i++;
    }
    while(i<=100);
    printf("The sum is %d\n",sum);
}
```

运行结果为：

```
The sum is 200
```

【例 4-17】 观察下面程序，发现其中的问题。

```
#include <stdio.h>
void main()
{
    int i,sum=0;
    do
    {
        i=1;
        sum+=2;
        i++;
    }
    while(i<=100);
    printf("The sum is %d\n",sum);
}
```

说明：这个程序是一个死循环。因为对变量 i 赋值 1 的语句放在了循环体内，所以每执行一次循环体，变量 i 的值就又变成 1 了。这样循环就永远不可能结束，在输出屏幕上只会有一个光标在闪烁。此时程序正在不断的循环，按 Ctrl＋Break 组合键可终止当前正在执行的程序，回到编辑状态。

那么该如何修改这个程序呢？只要将“i=1;”这条语句移到循环语句的前面就行了。这个程序说明如果要对循环变量赋初值，一定不能将赋值语句放到循环体中，而要放到循环语句之前。

4.5.3　do … while 语句和 while 语句的区别与联系

这两个循环语句可以用来表示循环次数固定的循环，但更主要的应用是用来表示循环次数不固定的循环。

while 语句的特点是先判断，后执行。如果刚开始循环条件不成立，while 语句一次都不执行循环体语句。

do...while 语句的特点是先执行，后判断。即在判断条件是否成立前，先执行循环体语句一次。因此，do...while 语句至少要执行一次循环体语句，这是与 while 语句的一个根本性的区别。

下面通过两个例题来仔细地区别一下这两种循环语句。

【例 4-18】 while 语句的特点。

```
#include <stdio.h>
void main()
{
    int i,sum=0;
    scanf("%d",&i);
    while(i<=5)
    {
        sum+=2;
        i++;
    }
    printf("The sum is %d,i=%d",sum,i);
}
```

【例 4-19】 do...while 语句的特点。

```
#include <stdio.h>
void main()
{
    int i,sum=0;
    scanf("%d",&i);
    do
    {
        sum+=2;
        i++;
    }
    while(i<=5);
    printf("The sum is %d,i=%d",sum,i);
}
```

从上面这两个例题中可以看到，当循环条件在第一次判断就为非 0 时，while 和 do...while 语句在执行过程中没有什么区别；而当循环条件在第一次判断就为 0 时，while 语句一次也不执行循环体语句，do...while 语句仍要执行一次循环体语句。

4.6 for 语句

4.6.1 for 语句的一般格式

for 语句的一般格式为：

```
for(表达式 1;表达式 2;表达式 3) 循环体
```

例如：

```
for(i=0;i<N;i++) sum=sum+d;
```

说明：

(1) for 是 C 语言的关键字，其后的圆括号中通常含有 3 个表达式，彼此用“;”隔开，可以是任意合法的表达式。

(2) 循环体可以是一条语句，也可以是复合语句，当为复合语句时要用花括号括起来。

(3) 表达式。

for 语句的 3 个表达式可以放置任何类型的表达式，表达式的类型与各部分的用途完全无关。

表达式 1 可以是设置循环变量初值的赋值表达式，也可以是与循环变量无关的其他表达式。表达式 1 和表达式 3 可以是一个简单表达式，也可以是逗号表达式。

表达式 2 一般是关系表达式或逻辑表达式，但有时也可以是数值表达式或字符表达式，系统只看它的值，非 0 就执行循环体语句，为 0 就退出循环。表达式 2 还可以测试多个条件的组合。

(4) for 语句的最简单的应用形式如下：

```
for(<循环变量初始化>;<循环条件>;<循环变量增值>) 语句;
```

循环变量初始化是一个赋值语句，它用来给循环控制变量赋初值；循环条件是一个关系表达式，它决定什么时候退出循环；循环变量增值控制循环变量每循环一次后按什么方式变化。

(5) 循环次数。

如果要让一个循环执行 N 次，一般有以下两种写法：

```
for(i=K0;i<K1;i++)        /*循环变量 i 自增 1*/
```

或

```
for(i=K1;i>K0;i--)        /*循环变量 i 自减 1*/
```

首先在表达式 1 处设置一个循环变量，初值为整型常量 K0；然后在表达式 2 处写一个条件 i<K1(K1 减 K0 的结果为整数)；最后在表达式 3 处写一条改变循环变量值的表达式即可。

如让循环执行 3 次：for(i=0;i<3;i++)或 for(i=3;i>0;i--)

如让循环执行 10 次：for(i=0;i<10;i++)或 for(i=10;i>0;i--)

(6) 无循环体的循环。

循环体还可以为空语句，此种循环通常用来构造延时循环。

4.6.2 for语句的执行过程

for语句的执行过程如图4-8所示。

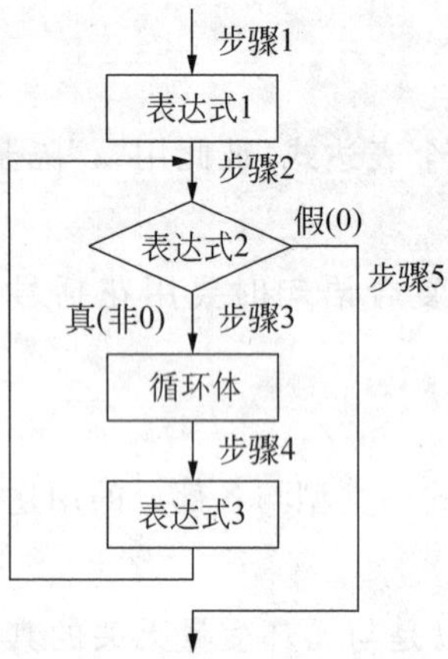

图4-8 for语句的执行过程

步骤1：计算表达式1的值。

步骤2：计算表达式2的值,若其值为非0,则执行步骤3;若其值为0,则执行步骤5。

步骤3：执行一次循环体语句。

步骤4：计算表达式3的值,转步骤2。

步骤5：结束循环,执行for语句之后的语句。

【例4-20】 用for语句来实现100个2相加。

```
#include <stdio.h>
void main()
{
    int i,sum=0;
    for(i=1;i<=100;i++)
     sum=sum+2;
    printf("The sum is %d",sum);
}
```

运行结果为：

```
The sum is 200
```

说明：

(1) 在这个程序中表达式1是一个赋值表达式,表达式2是一个逻辑表达式,表达式3是自增运算表达式,循环体语句是一个自增2的赋值语句。

(2) 按照for语句的执行顺序,先使变量i的值为1,然后判断变量i是否小于等于100,如果条件成立,则使变量sum自增2,再执行i++。这样只要变量i是小于等于100的,那么,变量sum就自增2。

(3) 在变量经过100次自增后,变量i的值变为101,使得条件i<=100不成立,所以退出循环执行打印函数。

4.6.3 for语句的变形

for语句的变形有很多,最常用的变形是通过逗号操作符和多变量来控制循环。下面的例子同样可完成100个2相加。

【例4-21】 用for语句的变形来实现100个2相加。

```
#include <stdio.h>
void main()
{
    int i,sum;
    for(sum=0,i=1;i<=100;sum+=2,i++);
```

```
    printf("The sum is %d\n",sum);
}
```

这个程序完成的功能和例 4-20 一样,不过看起来简洁得多。在表达式 1 和表达式 3 处是两个逗号表达式,循环的语句部分用了一条空语句。这样一个循环语句就写在一行上了。

把循环体和一些与循环控制无关的操作也都作为表达式 1 和表达式 3 的一部分出现,这样可以使程序短小简洁,但过分利用这一特点会使 for 语句显得杂乱,可读性降低,建议不要把与循环控制无关的操作放到 for 语句中。

for 语句中的循环变量初始化、循环条件和循环变量增值都是选择项,即可以省略,但";"不能省略。不过一般情况下,尽量不要省略 3 个表达式。

省略了循环变量初始化,表示不对循环控制变量赋初值。循环控制变量常在循环语句外面初始化,当初始化需要复杂计算时尤其如此。

省略了循环变量增值,则不对循环控制变量进行操作,这时可在语句体中加入修改循环控制变量的语句。例如:

```
for(;i<100;i++)
for(i=1;i<100;)
for(;i<100;)
```

这 3 个例子中,分号不能省略。

在省略了表达式 1 后,应在 for 语句之前给循环变量赋初值。

在省略了表达式 3 后,应另外设法保证循环能正常结束。

若同时省略了表达式 1 和表达式 3,只有表达式 2,此时 for 语句完全等同于 while 语句。但要注意使表达式 2 能够取到 0 值,以避免形成死循环。

【例 4-22】 利用 for 语句的省略格式来计算 100 个 2 相加。

```
#include <stdio.h>
void main()
{
    int i=1,sum=0;
    for(;i<=100;i++)          /*省略了表达式 1*/
    sum=sum+2;
    printf("The first sum is %d\n",sum);
    sum=0;
    for(i=1;i<=100;)          /*省略了表达式 3*/
    {
        sum=sum+2;
        i++;
    }
        printf("The second sum is %d\n",sum);
        i=1;sum=0;
        for(;i<=100;)         /*同时省略了表达式 1 和表达式 3*/
    {
```

```
        sum=sum+2;
        i++;
    }
    printf("The third sum is %d\n",sum);
}
```

省略了循环条件，即不判断循环条件，系统认为此处的值永远为1，这样循环永远不结束，若不做其他处理循环便成为死循环。所以表达式2省略后，一定要在循环体语句部分加上能使循环退出的语句。

注意：for(;;)结构并不能确保无限循环，因为在循环体内任何时候遇到break语句都立即终止。

【例4-23】 用for语句求10个数中的最大值。

```
#include <stdio.h>
void main()
{
    int i;                          /* i为循环控制变量 */
    float x,max;                    /* x为输入数,max为最大值 */
    printf("请输入第1个数: ");
    scanf("%f",&x);
    max=x;                          /* 将最大值初始化 */
    printf("\n",i);
    for(i=2;i<=10;i++)
    {
        printf("请输入第%d个数: ",i);
        scanf("%f",&x);
        printf("\n",i);
        if(x>max)max=x;         /* 将当前数与最大值进行比较 */
    }
    printf("最大数为:%f\n",max);
}
```

【例4-24】 从键盘接收字符并显示字符的个数。

```
#include <stdio.h>
void main()
{
    int i;
    char c;
    for(i=0;(c=getchar())!='\n';i++);
    printf("The sum is %d",i);
}
```

在表达式2处，首先由c=getchar()构成一个赋值表达式，它的值就是c的值，然后由这个赋值表达式和后面的!='\n'构成一个逻辑表达式。意义是由 getchar 函数从键盘读入一个字符,将此字符的 ASCII 码赋给变量 c,然后用变量 c 来判断此字符是否为回车符号。这样只要键盘上输入的不是回车符,循环就一直执行,每读入一个变量,i 就自增1,当循环结束的时候,变量 i 中的值也就是读入的字符个数。

注意:变量 i 计数的时候不是输入一个字符就计一次,这涉及 getchar 函数的工作方式。getchar 在工作的时候,让用户从键盘输入一个字符,只有用户输入了回车符后,getchar 函数才能开始工作。所以上面的这个程序是在用户输入了回车符后才开始执行循环。对这个特性,可看下面这个程序。

【例 4-25】 getchar 的应用示例。

```
#include <stdio.h>
void main()
{
    int i;
    char c;
    for(i=0;(c=getchar())!='\n';i++)
    printf("%c",c);
    printf("\nThe sum is %d\n",i);
}
```

运行结果为:

```
abcdefg<Enter>
abcdefg
The sum is 7
```

4.6.4 for、while、do … while 3 种语句的比较

3 种语句都可以用来处理同一问题,一般情况下它们可以相互代替。但 for 语句的功能最强,凡能用 while 和 do...while 语句完成的,用 for 语句都能实现。

while 语句和 do...while 语句可以用来表示循环次数固定的循环,但更主要的应用是用来表示循环次数不固定的循环。for 循环不仅可以用于循环次数未知而只给出循环结束条件的情况,更主要的应用是用于循环次数已知的情形。

while 语句和 do...while 语句循环时,循环变量初始化的操作应在 while 语句和 do...while 语句之前完成,for 语句可以在表达式 1 中实现循环变量的初始化。

while 和 for 语句的特点是先判断条件是否成立,后执行循环体语句。而 do...while 语句的特点是在判断条件是否成立前,先执行循环体语句一次。

4.7 循环嵌套

一个循环体语句中又包含另一个循环语句,称为循环嵌套。前面介绍的 3 个循环语句(for、while、do...while)本身就相当于一条语句,程序中只要能放语句的地方,都可以用

这3个循环语句。

【例 4-26】 写出以下程序的运行结果。

```
#include <stdio.h>
void main()
{
    int i,j,k;
    printf("i j k\n");
    for(i=0;i<2;i++)
     for(j=0;j<2;j++)
        for(k=0;k<2;k++)
            printf("%d %d %d\n",i,j,k);
}
```

运行结果为：

```
i   j   k
0   0   0
0   0   1
0   1   0
0   1   1
1   0   0
1   0   1
1   1   0
1   1   1
```

【例 4-27】 编写求 1!+2!+…+10!结果的程序。

```
#include <stdio.h>
void main()
{
    int i,j;
    double t,s;
    s=0;
    for(i=1;i<=10;i++)          /*求和*/
    {
        t=1;                    /*累乘器置1*/
        for(j=1;j<=i;j++)       /*求阶乘*/
         t*=j;                  /*累乘*/
        s+=t;
    }
    printf("1!+2!+…+10!=%f",s);
}
```

运行结果为：

```
1!+2!+…+10!=4037913.000000
```

表 4-1 所示为几种循环嵌套的格式。

表 4-1　循环嵌套的格式

编　号	循环嵌套格式	编　号	循环嵌套格式

1	while()
	{
	　while()
	　{ }
	}
		4	while()
			{
			　do
			　{ }
			　while();
			}

2	for(;;)
	{
	　for(;;)
	　{ }
	}
		5	for(;;)
			{
			　while()
			　{ }
			}

3	do
	{
	　do
	　{ }
	　while();
	}
	while();
		6	do
			{
			　for(;;)
			　{ }
			}
			while

这里列出了几种双层循环嵌套的格式。实际上循环可以嵌套很多层，内嵌的循环中还可以嵌套循环，这就是多重循环。按照嵌套层次数，分别称作二重循环、三重循环等。处于内部的循环称作内循环，处于外部的循环称作外循环。

4.8　break 语句和 continue 语句

前面介绍的循环，只能在循环条件不成立的情况下才能退出循环。可是有时候希望从循环中直接退出来而不想等到循环条件不成立的时候才退出。要想实现这样的功能就要用到 break 语句和 continue 语句。

4.8.1　break 语句

break 语句通常用在循环语句和开关语句 switch 中，break 语句对 if...else 的条件语句不起作用。当 break 用于开关语句 switch 中时，可使程序跳出 switch 而执行 switch 以后的语句；break 在 switch 中的用法已在前面介绍开关语句时的例子中介绍过。

当 break 语句用于 do...while、for、while 循环语句中时，可使程序终止循环而执行循环后面的语句，通常 break 语句总是与 if 语句联在一起，即满足条件时便跳出循环。

另外要注意一点，break 语句只能跳出它所在的循环语句，而不能从内层的循环一下跳出最外层循环。即在多层循环中，一个 break 语句只向外跳一层。

【例 4-28】 break 语句应用。

```
#include <stdio.h>
void main()
{
    int i=1;
    int sum=0;
    do
    {
        if(sum>4) break;
        sum+=2;
        i++;
    }
    while(i<=5);
    printf("i=%d\n",i);
    printf("The sum is %d.\n",sum);
}
```

运行结果为:

```
i=4
The sum is 6.
```

说明:

(1) 在第 1 次执行循环体语句时,sum 的初值为 0,sum>4 不成立,sum 的值变为 2,i 的值变为 2,i<=5 成立。

(2) 在第 2 次执行循环体语句时,sum 的值为 2,sum>4 不成立,sum 的值变为 4,i 的值变为 3,i<=5 成立。

(3) 在第 3 次执行循环体语句时,sum 的值为 4,sum>4 不成立,sum 的值变为 6,i 的值变为 4,i<=5 成立。

(4) 在第 4 次执行循环体语句时,sum 的值为 6,sum>4 成立,此时执行 break 语句退出循环。sum 的值为 6,i 的值仍为 4。

4.8.2 continue 语句

continue 语句的作用是结束本次循环,跳过循环体中剩余的语句而强行执行下一次循环。例如,循环执行到第 9 次时遇到 continue 语句,那么,程序就跳过剩余的循环体语句,直接开始执行第 10 次循环。

continue 语句只用在 for、while、do…while 等循环体语句中,常与 if 条件语句一起使用,用来加速循环。

【例 4-29】 编写程序将 1~20 不能被 2 整除的数输出到屏幕上。

```
#include <stdio.h>
void main()
{
```

```
    int i;
    for(i=1;i<=20;i++)
    {
        if(i%2==0)continue;
        printf("%d ",i);
    }
    printf("\n");
}
```

运行结果为：

```
1 3 5 7 9 11 13 15 17 19
```

说明：

(1) 该程序中，当变量 i 对 2 取模时，如果为 0，则意味 i 能被 2 整除，此时执行 continue 语句，程序将跳到表达式 3 处继续执行，输出函数在此时将不会被执行。

(2) 这个程序是针对 for 语句的。如果在其他两种循环中使用了 continue 语句，程序将跳过剩余循环体内的语句，直接转到条件表达式处，开始判断表达式是否成立，然后继续执行程序。

【例 4-30】 编写求 10 个整数中正整数和的程序。

```
#include <stdio.h>
void main()
{
    int i,x,s;
    s=0;
    for(i=1;i<=10;i++)
    {
        scanf("%d",&x);
        if(x<0)continue;
        s+=x;
    }
    printf("sum=%d\n",s);
}
```

运行结果为：

```
1 -2 3 -4 5 -6 7 -8 9 -10<Eenter>
sum=25
```

4.9 语句标号和 goto 语句

1. 语句标号

在 C 语言中，当在标识符后面加一个冒号“:”，如“loop:”“setup:”，该标识符就成了一个语句标号。在C语言中，语句标号必须是标识符，语句标号可以和变量同名。

在C语言中，语句标号可以出现在任何语句之前。例如：

```
setup:printf("x=%d\n",x);
```

2. goto 语句

goto语句称为无条件转移语句。其一般格式为：

```
goto 语句标号;
```

goto语句的作用是使程序无条件地转移到语句标号所标识的语句处，并从该语句继续执行。

另外标号必须与goto语句同处于一个函数中，但可以不在一个循环层中。通常goto语句与if条件语句连用，当满足某一条件时，程序跳到标号处运行。

goto语句通常不用在程序中，主要因为使用它使程序层次不清，且不易阅读，但在多层嵌套退出时，用goto语句则比较合理。

【例 4-31】 用goto语句编程，求10！的值。

```
#include <stdio.h>
void main()
{
    int i=1;
    long int s=1;
    loop:if(i<=10)
    {
        s=s*i;
        i=i+1;
        goto loop;
    }
    else printf("s=%ld",s);
}
```

运行结果为：

```
s=3628800
```

4.10 程序案例

循环的出现让程序逻辑复杂了许多。循环程序设计的难点是循环次数的计算、循环条件的设计、复合语句的运用、循环的嵌套等。

常见的题型有累加、累乘、近似计算、分类统计、初等数论、输出字符图案和排列组合等。

循环程序设计一般应解决三个问题。

1. 循环语句的选择

一般的做法是：已知循环的次数用for语句，不知循环的次数用while语句和do...

while 语句,保证循环体至少执行一次用 do...while 语句。

2. 循环条件的设计

循环条件的设计应从执行循环的条件与退出循环的条件正反两方面来加以综合考虑。建议尽量缩短循环变量的定义范围。有些问题循环的条件是隐含的,甚至需要人为地去构造。通常将一些非处理范围的数据(一般是一些特殊的数据)作为循环条件构造的基础。

3. 循环体的设计

注意应放在循环体外的语句不要放在循环体中。在循环体开始处定义的变量,每次执行循环体时会重新声明并初始化。

在很多情况下,仔细研究程序的执行流程能够很好地帮助理解算法,特别是当前行和循环变量的改变。有些变量是特别值得关注的,如计数器、累加器,以及"当前最小(大)值"这样的中间变量。编写比较复杂的程序时,测试就显得相当重要了。很多时候,用 printf 输出一些关键的中间变量能有效地帮助读者了解程序执行过程、发现错误、避开某些陷阱(如运算结果溢出、运算时间过长)等。

【例 4-32】 编写程序,求出 100～200 的全部素数,每行输出 10 个数。

(1) 算法:

① 首先判断一个 100～200 的数是否为素数。

判断一个数是否为素数,可以用素数的定义。所谓素数是指除了 1 和它本身以外,不能被任何整数整除的数,如 17 就是素数。因此判断一个整数 m 是否是素数,只需将 m 被 2～m－1 的每一个整数去除,如果都不能被整除,则 m 就是一个素数。

判断方法还可以简化为判断 m 是否不能被 2～sqrt(m)(或者为 2～m/2)的任一整数整除,如果是,m 必定是素数。

② 用循环求出 100～200 的全部素数。

(2) 程序:

```
#include <stdio.h>
#include <math.h>
void main()
{
    int m,k,i;
    int count=0;                              /* count 为素数计数器 */
    printf("所求素数如下:");
    for(m=101;m<=200;m++)  /* 外循环处理 100~200 的所有的数,此处可以改为 m=m+2 */
      {k=sqrt(m);                             /* 此处也可以改为 k=m/2 */
       for(i=2;i<=k;i++)                      /* 内循环判断 m 是否为素数 */
         if(m%i==0) break;
         if(count%10==0) printf("\n"); /* 每行输出 10 个数 */
         if(i>=k+1) {
```

```
                printf("%d ",m);                    /*m为素数*/
                count++;
            }
        }
}
```

运行结果为：

```
所求素数如下：
101 103 107 109 113 127 131 137 139 149
151 157 163 167 173 179 181 191 193 197
199
```

4.11 本章小结

任何程序都可用顺序、选择、循环3种控制结构来实现，即由这3种基本结构组成的程序能处理任何复杂的问题。而结构化程序设计的研究成果表明：只用这3种控制结构编写的程序易于保证正确性。C语言是一种结构化的程序设计语言，因此，熟练掌握顺序结构、选择结构和循环结构的概念及使用是程序设计的最基本的要求。现将本章的知识点归纳如下。

(1) if语句主要用来实现“二中择一”。if语句的3种基本形式如下。

① 单分支if语句。

② 双分支if语句。

③ 多分支if语句。

其中if语句的嵌套是学习难点。

(2) 条件运算符和条件表达式。

条件运算符是C语言中唯一的三目运算符。由问号“?”和“:”两个字符组成，用于连接3个运算对象。用条件运算符“?”和“:”组成的表达式称为条件表达式。其中运算对象可以是任何合法的算术、关系、逻辑或赋值等类型的表达式。

条件表达式一般格式为：

```
表达式1?表达式2:表达式3
```

先计算表达式1，并确定它在逻辑上是否为真或为假。若为真，则对表达式2求值，若为假，则对表达式3求值。

(3) switch语句。

switch语句，也叫开关语句，可用来实现多分支结构的程序设计。switch语句的使用是学习难点。

(4) while语句的一般格式为：

```
while(表达式) 循环体
```

(5) do…while语句的一般格式为：

```
do 循环体
while(表达式);
```

(6) for 语句的一般格式为：

```
for(表达式 1;表达式 2;表达式 3) 循环体
```

(7) 循环嵌套指在一个循环体内还可以包含另一个完整的循环语句。while、do...while、for 3 类循环语句都可以互相嵌套，循环的嵌套可以多层，但每一层循环在逻辑上必须完整。循环嵌套是学习难点。

(8) break 语句。

break 语句是结束整个循环过程，不再判断执行循环的条件是否成立。

(9) continue 语句。

continue 语句只结束本次循环，并不终止整个循环的执行。

(10) 在 C 语言中，语句标号可以是任意合法的标识符，语句标号可以和变量同名。

(11) goto 语句称为无条件转向语句，其一般格式为：

```
goto 语句标号;
```

goto 语句的作用是使程序无条件地转移到语句标号所标识的语句处，并从该语句继续执行。

4.12　习　　题

一、填空题

1. 以下程序的运行结果是________。

```
#include <stdio.h>
void main()
{
    int a=0,b=0,c;
    if(a>b)c=1;
    else if(a=b)c=0;
    else c=-1;
    printf("%d\n",c);
}
```

2. 以下程序的运行结果是________。

```
#include <stdio.h>
void main()
{
    int a=0,b=4,c=5;
    switch(a==0)
    {
```

```
        case 1:switch(b<0)
               {
                   case 1: printf("@ ");break;
                   case 0: printf("!");break;
               }
        case 0:switch(c==5)
               {
                   case 0: printf("*");break;
                   case 1: printf("#");break;
               }
               break;
        default:printf("&");
    }
}
```

3. 以下程序的运行结果是________。

```
#include <stdio.h>
void main()
{
    int k=1,n=10,m=1
    while(k++<=n)m*=2;
    printf("%d\n",m);
}
```

4. 以下程序的运行结果是________。

```
#include <stdio.h>
void main()
{
    int i=0,j=0;
    while(i<10)
        i++;
    while(j++<10)
        j=j;
    printf("i=%d,j=%d\n",i,j);
}
```

5. 以下程序的运行结果是________。

```
#include <stdio.h>
void main()
{
    int i=1;
    while(i<=15)
    if (++i%3!=2) continue;
    else printf("%d    ",i);
```

```
    printf("\n");
}
```

6. 以下程序的运行结果是________。

```
#include <stdio.h>
void main()
{
    int r=1,n=203,k=1;
    do
     {
        k*=n%10*r;
        n/=10;
        r++;
     }
    while(n);
    printf("%d\n",k);
}
```

7. 以下程序的运行结果是________。

```
#include <stdio.h>
void main()
{
    int x=3;
    do
    {
        printf("%3d",x-=2);
    }
    while(!(--x));
}
```

8. 以下程序的运行结果是________。

```
#include <stdio.h>
void main()
{
    int k;
    for(k=1;k++<=5;);
    printf("%d\n",k);
}
```

9. 以下程序的运行结果是________。

```
#include <stdio.h>
void main()
{
    int i,j,k;
```

```
    for (i=0,j=10;i<=j;i++,j--)
        k=i+j;
    printf("k=%d\n",k);
}
```

10. 以下程序的运行结果是________。

```
#include<stdio.h>
void main()
{
    int k,j,s;
    for(k=2;k<6;k++,k++)
    {
        s=1;
        for(j=k;j<6;j++) s+=j;
    }
    printf("%d",s);
}
```

二、判断题

1. 在 if(表达式)语句中,表达式只能是逻辑表达式或关系表达式。 ( )
2. C 语言规定 else 总是与它上面、最近的、尚未配对的 if 配对。 ( )
3. 在 if 语句的 3 种形式中,如果要想在满足条件时执行一组(多个)语句,则必须把这一组语句用{}括起来组成一个复合语句。 ( )
4. switch 语句允许多个 case 共用一个执行语句。 ( )
5. case 语句后如没有 break,顺序向下执行。 ( )
6. switch 后面括号内的表达式的值和 case 后面的常量表达式的值都必须是整型或字符型,不允许是浮点型。 ( )
7. 在 switch 语句中,每一个的 case 常量表达式的值可以相同。 ( )
8. 循环结构 while、do…while、for 语句不可以互相嵌套。 ( )
9. do…while 语句的 while 后的分号可以省略。 ( )
10. do…while 语句的循环体至少执行 1 次,while 和 for 语句的循环体可能一次也执行不到。 ( )
11. 循环体中 continue 语句不是结束本次循环,而是终止整个循环的执行。 ( )

三、选择题

1. 结构化程序设计使用的 3 种基本程序控制结构是( )。

A. 顺序结构、转移结构、嵌套结构　　B. 顺序结构、选择结构、循环结构

C. 嵌套结构、选择结构、转移结构　　D. 循环结构、选择结构、转移结构

2. 以下结构不正确的 if 语句是( )。

A. if(x>y && x!=y);　　B. if(x=4)x+=y;

C. if(x!=y)　　D. if(0){x++;y++;}

3. C 语言对嵌套 if 语句的规定是：else 总是与( )配对。

A. 其之前最近的 if　　　B. 第一个 if

C. 缩进位置相同的 if　　　D. 其之前最近的且尚未配对的 if

4. 以下选项中，正确的 switch 语句是(　　)。

A.
```
switch(1.0)
{ case 1.0: printf("A\n");
  case 2.0: printf("B\n");
}
```

B.
```
swicth(1)
{ case1: printf("A\n");
  case2: printf("B\n");
}
```

C.
```
switch((int)(2.0+2.5))
{ case 1: printf("A\n");
  case 1+2: printf("B\n");
}
```

D.
```
switch(2);
{ case 1: printf("A\n");
  case 2: printf("B\n");
}
```

5. 下列关于 switch 语句和 break 语句的结论中，正确的是(　　)。

A. break 语句是 switch 语句中的一部分

B. 在 switch 语句中可以根据需要使用或不使用 break 语句

C. 在 switch 语句中必须使用 break 语句

D. break 语句是 switch 语句的一部分

6. 以下四个关于 C 语言的结论中，错误的是(　　)。

A. 可以用 while 语句实现的循环一定可以用 for 语句实现

B. 可以用 for 语句实现的循环一定可以用 while 语句实现

C. 可以用 do...while 语句实现的循环一定可以用 while 语句实现

D. do...while 语句与 while 语句的区别仅是关键字 while 出现的位置不同

7. 以下关于 do...while 语句的叙述中，正确的是(　　)。

A. do...while 语句构成的循环只能用 break 语句退出

B. 用 do...while 语句构成的循环，在 while 后的表达式为非 0 时结束循环

C. 用 do...while 语句构成的循环，在 while 后的表达式为 0 时结束循环

D. do...while 语句构成的循环不能用其他语句构成的循环来代替

8. 以下错误的描述是(　　)。

A. 使用 while 和 do...while 语句时，循环变量初始化的操作应在循环语句之前完成

B. while 语句是先判断表达式，后执行循环体语句

C. do...while 和 for 语句均是先执行循环体语句，后判断表达式

D. for、while 和 do...while 语句中的循环体均可以由空语句构成

9. 执行语句“for (i=0;i++<3;);”后，变量 i 的值为(　　)。

A. 2　　　B. 3　　　C. 4　　　D. 5

10. 定义 int a=10，下列循环的输出结果是(　　)。

```
while(a>7)
{
    a--;
    printf("%d",a);
```

}

A. 1098　　B. 987　　C. 10987　　D. 9876

四、编程题

1. 用 if...else 语句编写程序，当输入一个整数时，若其值大于等于 0 时，显示“××值 is positive”，若其值小于 0 时，则显示“××值 is negative”。

2. 编写程序，找出 a=18、b=35、c=21、d=96 中最大值。

3. 编程程序，输入一个整数，为 65 时，显示“A”，为 66 时，显示“B”，为 67 时，显示“C”，其他值时显示“END”。

4. 编写程序，输入一个整数，按小于 10、10～99、100～999、1 000 以上分类并显示。例如：输入 355 时，显示“355 is 100 to 999”。

5. 编写程序，判断一个数是否为 3 的整倍数又是 7 的整倍数，如果符合要求，则输出该数。

6. 令 a=100，b=50，编写程序（使用条件表达式语句），若 a>b 成立将 a 赋予 c，否则将 b 赋予 c；若 a<b 成立将 a 赋予 d，否则将 b^2 赋予 d。

7. 编写程序，输入一位学生的生日（年：yy、月：mm、日：dd），并输入当前的日期（年：y、月：m、日：d），输出该生的年龄。

8. 请将以下语句改写成 switch 语句（a>=0）。

```
if(a<30)            m=1;
else if(a<40)       m=2;
else if(a<50)       m=3;
else if(a<60)       m=4;
else                m=5;
```

9. 编程求 1－3＋5－7＋…－99＋101 的值。

10. 有一分数序列：2/1，3/2，5/3，8/5，13/8，21/13…编程求出这个数列的前 30 项之和。

11. 编程求 1＊2＊3＊…＊n 值超过 1 000 的第一个 n 值。

12. 给一个不超过 10^5 的正整教，要求编程：

(1) 求出它是几位数，不要使用任何数学函数，只用四则运算和循环语句来实现。

(2) 分别打印出每一位数字。

(3) 按逆序打印出各位数字，例如原数为 321，应输出 123。

13. 输入两个正整数 m 和 n，求其最大公约数和最小公倍数。

14. 求 Fibonacci 数列：1，1，2，3，5，8…的前 40 项，Fibonacci 数列从第 3 项开始，每项等于前两项的和。

15. 编写程序，输入以下 9 个数－5，13，5，－4，－7，0，83，－66，－10，计算它们的和、所有正数之和、所有负数之和，并分别打印出来。

16. 输入一行字符，分别统计出其中英文字母、空格、数字和其他字符的个数。

17. 编程输出所有形如 aabb 的四位完全平方数。

18. 编程输出所有的“水仙花数”。所谓“水仙花数”是指一个3位数，其各位数字的立方和等于该数本身。例如，153是一个“水仙花数”，因为$153=1^3+5^3+3^3$。

19. 编程输出1 000以内的所有“完数”，并按下面的格式输出其因子：6 Its factors are 1,2,3。所谓“完数”是指这个数恰好等于它的因子之和，例如，6的因子为1、2、3，而6=1+2+3，因此6是“完数”。

20. 编程打印出倒三角形图案：

```
*********
 *******
  *****
   ***
    *
```

21. 公鸡5元1只，母鸡3元1只，小鸡1元3只，100元要买100只鸡，且须包含公鸡、母鸡和小鸡。请编写程序，输出所有可能的方案。

22. 编程用二分法求方程$2x^3-4x^2+3x-6=0$在(−10,10)之间的根。

第 5 章 数 组

经过前面的学习，读者已经掌握了 C 语言中的基本数据类型，通过它们定义的变量来描述事物的主要特性。如可以用一个 float 型变量来描述一个苹果的重量，用第 2 个 float 型变量来描述第 2 个苹果的重量，依此类推，用第 n 个 float 型变量来描述第 n 个苹果的重量。但是对计算机来说，这种定义方式下这些变量是互相独立的、毫不相干的，这种定义方式不能体现出数据之间内在的联系。因为计算机只知道这些变量存放着一些值，至于这些值代表什么意义，它们之间有什么样的关系，计算机是没有办法理解的。然而现实中的事物并不总是毫无联系的。如果描述的是一筐苹果中每个苹果的重量，除了要描述单个苹果的净重，还要能描述出这些苹果的顺序关系。

另外，在某些应用中，为了其后的处理，需要保存先前输入的一批同类型数据供反复使用。如何能够利用少量的存储单元，处理较大量的数据？

为了能够在计算机中描述事物的特性及这些特性间的联系，C 语言引入了数组的概念。

本章学习目标

1. 掌握一维数组的声明和使用方法
2. 掌握二维数组的声明和使用方法
3. 掌握字符数组的声明、赋值、比较和连接方法

5.1 数组的概念

数组是同类型有序数据的集合，它是由基本数据类型构造出来的构造数据类型，是有固定大小和相同类型的变量的集合。这些同类型的变量称为数组元素。数组具有类型、名称、维数和元素等特征。

1. 数组的类型

数组的类型就是所有数组元素的类型，例如，整型数组中的数组元素都是整型的。数组的数据类型可以是 int、float、double、char 等。

2. 数组的名称

数组的名称即为数组名，是数组中各个元素共用的名称，就像变量名代表了内存空间

的一个位置(地址)一样,数组名也代表了内存空间的一个位置。所不同的是由于数组的所有元素将占用一片连续的存储空间,因此数组名代表的是这一片连续存储空间的首字节地址,所有数组元素则从这个字节开始顺序存放。

3. 数组的维数

数组也有维数的差别。一维数组的元素只要用一个下标就能区分,二维数组的元素则要用两个下标来区分,三维数组的元素则要用三个下标才能区分。C语言对数组的维数没有限制,但三维以上的数组通常使用较少。数组与循环的关系十分密切,一般一维数组常和单循环结合使用,二维数组常和二重循环结合使用,以此类推。

4. 数组元素

数组元素是数组的成员,用数组名加下标表示。

5.2 一维数组

5.2.1 一维数组的定义

定义一维数组的格式为:

```
类型说明符 数组名[常量表达式];
```

例如,下面的数组定义:

```
int a[3];              /* 定义含有 3 个整型元素、名称为 a 的一维数组 */
float b[10];           /* 定义含有 10 个单精度型元素、名称为 b 的一维数组 */
char c[20]             /* 定义含有 20 个字符型元素、名称为 c 的一维数组 */
```

说明:

(1) 类型说明符。类型说明符用来定义数组中各个数据元素的类型,包括整数型、浮点型、字符型、指针型、结构体和共用体等。

在任何一个数组中,数据元素的类型都是一致的。

一维字符数组常用来表示字符串,对于这一类一维数组,将在5.4节作专门的讨论。

(2) 数组名。数组名即数组的名称,它代表数组所占存储空间的首地址。数组名、变量名、标识符的命名规则相同。因为在C语言中,数组被当成一个变量来看待。

(3) 常量表达式。常量表达式表示数组中元素的个数,即数组的大小,它必须是由常量或符号常量组成的表达式,不能含有变量。

因为在C语言中,所有的变量都必须先定义,后使用。一旦定义好一个变量后,就不允许对这个变量进行任何修改。所以,在定义数组变量的时候,一旦数组中元素个数确定好以后,就绝对不允许改变数组的大小。

在解决复杂问题时,常常难以精确计算出需要的数组大小,数组一般可以声明得稍大一些,在空间够用的前提下,浪费一点不会有太大影响。但比较大的数组应尽量声明在

main()函数外，否则程序可能无法运行。

常量表达式是放在一对中括号[]中。注意必须是中括号[]，而不能是花括号{}或圆括号()。

(4) 下标。下标决定了元素在数组中的次序，数组元素在数组中的位置是从0开始标记的，设n为一个常量，则下标的取值范围是[0,n-1]。

因此，当定义一个int a[3]的整型数组时，表明该数组有3个元素，即a[0]～a[2]，每个元素为一个整型变量，在引用这3个元素时，下标只能取0、1、2这3个值。

a[0]表示3个元素中的第1个元素，在C语言中称为第0个数组元素；

a[1]表示3个元素中的第2个元素，在C语言中称为第1个数组元素；

a[2]表示3个元素中的第3个元素，在C语言中称为第2个数组元素；

a[3]的这种使用方式是错误的，它表示数组中的第4个元素，而该数组只定义它含有3个元素。

(5) 存储方式。在内存中是以字节为基本单位来表示存储空间的，并且在内存中只能按照顺序的方式存放数据。一维数组中的各个元素在内存中是按照下标规定的顺序存放在内存中的。

例如，定义

```
int a[5];
```

那么这个数组中的每个元素都将占用4字节(int类型占用4字节)。下面给出从内存地址1000开始的数组存放方式，如表5-1所示。

表5-1 数组元素存放方式

各元素起始地址	1000	1004	1008	1012	1016
各数组元素	a[0]	a[1]	a[2]	a[3]	a[4]

5.2.2 一维数组元素的引用

在已经定义了一个数组以后，怎么来使用数组中的元素呢？C语言规定只能逐个地引用数组元素而不能整体引用，即不能一次引用数组中的全部元素。

一维数组元素的引用格式为：

```
数组名[下标表达式];
```

说明：

(1) 数组必须先定义，后引用。

(2) 数组名表示要引用哪一个数组中的元素。

(3) 下标表达式往往隐含有特定的含义。它用一对中括号[]括起来，表示要引用数组中的第几个元素，可以是整型常量也可以是整型表达式。例如，“a[3]=a[1]+b[2*3];”。

(4) 一般来说，一维数组的使用往往与单循环联系在一起。数组元素的下标往往对应于循环控制变量，通过循环、下标的变化完成对数组所有元素的操作。当数组元素的下标依赖于循环变量时,需正确写出它们之间的依赖关系,以保证访问所需要的元素。

数组元素的输入输出常用 for 语句与 scanf()函数或 printf()函数配合来完成。

(5) 对于下标越界,C 语言不进行语法检查。

【例 5-1】 向一个数组中由小到大存入从 0 开始的 9 个整数,然后按由大到小的顺序将这 9 个整数显示在屏幕上。

```
#include<stdio.h>
void main()
{
    int i;
    int a[9];
    for(i=0;i<9;i++)                    /*数组元素的输入*/
     a[i]=i;
    for(i=8;i>=0;i--)                   /*数组元素的输出*/
     printf("%d ",a[i]);
}
```

运行结果为:

```
8 7 6 5 4 3 2 1 0
```

在定义了数组后,对计算机来说只相当于定义了一个变量。这个变量的值是不确定的。也就是说,数组在定义后其中的内容是不确定的。必须对其进行赋值后,再使用数组元素。

在这个程序的第一个循环中,变量 i 的取值范围是从 0~8。循环体语句"a[i]=i;"就是将变量 i 的值赋给第 i 个数组元素。第一个循环结束后,数组 a 中的值如表 5-2 所示。

表 5-2 数组 a 中的值

a[0]	a[1]	a[2]	a[3]	a[4]	a[5]	a[6]	a[7]	a[8]
0	1	2	3	4	5	6	7	8

在第二个循环中,变量 i 的取值从 8~0 递减。循环体中的输出函数将 a[i]的值输出到屏幕上。所以按变量 i 的取值,将数组中的元素从后向前输出。

由上面这个程序可见,数组元素的赋值,必须有一段程序向数组中赋值或使用输入语句,这样一来就要占用运行时间。能不能在程序运行之前,就将数组中的内容规定好呢?

5.2.3 一维数组的初始化

变量的初始化是指变量在被说明的同时被赋予一个初值。数组的初始化操作是在定义数组的同时就规定数组中的内容,即各个数组元素取什么值。这个初始化的过程是在源程序编译的过程中由编译程序完成的。它在程序运行前就已经规定好数组中各元素的取值。所以在使用数组时,最好对它进行初始化操作,这样可以节省程序运行时间。

对数组的初始化操作可以采取以下方式:

```
类型说明符 数组名[n]={值 1,值 2,…,值 n};
```

说明：

(1) 对数组的初始化操作只能在定义数组时进行。C语言规定，只有静态存储数组和外部存储(extern)数组才能初始化。

(2) 常量表达式n表示数组含有的元素个数。

(3) 花括号中的内容即为数组的初值。值1将赋给第0个元素、值2将赋给第1个元素，等等。例如“int a[5]={1,2,3,4,5};”，赋初值后，数组内容如表5-3所示。

表5-3 赋初值后数组内容

a[0]	a[1]	a[2]	a[3]	a[4]
1	2	3	4	5

(4) 数组初始化时，初值用“,”分开，整体再加一对{}括起来，最后以“;”表示结束。

(5) 在对数组元素全部赋初值时，可以不指定数组的大小。在省略了数组的大小后，系统将根据初值的个数来决定数组的大小。

```
int a[]={1,2,3,4,5};
```

这个数组定义语句相当于“int a[5]={1,2,3,4,5};”。

(6) 对数组初始化时，可以只给最前一部分数组元素赋初值，其余的数组元素赋0。例如：

```
int a[9]={0,1,2,3};
```

表示数组有9个元素，但只对前4个(a[0]～a[3])赋初值，其余的元素(a[4]～a[8])自动被赋值为0。

注意：只能从前向后依次赋值，不存在直接给后面的数组元素赋值的方式。

(7) 如果使数组中的元素全部被赋为0，则可以使用如下3种方式：

```
int a[5]={0,0,0,0,0};            (要写5个0)
int a[5]={0};                    (只写一个0)
static int a[5];                 (一个0也不用写)
```

只给第0个元素赋初值，系统会自动将剩余的数组元素赋值为0；用关键字static定义的任何变量的初值都为0，即对静态或外部数组不进行初始化时，系统自动赋值为0。

5.2.4 一维数组的应用

【例5-2】 使用一维数组，求张晶晶同学5门课程的总分及平均分。

```
#include<stdio.h>
#define MAX 5                          /*数组元素总数*/
void main()
{
    int i;
    float code[MAX];                   /*定义数组*/
    float total,average;
```

```
    for(i=0;i<MAX;i++)              /* 输入每门课程的成绩 */
    {
        printf("请输入张晶晶同学第%d门课程的成绩:",i+1);
        scanf("%f",&code[i]);
    }
    total=0.00;
    average=0.00;
    for(i=0;i<MAX;i++)              /* 求总分 */
    {
        printf("%5.2f ",code[i]);   /* 输出 5 门课程成绩 */
        total+=code[i];             /* 累加总分 */
    }
    average=total/MAX;              /* 求平均分 */
    printf("\n 张晶晶同学 5 门课程总分=%6.2f,平均分=%5.2f\n",total,average);
}
```

运行结果为:

```
请输入张晶晶同学第 1 门课程的成绩:90<Enter>
请输入张晶晶同学第 2 门课程的成绩:80<Enter>
请输入张晶晶同学第 3 门课程的成绩:70<Enter>
请输入张晶晶同学第 4 门课程的成绩:60<Enter>
请输入张晶晶同学第 5 门课程的成绩:50<Enter>
90.00    80.00    70.00    60.00    50.00
张晶晶同学 5 门课程总分=350.00,平均分=70.00
```

【例 5-3】 编程序统计计算机一班 10 名学生 C 程序设计课程成绩分档人数,即分别统计 0～9 分,10～19 分,…,90～99 分,100 分的人数。

```
#include<stdio.h>
void main()
{
    int a[11]={0},i;
    float x;
    printf("请输入计算机一班 10 名学生 C 程序设计课程成绩:\n");
    for(i=1;i<=10;i++)
    {
        scanf("%f",&x);
        a[(int)x/10]+=1;            /* 统计各分数档人数 */
    }
    printf("\n  计算机一班 10 名学生 C 程序设计课程成绩分档人数统计\n");
    printf("  0~9  10~19 20~29 30~39 40~49 50~59 60~69 70~79 80~89 90~99  100\n");
    for(i=0;i<11;i++)
        printf("    %2d    ",a[i]);
    printf("\n");
}
```

运行结果为：

```
请输入计算机一班 10 名学生 C 程序设计课程成绩：
9.0 19.0 29.0 39.0 49.0 59.0 69.0 79.0 89.0 99.0 100
                    计算机一班 30 名学生 C 程序设计课程成绩分档人数统计
  0~9 10~19 20~29 30~39 40~49 50~59 60~69 70~79 80~89 90~99 100
   1     1     1     1    1     1     1     1     1     1    1
```

说明：

(1) 用一个 int 型数组 a[11]来分别存放 11 个分数档的人数。

(2) 程序中成绩 x 为实数，由于数组的下标必须为整数，因此使用了强制类型转换(int)x/10 作为数组下标。

(3) 输入一个成绩 x，执行“a[(int)x/10]+=1;”语句，就能正确统计出各分数档的人数。

【例 5-4】 采用冒泡排序法对数列 2,8,5,7,0,1,4 进行排序。

冒泡排序的基本思路是：将相邻的两个数比较，把小的调换到前面。

第 1 大次：对数列中的全部数据进行比较，共进行 6 小次两两比较(带下划线的数对)，将两数中小的向前移。实际上第 1 大次比较是将整个数列中最大的数向后移，移到数列的最后。

2 8 5 7 0 1 4(第 1 小次比较)
2 8 5 7 0 1 4(第 2 小次比较)
2 5 8 7 0 1 4(第 3 小次比较)
2 5 7 8 0 1 4(第 4 小次比较)
2 5 7 0 8 1 4(第 5 小次比较)
2 5 7 0 1 8 4(第 6 小次比较)
2 5 7 0 1 4 8

第 2 大次：因为第 1 大次比较已经将最大的数放到了最后，所以这次只对前 6 个数进行比较，挑出这 6 个数中最大的一个，放到这 6 个数的最后。

2 5 7 0 1 4 8(第 1 小次比较)
2 5 7 0 1 4 8(第 2 小次比较)
2 5 7 0 1 4 8(第 3 小次比较)
2 5 0 7 1 4 8(第 4 小次比较)
2 5 0 1 7 4 8(第 5 小次比较)
2 5 0 1 4 7 8

第 3 大次：第 2 大次比较已经将最大的两个数放到了最后，所以这次只对前 5 个数进行比较，挑出这 5 个数中最大的一个，放到这 5 个数的最后。

2 5 0 1 4 7 8(第 1 小次比较)
2 5 0 1 4 7 8(第 2 小次比较)
2 0 5 1 4 7 8(第 3 小次比较)
2 0 1 5 4 7 8(第 4 小次比较)

2 0 1 4 5 7 8

第 4 大次：第 3 大次比较已经将最大的 3 个数放到了最后，所以这次只对前 4 个数进行比较，挑出这 4 个数中最大的一个，放到这 4 个数的最后。

2 0 1 4 5 7 8(第 1 小次比较)

0 2 1 4 5 7 8(第 2 小次比较)

0 1 2 4 5 7 8(第 3 小次比较)

0 1 2 4 5 7 8

第 5 大次：第 4 大次比较已经将最大的 4 个数放到最后，所以这次只对前 3 个数进行比较，挑出这 3 个数中最大的一个，放到这 3 个数的最后。

0 1 2 4 5 7 8(第 1 小次比较)

0 1 2 4 5 7 8(第 2 小次比较)

0 1 2 4 5 7 8

第 6 大次：第 5 大次比较已经将最大的 5 个数放到最后，所以这次只对前 2 个数进行比较，挑出这 2 个数中最大的一个，放到这 2 个数的最后。

0 1 2 4 5 7 8(第 1 小次比较)

0 1 2 4 5 7 8

7 个数字经过 6 大次比较，完成由小到大的排列。可以进行以下推广：若有 N 个数据排序，需要经过 N－1 次大比较。

在第一大次比较中，要进行 N－1 小次比较。

在第二大次比较中，要进行 N－2 小次比较。

…

在第 N－1 大次比较中，要进行 1 小次比较。

如果将这个数列用数组来表示的话，那么，利用一个双重循环就可以了。

程序如下：

```
#include<stdio.h>
#define NUM 10
void main()
{
    int a[NUM];
    int i,j,t;
    printf("Input 10 number:\n");
    for(i=0;i<NUM;i++)
        scanf("%d",&a[i]);
    printf("\n");
    for(j=0;j<NUM-1;j++)
        for(i=0;i<NUM-1-j;i++)
        if(a[i]>a[i+1])
        {
            t=a[i];
            a[i]=a[i+1];
```

```
            a[i+1]=t;
        }
    printf("The sorted number is:\n");
    for(i=0;i<NUM;i++)
        printf("%d ",a[i]);
    printf("\n");
}
```

运行结果为：

```
Input 10 number:
5 9 7 8 6 3 2 4 0 1<Enter>

The sorted number is:
0 1 2 3 4 5 6 7 8 9
```

5.3 二维数组

用一维数组可以描述一个队列的问题，可以将每一个队列定义为一个一维数组。可是如何来描述一个由多行队列组成的方阵呢？一种办法是将每一行定义成一个数组，每个数组起不同的名称，这显然比较麻烦，另一种办法是用一个二维数组来表示。

5.3.1 二维数组的定义

数组中的每个元素带有两个下标，称这样的数组为二维数组，其中存放的是有规律地按行、列排列的同一类型数据。所以二维数组中的两个下标，一个是行下标，一个是列下标。

在C语言中，定义二维数组的一般格式为：

```
类型说明符 数组名[行常量表达式][列常量表达式];
```

说明：

(1)"类型说明符""数组名"及"常量表达式"的含义与一维数组中的定义相同。

(2) 二维数组中有两个下标，每一维的下标都从0算起。

行常量表达式：定义了这个数组的行数。

列常量表达式：定义了每行有几个元素，即数组的列数。

(3) C语言规定，二维数组中的元素在存储时"按行存放"，即要先存放第一行的数据，再存放第二行的数据，每行数据按下标规定的顺序由小到大存放。例如：

```
int a[4][5];
```

定义了一个具有4行5列的int型数组a。

可以将这个数组看成是由4个一维数组组成，名称分别是a[0]、a[1]、a[2]、a[3]，每一个一维数组中又含有5个元素，第一个一维数组a[0]的各个元素表示为a[0][0]、a[0]

[1]、a[0][2]、a[0][3]、a[0][4]。

数组 a 可以描述成如表 5-4 所示的形式。

表 5-4 二维数组 a 的描述形式

a[0][0]	a[0][1]	a[0][2]	a[0][3]	a[0][4]
a[1][0]	a[1][1]	a[1][2]	a[1][3]	a[1][4]
a[2][0]	a[2][1]	a[2][2]	a[2][3]	a[2][4]
a[3][0]	a[3][1]	a[3][2]	a[3][3]	a[3][4]

上表中共有 4 行,将每一行看作一个整体,那么相当于表中内容由 4 个类型相同的元素组成。给这内容起一个名字 a,该内容是由 a[0]、a[1]、a[2]、a[3]四部分组成。a[0]、a[1]、a[2]、a[3]可以看作每一部分的名称。而每一部分又可以看成由 5 个类型相同的元素组成,那么每一部分又可以看作是一个一维数组。

5.3.2 二维数组元素的引用

二维数组元素的引用格式为:

数组名[行下标表达式][列下标表达式]

例如:

```
int a[2][3];
```

所定义的数组 a 有 6 个元素,可按以下方式引用各元素:

```
a[0][0]、a[0][1]、a[0][2]、a[1][0]、a[1][1]、a[1][2]
```

说明:

(1) 二维数组的引用与一维数组的引用基本上是一样的,只不过二维数组的引用要使用两个下标。数组元素可以出现在表达式中,也可以被赋值。

(2) 二维数组的输入和输出常常通过二重循环来实现,一个下标对应一重循环控制变量,外循环对应行下标,内循环对应列下标。

(3) 注意定义数组和引用数组元素的差别。例如:

“int a[2][3];”和“a[2][3]”。

“int a[2][3];”表示定义了一个有 2 行 3 列的数组,对这个数组元素的引用最多到 a[1][2]。

“a[2][3]”表示对数组元素的引用,能包含该引用的最小数组应定义为“int a[3][4];”。

5.3.3 二维数组的初始化

1. 按行顺序初始化

一般格式为:

数据类型 数组名[行下标表达式][列下标表达式]={{第0行初值表},{第1行初值表},…,{最后1行初值表}};

这种初始化是对二维数组进行初始化的最基本形式。二维数组有几行，就有几个用逗号分隔的花括号；有几列，每个花括号中就有几个用逗号分隔的数值；最后将所有的初始化内容用一对花括号括起来。例如：

```
int a[3][4]={{1,2,3,4},{4,3,2,1},{1,2,3,4}};
```

还可以只对每行的部分元素赋初值，系统自动将没有赋值的元素赋值为0。例如：

```
int a[3][4]={{1},{4,3},{1,2}};
```

相当于

```
int a[3][4]={{1,0,0,0},{4,3,0,0}, {1,2,0,0}};
```

对于没有写出的花括号，系统也自动将此行元素赋值为0。例如：

```
int a[3][4]={{1},{4}};
```

相当于

```
int a[3][4]={{1,0,0,0},{4,0,0,0}, {0,0,0,0}};
```

空下的花括号对应行的元素全部赋为0。例如：

```
int a[3][4]={{1},{},{1}};
```

相当于

```
int a[3][4]={{1,0,0,0},{0,0,0,0}, {1,0,0,0}};
```

还可以用下面的方式通知系统要定义的二维数组的第一维长度是多少。例如：

```
int a[ ][4]={{1},{},{1}};
```

其中有3个逗号分隔的花括号，则第一维的长度是3。

2. 按二维数组在内存中的排列顺序给各元素初始化

一般格式为：

数据类型 数组名[行下标表达式][列下标表达式]={初值表};

二维数组的存储是连续的，因此，可以用初始化一维数组的办法来初始化二维数组，即将所有的初始值全部连续地写在一对花括号里。例如：

```
int a[3][4]={1,2,3,4,4,3,2,1,1,2,3,4};
```

这种初始化，系统自动按照规定的行列值对数组元素赋值。但这种赋值方法看起来不够直观，不如用分行初始化的方法好。

对数组初始化时，如果初值表中的数据个数比数组元素少，则不足的数组元素用0来填补。例如：

```
int a[3][4]={1,2,3,4,4,3,2};
```

相当于

```
int a[3][4]={ 1,2,3,4,4,3,2,0,0, 0,0, 0};
```

如果将数组的所有元素全部赋值的话，可以省略第一维的长度，但必须指定第二维的长度，全部数据写在一个花括号内，例如：

```
int a[ ][4]={1,2,3,4,5,6,7,8,9,10,11,12};
```

系统在这种情况下会按 4 个数据一组数，这里共有 3 组，则第一维的长度是 3。

相当于

```
int a[3][4]={1,2,3,4,5,6,7,8,9,10,11,12};
```

注意：“初值表”中的数值个数不能多于数组元素的总个数。

5.3.4 二维数组的应用

【例 5-5】 编程求 4×4 矩阵主对角线和次对角线上元素的和。

主对角线指的是从左上角到右下角的对角线，其特点是行下标和列下标相等；次对角线指的是从右上角到左下角的对角线，其特点是行下标与列下标之和为 3。

```
#include<stdio.h>
void main()
{
    int i,j,a[4][4],sum1=0,sum2=0;
    printf("Input a array:\n");
    for(i=0;i<4;i++)
     for(j=0;j<4;j++)
        scanf("%d",&a[i][j]);           /*输入 4*4 矩阵*/
    for(i=0;i<4;i++)
     {
       sum1=sum1+a[i][i];               /*计算主对角线元素之和*/
       sum2=sum2+a[i][3-i];             /*计算次对角线元素之和*/
     }
    printf("主对角线元素之和=%d, 次对角线元素之和=%d\n",sum1,sum2);
}
```

运行结果为：

```
1 2 3 4<Enter>
2 4 6 8<Enter>
1 2 3 4<Enter>
5 6 7 8<Enter>
主对角线元素之和=16, 次对角线元素之和=17
```

5.4 字符数组

文本处理在计算机应用中占有重要地位。在C语言中,没有设置专门的字符串数据类型,而是将字符串作为字符数组来处理。可以像处理普通数组一样处理字符串,只需要注意输入、输出和字符串函数的使用。

5.4.1 字符数组的定义

字符数组是用来存放字符数据的,它本身是一个数组,具有数组的全部特性,只不过数组元素的类型是字符型的。字符数组的定义与前面介绍的数值数组的定义类似。在字符数组中,一个元素存放一个字符,它实际存储的是字符的ASCII码。例如:

```
char a[3];
a[0]='h';a[1]='a';a[2]='y';
```

数组名表示字符串中第一个字符的地址,数组元素的多少表示字符串长度。

由于字符型和整型是互相通用的,在语法上可以把字符当作int型使用。因此,上面的定义也可以改为"int a[3];"。例如,在语句char str[8]说明的数组中存入"hello"字符串后,str表示第一个字母"h"所在的内存单元地址。str[0]存放的是字母"h"的ASCII码值,依此类推,str[4]存入的是字母"o"的ASCII码值,str[5]则应存放字符串终止符'\0'。

5.4.2 字符数组的初始化

1. 逐个字符赋值

对字符数组进行初始化时,如果提供的初值个数小于数组长度,则只将这些字符赋给数组中前面的那些元素,其余的元素自动赋空字符'\0'。例如:

```
char a[12]={'I',' ','a','m',' ','a',' ','b','o','y','! '};
```

这个初始化语句中,共写了11个字符,还有1个数组元素没有给出初值,根据前面所述,对没有给出初值的数组元素,系统自动对它们赋空字符'\0'。这样上面数组a初始化完毕后,结果如表5-5所示。

表5-5 字符数组的初始化

a[0]	a[1]	a[2]	a[3]	a[4]	a[5]	a[6]	a[7]	a[8]	a[9]	a[10]	a[11]
I		a	m		a		b	o	y	!	\0

对字符数组进行初始化时,如果提供的初值个数等于数组长度,则定义时可以省略数组长度,系统会自动根据初值个数确定数组长度。例如:

```
char a[ ]={'M','a','c','a','o'};
```

系统会自动判断这个数组 a 的长度为 5。

对字符数组进行初始化时,如果提供的初值个数大于数组长度,则作语法错误处理。

下面再给出一个定义二维字符数组并对其初始化的例子。例如:

```
char a[5][4]={{'M'},{'a'},{'c'},{'a'},{'o'}};
```

也可写成“char a[][4]={{'M'},{'a'},{'c'},{'a'},{'o'}};”。

初始化结果如表 5-6 所示。

表 5-6 初始化结果

M	0	0	0
a	0	0	0
c	0	0	0
a	0	0	0
o	0	0	0

2. 用字符串对字符数组赋初值

例如:

```
char a[]={"I am a student"};
```

也可以省略花括号,写成:

```
char a[]="I am a student";
```

注意:此时数组 a 的长度为 15 而不是 14。因为在字符串常量的最后由系统加上了一个'\0'。

5.4.3 字符数组的引用

字符数组的引用和前面几节数组的引用基本没有区别,也是通过对数组元素的引用实现的,每次得到一个字符,不过要注意数据元素的类型是字符型。

【例 5-6】 字符数组引用示例。

```
#include<stdio.h>
void main()
{
    int i;
    char a[12]={'I',' ','a','m',' ','a',' ','b','o','y','!'};
    for(i=0;a[i]!='\0';i++)
        printf("%c",a[i]);
}
```

运行结果为:

```
I am a boy!
```

5.4.4 字符串和字符串结束标志

字符串是若干有效字符的序列，可以由字母、数字、专用字符、转义字符组成。在C语言中，没有字符串变量，字符串不是放在一个变量中，而是放在字符数组中。

将字符串存储到内存中时，除了要将字符串中的每一个字符存入内存中外，还要在字符串的最后加一个'\0'字符存入内存。这个'\0'字符就是字符串结束标志，它的ASCII码为0。

系统在对一个字符串进行操作时，最根本的操作是要知道这个字符串的长度，有了这个字符串结束标志后，就可以对字符串边处理边判断是否结束。对任意一个字符串都可以将它看成是由若干字符和一个字符串结束标志组成的。如"Macao"相当于'M'、'a'、'c'、'a'、'o'、'\0'共6个字符。

这样在初始化字符数组时，可以写成如下形式：

```
char a[]={"I am a boy!"};
```

此时a数组的长度为12。

花括号也可以省略，写成如下形式：

```
char a[]="I am a boy!";
```

相当于“char a[]={'I',' ','a','m',' ','a',' ','b','o','y','!','\0'};”。

注意：只有在程序中对字符串进行处理时，才考虑字符串结束标志的问题。系统在处理字符串时，如果程序中有一个字符串，那么就将其翻译成若干字符和一个'\0'字符；如果某段程序要处理一个字符串，首先系统要找到字符串的第一个字符，然后依次向后，在遇到'\0'字符时就认为当前这个字符串结束了。

例如，有一个字符数组“char a[4]={'B','O','Y','\0'};”，那么在这个a数组中存放的是字符串"BOY"。如果执行语句a[1]='\0'后，数组a的内容为“'B','\0','Y','\0'”。此时系统认为a数组中存放了一个字符串"B"。不要认为现在数组中的内容只有'B'和'\0'了，只不过按系统对字符串的处理方式来看是这样的。但实际上仍然可以通过下标来引用a数组中的所有元素，如a[2]中的内容依然是'Y'。

总之，字符串和字符数组是有区别的。字符串是存放在字符数组中的。字符串和字符数组的长度可以不一样。此外，字符串是以'\0'为结束标志，而字符数组并不要求它的最后一个字符一定为'\0'。

5.4.5 字符数组的输入和输出

1. 字符数组的输入

用于字符数组的输入有两个标准库函数：scanf()函数和gets()函数。

如果想从键盘输入字符串，有以下3种方法。

(1) 利用scanf()函数按%c的格式，读入键盘输入的单个字符为字符数组元素赋值。

例如：

```
char a[5];
scanf("%c",&a[2]);
```

运用循环语句,可以为字符数组的所有元素赋值。

(2) 利用 scanf()函数,按%s 的格式将整个字符串一次输入(要判断'\0'字符)。例如:

```
scanf("%s",a);
```

将键盘输入的内容按字符串的方式送到 a 数组中,这里注意数组名 a 就代表了数组 a 的地址。输入时,在遇到分隔符时认为字符串输入完毕,并将分隔符前面的字符后加一个'\0'字符一并存入数组中。

例如,"scanf("%s",a);",输入 abc 后按 Enter 键,则 a 数组中存入"'a','b','c','\0'"4 个字符(在数组 a 的长度大于输入字符串的长度加 1 时才能正确执行)。

(3) 利用 gets()函数可以将整个字符串一次输入。

gets()函数的调用格式为:

```
gets(str);
```

其中 str 是存放输入字符串的起始地址,可以是存放字符数组名、字符指针或字符数组元素的地址。gets()函数用来从终端键盘读入字符串(包括空格符),直到读入一个换行符为止。换行符读入后,不作为字符串的内容,系统将自动加上'\0'。例如:

```
char str[80];
gets(str);
```

执行上述语句时,若从键盘输入:

```
computer program
```

那么,第一个字符'c'放在 str[0]中,其他依次存放(包括中间的空格),系统自动在后面加上字符串结束符'\0'。

由上可见,对字符串操作时,实际上主要是对存放字符串的数组的数组名进行操作。

2. 字符数组的输出

用于字符数组的输出有两个标准库函数:printf()函数和 puts()函数。

字符数组的输出有以下 3 种方法。

(1) 利用 printf()函数,按%c 的格式将数组元素一次输出一个字符。例如:

```
char a[]={"abcde"};
printf("%c",a[2]);
```

运用循环语句,可以输出字符数组的所有元素值。

(2) 利用 printf()函数,按%s 的格式将数组中的内容按字符串的方式输出,即将整个字符串一次输出(要判断'\0'字符)。例如:

```
char a[]={"abcde"};
```

```
printf("%s",a);
```

采用此方式时，要将存放字符串的数组名写入参数。函数在工作的时候，从 a 数组的第一个元素开始，一个元素接一个元素地输出到屏幕，一直到遇到'\0'字符为止。'\0'字符将不会被输出到屏幕上。

注意：输出时要用存放字符串的数组名来进行输出。

系统在输出时只在遇到'\0'字符时才停止输出，否则，即使输出的内容已经超出数组的长度也不会停止输出。

(3) 利用 puts()函数可以将整个字符串一次输出。

puts()函数的调用格式为：

```
puts(str);
```

其中 str 是存放输出字符串的起始地址，可以是存放字符串的字符数组名或字符串常量。调用 puts()函数后，将从这一地址开始，依次输出存储单元中的字符，遇到第一个'\0'即结束输出，并自动输出一个换行符。例如：

```
char str[]={"China\nBeijing"};
puts(str);
```

输出为：

```
China
Beijing
```

5.4.6 字符串处理函数

下面介绍几个常用的字符串运算库函数。

1. 字符串连接函数 strcat()

strcat()函数用于将存放在字符数组 1 和字符数组 2 的两个字符串连接起来，并存入字符数组 1 中。调用格式为：

```
strcat(字符数组 1,字符数组 2);
```

说明：

(1) 字符数组 1 要求足够大，能存放下字符数组 1 和字符数组 2 中的字符串。

(2) 字符数组 1 必须是字符型数组名。

(3) 经过连接后，字符数组 1 中的字符串末尾的'\0'字符将被字符数组 2 中的字符串第 1 个字符取代。

【例 5-7】 字符串连接函数的使用。

```
#include <stdio.h>
#include <string.h> /* 因为字符串处理函数定义在头文件 string.h,所以加预处理语句 */
void main()
```

```
{
    char s1[7]="ABC",s2[]="xyz",str[50]="abc";
    strcat(str,strcat(s1,s2));
    printf("%s\n",str);
}
```

运行结果为：

```
abcABCxyz
```

说明：程序中使用了 strcat()函数的嵌套调用，内层调用为 strcat(s1,s2)，它将 s2 中的字符串连接到 s1 的末尾，使 s1 中存放的字符串变为 ABCxyz，外层调用为 strcat(str, strcat(s1,s2))，也可直接用一个字符串，如 strcat(str,"ABCxyz"))。系统自动将其转换为一个字符数组。注意第一个参数位置上不能直接使用字符串，请读者自己思考一下原因。

2. 字符串复制函数 strcpy()

strcpy()函数将字符数组 2 中的字符复制到字符数组 1 中，字符数组 1 中的原有字符串将被覆盖。调用格式为：

```
strcpy(字符数组 1,字符数组 2);
```

说明：字符数组 1 一定要能存放下字符数组 2 中的字符串。

【例 5-8】 字符串复制函数的使用。

```
#include <stdio.h>
#include <string.h>
void main()
{
    char str1[]="Good afternoon!",str2[]="Good morning!";
    strcpy(str1,str2);
    printf("%s\n",str1);
}
```

运行结果为：

```
Good morning!
```

3. 字符串比较函数 strcmp()

strcmp()函数用来对两个字符数组中的字符串进行比较，确定其大小，调用格式为：

```
strcmp(字符数组 1,字符数组 2);
```

说明：

(1) 如果两个数组中的字符串一模一样，函数返回 0 值，否则返回非 0 值。

(2) 如果 a、b 为两个字符数组：

```
if(a==b)printf("OK!");
```

是不正确的,应写成:

```
if(strcmp(a,b)==0)printf("OK!");
```

4. 求字符串长度函数 strlen()

strlen()函数用来计算字符串的长度,调用格式为:

```
strlen(字符数组);
```

说明:函数的参数可以是字符型数组名或字符串常量,函数返回值是字符数组中的字符串包含的字符个数,不计字符串末尾的'\0'字符。

5.4.7 字符数组的应用

【例 5-9】 从键盘输入一个长度不超过 80 个字符的字符串,用数组元素作为计数器来统计数字字符、字母字符和其他字符的个数。

```
#include <stdio.h>
void main()
{
    char str[81];                                    /* 假定一行不超过 80 个字符 */
    int i,num[3]={0,0,0};
    gets(str);
    for(i=0;str[i]!='\0';i++)
    {
        if(str[i]>='0'&& str[i]<='9')num[0]++;
        else if((str[i]>='a'&& str[i]<='z')||(str[i]>='A'&&str[i]<='Z'))
        num[1]++;
        else    num[2]++;
    }
    printf("数字字符数有%d个。\n",num[0]);
    printf("字母字符数有%d个。\n",num[1]);
    printf("其他字符数有%d个。\n",num[2]);
}
```

运行结果为:

```
1. Good morning! <Enter>
数字字符数有 1 个。
字母字符数有 11 个。
其他字符数有 3 个。
```

【例 5-10】 找出 3 个字符串中最长的一个字符串并显示长度。

由于 3 个字符串可以用一个包括 3 个元素的一维数组来表示,而每个字符串本身又需要用一个一维数组表示。所以这 3 个字符串可以用一个二维数组来表示。

```
#include <stdio.h>
#include <string.h>
void main()
{
    int i;
    unsigned int len=0;
    char string[10];
    char str[3][10]={"one","two","three"};
    for(i=0;i<3;i++)
    if (len<strlen(str[i]))
    {
        len=strlen(str[i]);
        strcpy(string,str[i]);
    }
    printf("最大字符串是: %s\n",string);
    printf("长度是: %d\n",len);
}
```

运行结果为:

```
最大字符串是: three
长度是: 5
```

5.5 程序案例

【例 5-11】 有 5 个学生,学习 4 门课程,现已知他们的各科成绩如下表所示。

学号	语文	数学	英语	历史
1	89	99	87	80
2	87	96	88	67
3	90	88	90	66
4	77	78	67	77
5	67	89	56	98

编程实现:分别求每个学生的总分、个人平均成绩以及每门课程的平均成绩。

```
#include <stdio.h>
void main()
{
    int i,j;
    float score[6][5]={ {89,99,87,80},{87,96,88,67},{90,88,90,66},
    {77,78,67,77},{67,89,56,98}};
```

```
    for (i=0;i<5;i++)
    {
        for(j=0;j<4;j++)
        {
            score[i][4]+=score[i][j];          /*求第i个学生的总成绩*/
            score[5][j]+=score[i][j];          /*求第j门课程的总成绩*/
        }
    }
    printf("\n");
    printf("                         学生成绩统计表\n");
    printf("--------------------------------------------------------\n");
    printf(" 学号  语文  数学  英语  历史  总分  个人平均\n");       /*输出表头*/
    printf("--------------------------------------------------------\n");
    for (i=0;i<5;i++)                          /*输出每个学生的学号*/
    {
        printf("    %d\t",i+1);
        for(j=0;j<5;j++)
            printf("%5.1f\t",score[i][j]);     /*输出每个学生的各科成绩和总成绩*/
        printf("%5.1f\t",score[i][4]/4);       /*输出每个学生的各科平均成绩*/
        printf("\n");
    }
    printf("--------------------------------------------------------");
    for(j=0;j<4;j++)
        score[5][j]/=5;                        /*求第j门课程的平均成绩*/
    printf("\n课程平均");
    for(j=0;j<4;j++)                           /*输出每门课程的平均成绩*/
        printf("%5.1f\t",score[5][j]);
    printf("\n");
    printf("\n");
}
```

运行结果为：

```
                         学生成绩统计表
--------------------------------------------------------
 学号  语文   数学   英语   历史   总分    个人平均
--------------------------------------------------------
  1    89.0   99.0   87.0   80.0   355.0   88.8
  2    87.0   96.0   88.0   67.0   338.0   84.5
  3    90.0   88.0   90.0   66.0   334.0   83.5
  4    77.0   78.0   67.0   77.0   299.0   74.8
  5    67.0   89.0   56.0   98.0   310.0   77.5
--------------------------------------------------------
课程平均 82.0  90.0   77.6   77.6
```

【例 5-12】 输入一行字符，统计其中有多少个单词，单词之间用空格分隔开。

单词的数目可以由空格出现的次数来决定（连续的若干空格作为一次空格；每行开头

的空格不包括在内)。如果测出某个字符为非空格,而它前面的字符是空格,则表示新的单词开始;若当前字符为非空格,而它前面的字符也是非空格,则意味着仍然是原来那个单词的继续。

```
#include <stdio.h>
void main()
{
    char c,str[81];
    int i,num,word;                    /* num 表示单词个数,word 是判断单词的标志 */
    num=0;
    word=0;
    gets(str);
    for(i=0;(c=str[i])!='\0';i++)
    {
        if(c==' ')word=0;
        else if(word==0)               /* 如 word 为 0 表示未出现单词 */
        {
            word=1;
            num++;
        }
    }
    printf("There are %d words in the line.\n",num);
}
```

运行结果为:

```
How are you today?<Enter>
There are 4 words in the line.
```

5.6 本章小结

本章介绍了数组的基本知识,现将本章的知识点归纳如下。

(1) 数组是可以通过下标访问的相同类型数据元素的集合,而下标则是用于标识数组元素位置的整数。

(2) 一维数组。

① 一维数组定义的一般格式为:

```
类型标识符 数组名 [常量表达式];
```

"类型标识符"是指数组中每个元素的数据类型;"数组名"指定数组的名字;"常量表达式"用于定义数组的大小,即数组中元素的个数,它必须是正整数。

② 一维数组的引用格式为：

```
数组名 [下标表达式];
```

其中“下标表达式”可以是整型常量或整型表达式。

(3) 数组中的每个元素带有两个下标，称这样的数组为二维数组。其中存放的是有规律地按行、列排列的同一类型数据。所以二维数组中的两个下标，一个是行下标，一个是列下标。

① 二维数组定义的一般格式为：

```
类型标识符 数组名 [行常量表达式][列常量表达式];
```

其中，“类型标识符”是指数组中每个元素的数据类型；“数组名”指定数组的名字；“行常量表达式”表示二维数组的行数，“列常量表达式”表示二维数组的列数。

② 引用二维数组元素时必须带有两个下标。引用的一般格式为：

```
数组名 [行下标表达式][列下标表达式];
```

其中，行下标表达式和列下标表达式可以是整型常量或整型表达式。

(4) 字符数组是用来存放字符的数组，其定义和引用与前面讨论的一维数组类似。C语言没有直接提供字符串类型，字符串被定义为一个字符数组。

(5) 字符串的输入和输出。

通过调用 scanf()函数和 gets()函数来输入字符串。

通过调用 printf()函数和 puts()函数来输出字符串。

(6) 常用字符串处理函数。

字符串的连接函数——strcat()

调用格式为：

```
strcat(字符数组 1,字符数组 2);
```

字符串的复制函数——strcpy()

调用格式为：

```
strcpy(字符数组 1,字符数组 2);
```

字符串的比较函数——strcmp()

调用格式为：

```
strcmp(字符数组 1,字符数组 2);
```

求字符串长度函数——strlen()

调用格式为：

```
strlen(字符数组);
```

(7) 字符串数组中的每个元素都是一个存放字符串的数组。

5.7 习 题

一、填空题

1. 若定义"int a[10]={1,2,3};,"则 a[3]的值是________。
2. 在 C 语言中,二维数组各个元素在内存中的存放顺序是________。
3. 若定义"int a[2][3]={{2},{3}};",则值为 3 的数组元素是________。
4. 判断字符串 s1 是否大于字符串 s2,应使用的判断条件是________。
5. 若定义"char sting[]="This is a book!";",则该数组的长度是________。
6. 以下程序的运行结果是________。

```
#include <stdio.h>
void main()
{
    char c[7];c[0]='P';
    c[1]='A';c[2]='S';c[3]='C';
    c[4]='A';c[5]='L';c[6]='\0';
    printf("%s\n",&c[2]);
}
```

7. 如下有两个字符数组初始化语句,它们的差别是________。

```
char s[]="ABCDEF";
char w[]={'A','B','C','D','E','F'};
```

8. 以下程序的运行结果是________。

```
#include <stdio.h>
void main()
{
    char s[]="ABCD";
    printf("%c,%d\n",s[2],s[4]);
}
```

9. 以下程序的运行结果是________。

```
#include <stdio.h>
void main()
{
    int x,y;x=17;y=26;
    printf("y/x=%d\n",y/x);
}
```

10. 以下程序的运行结果是________。

```
#include <stdio.h>
```

```
void main()
{
    int m[3][3]={{1},{2},{3}};
    int n[3][3]={1,2,3};
    printf("%d,%d\n",m[1][0]+n[0][0],m[0][1]+n[1][0]);
}
```

二、判断题

1. 下标用于指出数组中某个元素位置的数字。 ( )
2. 若有说明“int a[10];”,则可以用 a[10]引用数组 a 的第 10 个元素。 ( )
3. 引用数组元素时,其数组下标的数据类型允许的是整型常量或整型表达式。 ( )
4. 构成数组的各个元素可以有不同的数据类型。 ( )
5. 在对数组全部元素赋初值时,不可以省略行数,但能省略列数。 ( )
6. 如有定义“int a[3][4]={0};”,则数组 a 的所有元素初值均为 0。 ( )
7. 数组由具有一名字和相同类型的一组连续内存单元构成。 ( )
8. 在数组声明中可以用等号及一个逗号分隔的初始值表初始化数组元素,该数组大小只能由用户来决定。 ( )
9. 使用 strlen()函数可以求出一个字符串的实际长度(包含'\0'字符)。 ( )
10. 使用 strcat()函数可以实现两个字符串的复制。 ( )

三、选择题

1. 以下能正确进行字符串赋值、赋初值的语句组是( )。

A. char s[5]={'g','o','o','d','!'};　　B. char s="good!";

C. char s[5]="good!";　　D. char s[ ]="good!";

2. 要求定义具有 8 个 int 类型元素的一维数组,定义错误的语句是( )。

A. #define M 8
int * a[M];

B. #define N=3
int a[2 * N+2];

C. int a[]={1,3,5,7,9,2,4,6};　　D. int a[1+7]={0};

3. 以下程序的输出结果是( )。

```
#include <stdio.h>
void main()
{
    char s[]="ABCDEF";
    printf("%d\n",s[6]);
}
```

A. 0　　B. F　　C. 1　　D. '\0'

4. 若有定义“int a[10];”,则对 a 数组元素引用正确的是( )。

A. a[10]　　B. a(5)　　C. a[3.5]　　D. a[10-10]

5. 以下对二维数组 a 定义正确的语句是( )。

A. int a[3][]　　　　B. double a[2][4]

C. float a[10]={ };　　　　D. float a(3)(4);

6. 若有定义"int a[3][4]={0};",下面叙述正确的语句是(　　)。

A. 只有元素 a[0][0]可以得到初值 0

B. 本定义语句使用不正确

C. a 数组中的各个元素都可以得到初值,但是其值不一定是 0

D. a 数组中的各个元素都可以得到初值 0

7. 以下不能对二维数组进行初始化的语句是(　　)。

A. int a[2][3]={0};　　　　B. int a[][3]={{1,2},{0}};

C. int a[2][3]={{1,1},{3,4},{5,6}};　　　　D. int a[][3]={1,2,3,4,5,6};

8. 若有如下定义语句:

```
int s[]={1,2,3,4,5,6,7,8,9,10};
```

则值为 5 的表达式是(　　)。

A. s[5]　　B. s[s[4]]　　C. s[s[3]]　　D. s[s[5]]

9. 若有语句"double z,y[3]={2,3,4};z=y[y[0]];",则 z 的值是(　　)。

A. 4　　　　B. 2

C. 3　　　　D. 有语法错误,得不到值

10. 为判断两个字符串 s1 和 s2 是否相等,应当使用(　　)语句。

A. if(s1==s2)　　　　B. if(s1=s2)

C. if(strcpy(s1,s2))　　　　D. if(strcmp(s1,s2)==0)

四、编程题

1. 试编写将下表的数据赋给数组 a 的各元素,然后输出这些数值的程序。

3	2	1
5	4	3

2. 试编写将下表中的字母存入数组,然后输出带圆括号元素的程序。

x	h	a
g	(y)	k
i	p	e

3. 试编写将 2,5,8,9 分别赋给数组元素 a[0],a[1],a[2],a[3],然后求表达式 2+5−8+9 的程序。

4. 编写程序,从 n 个学生的成绩中统计出低于平均分的人数。

5. 输入一行数字字符,编写程序,用数组元素作为计数器来统计每个数字字符的个数。

6. 全校学生的年龄在 16~30 岁,编写程序,用数组元素作为计数器来统计每一年龄段的人数。

7. 有15个数按由大到小顺序存放在一个数组中，输入一个数，要求用折半查找法找出该数是数组中第几个元素的值。如果该数不在数组中，则打印出“无此数”。

8. 输入若干整数(不少于10个)，用-1结束输入，以每行3个数的形式输出，再从这些数中选出所有奇数放在另一个数组中，然后输出。

9. 输入n个无序的整数，编写程序，找出其中最大数所在的位置。请以以下3种情况运行程序，以便验证程序是否正确。

(1)最大数在最前；(2)最大数在最后；(3)最大数在中间。

10. 打印出以下的杨辉三角形(要求打印出9行)。

```
1
1   1
1   2   1
1   3   3   1
1   4   6   4   1
⋮    ⋮    ⋮    ⋮
```

11. 要求打印出由1到n^2的自然数构成的魔方阵。所谓魔方阵是指这样的方阵，它的每一行、每一列和对角线之和均相等。例如，三阶魔方阵为：

```
8   1   6
3   5   7
4   9   2
```

12. 编写将字符串"ABCD","EFGH","IJLK","MNOP","QRST"通过初始化赋给二维字符数组，并将其输出显示的程序。

13. 输入一个字符串，判断它是否为回文串。所谓回文串，就是反转以后和原串相同，如abba和madam。

14. 请对输入的一行字母，按字母由大到小的顺序进行排序。

15. 使两个有序数列合并成一个有序数列，合并后的数列仍然有序。注意，不得采用重新排序的方法。

16. 编写一个程序，将字符数组s2的全部字符复制到字符数组s1中，不用strcpy函数。复制时，'\0'也要复制过去，'\0'后面的字符不用复制。

第 6 章

函　　数

Chapter 6

如果读者编写的程序越来越长，有上百行语句，若只有一个函数 main()主函数来实现，那么 main()主函数的代码就会冗长、数据量大，即造成编写、阅读的困难，又对调试和维护带来了诸多不便。那么怎么调试才能最方便、最简洁、最有效？要解决这些问题，就要使用本章介绍的函数来做。

结构化程序设计的思想是把一个大问题分解成若干个小问题，每一个小问题就是一个独立的子模块，以实现特定的功能。在 C 语言中，子模块的作用就是由函数完成的。

学习目标

1. 掌握 C 程序的模块化设计及其特点
2. 掌握函数的定义、参数和返回语句
3. 掌握函数的调用、嵌套调用和递归调用
4. 掌握变量的作用域和存储类型
5. 掌握函数的作用域和存储类型

6.1　C 程序的模块化设计

6.1.1　函数的概念

一个 C 源程序可以由一个或多个文件构成(C 文件扩展名是.c)，一个源程序文件可以由若干个函数构成，也就是说，函数是 C 程序的基本组成单位。每个程序有且只能有一个 main()主函数，其他的函数都是子函数。主函数可以调用其他子函数，子函数之间可以相互调用任意多次。

在 C 语言中，通过函数来支持模块化程序设计思想，用函数实现子模块的定义，通过函数之间的调用实现 C 程序的功能，一个较大的 C 程序往往是由多个函数组成的。函数之间存在调用与被调用的关系。

【例 6-1】　函数调用的简单实例。

```
#include <stdio.h>
void printstar()
{
```

```
    printf("*******************\n");
}
int sum(int a,int b)
{
    int c;
    c=a+b;
    return (c);
}
void    main()
{
    int x=5,y=8,z;
    printstar();
    z=sum(x,y);
    printf("    %d+%d=%d\n",x,y,z);
    printstar();
}
```

运行结果为：

```
*******************
  5+8=13
*******************
```

说明：

(1) 本例中 C 的源程序由 3 个函数构成，分别是 main()、printstar()、sum()。

(2) main()是程序的入口函数，是每个 C 语言必须有的函数；printstar()函数是自己定义的函数，作用是输出一行星号；而 sum()函数的作用则是用来计算两个数的和，并返回所求结果。在 main()函数中，调用了两次 printstar()函数和一次 sum()函数。

6.1.2 C程序的模块化设计

1. 模块化程序设计

所谓模块化程序设计是将一个大的程序自顶向下进行功能分解，分成若干个子模块，每个子模块对应了一个功能，有自己的界面，有相关的操作，完成独立的程序。

C 程序使用函数来支持模块化程序设计。如图 6-1 所示，由若干个 C 函数组成的 C 程序，各个函数都是独立的，但逻辑上是一个整体。

2. C 程序模块化设计的特点

C 程序模块化设计具有如下特点。

(1) 一个 C 程序由一个具有固定名称 main()主函数和若干个以标识符命名的其他函数组成，通常用 main()函数描述程序的总体结构，其他函数则完成某种特定的子功能。

(2) C 函数的所有函数都处于平等地位，不存在从属关系，即在程序运行时，任何函数都可以调用其他函数，又可以被其他函数调用，也可以自我调用。

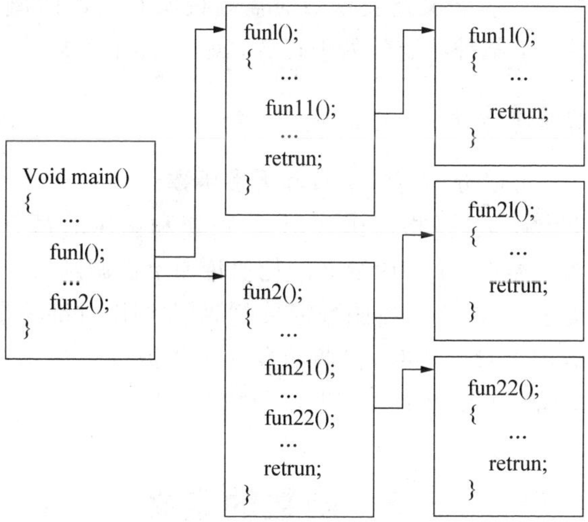

图 6-1 C 程序的模块化设计结构

(3) 一个 C 程序的各个函数可以集中存放在一个程序文件中,也可以分散存放在几个程序文件中。

(4) 函数之间的逻辑关系是通过函数调用实现的。一个 C 程序执行时,总是从 main()函数开始,由 main()函数调用其他函数,而其他函数又可以相互调用。例如,在图 6-1中,main()函数调用 fun1 和 fun2,fun1 调用 fun11,fun2 调用 fun21 和 fun22。当一个函数调用另一个函数时,称前者为调用函数,后者为被调用函数。

6.1.3 函数的分类

1. 从函数定义的角度分类

从函数定义的角度,可以将函数分为标准函数和用户自定义函数。

(1) 标准函数。标准函数也称库函数,是由 C 编译系统定义的,分别存放在不同的头文件中,用户只要用#include 包含其所在的头文件后即可直接调用它们。前面章节中用到的 printf()函数和 scanf()函数等都属于库函数。

(2) 用户自定义函数。由用户根据自己的需要编写的函数,称为用户自定义函数。如上例中的 sum()函数和 printstar()函数。对于用户自定义函数,不仅要在程序中定义函数本身,而且在主调函数中还必须对该被调函数进行类型说明,然后才能使用。

2. 从有无返回值的角度分类

从有无返回值的角度,可以将函数分为有返回值函数和无返回值函数。

(1) 有返回值函数:该函数被调用执行完毕后,将向主调函数返回一个执行结果,称为函数的返回值。如上例中的 sum()函数,由用户自定义的这种有返回值的函数,必须在函数定义和函数声明中明确返回值的类型。

(2) 无返回值函数:无返回值函数不需要向主调函数提供返回值,如例 6-1 中的

printstar()函数。通常用户自定义此类函数时需要说明它的返回值类型为“空”(即 void 类型)。该类函数主要用于某种特定的处理任务，如输入、排序等。

3. 从函数形式的角度分类

从函数形式的角度，可以分为有参函数和无参函数。

(1) 有参函数：有参函数，是指在函数定义、声明和调用时都有参数，如例 6-1 中的 sum()函数。在调有参函数时，主调函数必须把值传递给被调函数，以供被调函数使用。

(2) 无参函数：无参函数，是指在函数定义、声明和调用时都不带参数，如例 6-1 中的 printstar()函数。在调用无参函数时，主调函数并不将数据传递给被调函数。此类函数通常用来完成指定的功能，可以返回或不返回函数值。

6.2 函数的定义

C 语言规定，在程序中用到的所有函数，必须“先定义，后使用”。C 语言将一些最常用的操作已预先定义为函数，这些函数称为标准函数，或称为库函数，在程序设计时不需再定义而可以直接调用。大量函数是程序设计人员根据实际问题需要而定义的，这些函数称为用户自定义函数。本节介绍用户定义函数。

函数的定义应包括以下几个内容。

(1) 指定函数的名字，以便以后按名称调用。

(2) 指定函数的类型，即函数值的类型。

(3) 指定函数的参数的名字和类型，以便在调用函数时向它们传递数据。

(4) 指定函数应当执行的操作，即函数的功能，这是最重要的。

1. 无参函数的定义

无参函数定义的一般格式为：

```
函数类型 函数名()
{
    声明部分
    语句部分
}
```

例如：

```
void printstar()
{
    printf("*******************");
}
```

说明：

(1) 函数由函数首和函数体两部分组成。

(2) 函数首中的函数名可以是任何合法的标识符,是程序设计人员为函数取的名字。函数名与其后的圆括号之间不能留空格,C 语言编译系统依据一个标识符后有没有圆括号来判定它是不是函数。和数组名一样,函数名也是一个常数,代表该段程序代码在内存中的首地址,也叫函数入口地址。

(3) 函数首中用函数类型指定函数值的类型,即给出函数返回值的数据类型。函数没有返回值时,函数为无类型,C 语言中用保留字 void 标识无类型(或称空类型)。printstar()函数为 void 类型(void 可以不写),表示函数没有返回值。

(4) 花括号内是函数体,函数体由声明部分和语句部分组成,声明部分包括对用到的变量进行定义和数据声明,完成数据描述;语句部分完成操作描述。

一个函数的函数体可以为空,此时的函数称为空函数,空函数的形式为:

```
void f()
{ }
```

这也是 C 语言中最小的函数,空函数常用于程序调试。

2. 有参函数的定义

有参函数定义的一般格式为:

```
函数类型 函数名(形式参数列表)
{
    声明部分
    语句部分
}
```

例如:

```
int sum(int a, int b)
{
    int c;                  /* 函数体中的声明部分 */
    c=a+b;
    return (c);
}
```

说明:

(1) 这是一个求 a 和 b 之和的函数,函数类型 int 表示给出函数返回值的数据类型为整型,sum 为函数名。

(2) 形式参数列表括号中有两个形式参数 a 和 b,它们都是整型的。当形式参数有多个时,相互之间用逗号隔开。每个参数必须分别指明其数据类型,即使是相同类型的参数也必须分开说明。例如:

```
int sum(int a,int b)
```

(3) 花括号内是函数体,声明部分“int c;”进行变量定义。语句部分“c=a+b;”把 a 与 b 的和赋给 c。“return (c);”的作用是将 c 的值返回给主调函数(称函数返回值)。

3. 函数定义的应用

【例 6-2】 求两个数的最大值。

```
float max(float x,float y)    /* 函数与函数参数 x、y 的类型为 float,函数名为 max */
{
    float m;                  /* 函数体中的声明部分 */
    if(x>y)m=x;               /* 函数体中的语句部分 */
    else m=y;
    return(m);                /* 返回值 */
}
```

【例 6-3】 求符号函数。

```
char sign(float x)      /* 函数值类型为 char,函数名为 sign,函数参数 x 类型为 float */
{
    char s;                   /* 函数体中的声明部分 */
    if(x>=0)s='+';            /* 函数体中的语句部分 */
    else s='-';
    return(s);                /* 返回值 */
}
```

6.3 函数的参数与返回值

C语言程序由若干相对独立的函数组成,在程序运行期间,数据必然在函数中流入或流出,这就是函数之间的数据传递,也是函数之间的接口。

1. 函数的形式参数和实际参数

在定义函数时函数名后面括号中的变量名称为形式参数,简称形参。在主调函数调用函数时,主调函数名后面括号中的参数称为实际参数,简称实参。当一个函数被调用时,形参接收来自主调函数的实参,实现函数与函数之间的数据通信,称为参数传递。

采用参数传递的好处是当许多人合作编程时,个人可不受约束地为自己所编程序中的变量命名。当某些变量需要与调用函数发生数据传递时,就把它们作为形式参数使用。形式参数可以是变量、数组、指针,也可以是函数、结构、共用体等。

在C语言中,实参向形参的数据传递是"值传递",而且是单向传递,即只由实参传给形参,而不能由形参传回来给实参。

【例 6-4】 通过调用 swap 函数,观察主函数中变量 x 和 y 中的数据以及被调函数中变量 a 和 b 的数据的变化。

```
#include <stdio.h>
void swap(int a,int b)
```

```
{
    int t;
    printf("(2)a=%d b=%d\n",a,b);
    t=a;a=b;b=t;
    printf("(3)a=%d b=%d\n",a,b);
}
void main()
{
    int x=10,y=20;
    printf("(1)x=%d y=%d\n",x,y);
    swap(x,y);                /*函数调用*/
    printf("(4)x=%d y=%d\n",x,y);
}
```

运行结果为：

```
(1)x=10 y=20
(2)a=10 b=20
(3)a=20 b=10
(4)x=10 y=20
```

说明：

(1) x 和 y 的值已传递给函数 swap()中的对应形参 a 和 b，在函数 swap()中，a 和 b 也进行了交换。

(2) 在 C 语言中，数据只能从实参单向传递给形参，形参数据的变化并不影响对应的实参，因此，在本程序中，不能通过调用 swap()函数使主函数中 x 和 y 的值进行交换。

2. 函数的返回值

通过在函数中使用返回语句，返回一个值给主调函数，同时终止函数的调用。

一般格式为：

```
return(表达式);
```

或

```
return 表达式;
```

说明：

(1) 计算表达式的值，将表达式的值返回给主调函数。从被调函数返回主调函数。

(2) 返回值类型应和函数类型一致，若不一致则将返回值自动转换成函数类型。

(3) 函数中可以有多条返回语句，这时一般与 if 语句连用，执行到相应的返回语句，该条返回语句起作用。

(4) 函数中无 return 语句，执行至函数体结尾时返回，此时将返回一个不确定的值给函数。

(5) 如果只需要从函数中返回，而不需带返回值，使用不带表达式的 return 语句。

6.4 函数的调用

函数的使用称为函数调用，被调用的函数称为被调函数，调用其他函数的函数称为主调函数或调用函数。

函数调用通过函数名进行，在调用时一般要进行数据传递，要以实参代替形参。调用完成返回主调函数继续执行，有调用就必有返回。

C语言中，函数不能嵌套定义，但可嵌套调用。除了主函数，其他函数都必须通过函数的调用来执行。

6.4.1 函数调用的一般格式

函数调用的一般格式为：

```
函数名(实参表);
```

说明：

(1) 如果调用无参函数，则无实参表，此时圆括号不能省略。

(2) 调用时，实参与形参的个数应相同，类型应一致。

(3) 实参与形参按顺序对应，一一传递数据。调用后，形参得到实参的值。

(4) 实参可以是表达式。如果是表达式，先计算表达式的值，再将值传递给形参。

(5) 在C语言中，对于实参表的求值顺序，有的系统按自左至右的顺序，大多数系统则采用自右至左的顺序。例如：

```
int i=3;
printf("%d,%d",i,++i);
```

按自右至左的顺序进行实参表的求值，输出结果为：

```
4,4
```

为了避免出现意外情况，尽可能将参数表达式的计算移至调用函数前进行。

(6) 主函数由系统调用。

6.4.2 函数调用的方式

按函数调用在程序中出现的位置，有3种函数调用方式。

1. *函数语句方式*

把函数调用作为一个语句。常用于只要求函数完成一定的操作，不要求函数返回值的调用。这在scanf()函数及printf()函数的调用中已多次使用。调用方式为：

```
函数名(实参列表);
```

或

函数名();

【例 6-5】 无返回值函数的语句调用。

```
#include <stdio.h>
void p()
{
   printf("you.\n");
}
void main()
{
   printf("How are ");
   p();
}
```

说明：

(1) 子函数 p()是无返回值函数，主函数中用“p();”函数语句调用方式。要求函数仅完成一定的操作，这里输出文本。

(2) p()函数也是一个无参函数，函数名 p 后面的圆括号必须保留。

(3) 一般 void 类型的函数使用函数语句方式的调用，因为 void 类型没有返回值。

2. 函数表达式方式

当所调用的函数有返回值时，采用表达式的方式调用，这种表达式称为函数表达式。这时要求函数返回一个确定的值以参与表达式的运算。例如：

```
z=sum(x,y);                     /*将 sum()的返回值赋给变量 z*/
```

【例 6-6】 有返回值函数的表达式调用。

```
#include <stdio.h>
int sum(int x, int y)
{
   return x+y;
}
void main()
{
   int a,b;
   scanf("%d%d",&a,&b);
   printf("%d\n",sum(a,b));
}
```

说明：

(1) sum()函数是一个有返回值的函数，采用表达式的方式调用。主函数通过在 printf()函数中的表达式 sum(a,b)调用子函数 sum()，函数名 sum()作为表达式的一个运算量出现在调用函数中。

(2) 调用有参函数时,实参列表中有多个参数,中间用逗号隔开,实参与形参的个数应相同,类型应一致,按顺序对应,一一传递数据。主函数将实参 a 和 b 的值分别传递给形参 x 和 y,使 x 得到 a 的值,y 得到 b 的值。调用后,形参得到实参的值。

(3) 子函数执行结束时,x+y 的值作为返回值传递给 main()函数。

3. 函数参数方式

函数调用作为另一个函数的实参。例如:

```
m=max(max(a,b),max(c,d));
```

max(a,b)与 max(c,d)两次函数调用作为另一次 max 函数调用的实参,用来输出 a、b、c、d 的最大值。因此要求该函数必须有返回值。又如:

```
printf("Max is %d", max(a,b));
```

也是把 max(a,b)调用的返回值又作为 printf()函数的实参来使用。

函数调用作为函数的参数,实质上也是函数表达式调用方式的一种特殊情况。因为函数的参数本来就要求是表达式形式。

6.4.3 对被调函数的声明

定义位置在后的主调函数可以直接调用在它前面定义的被调函数。但是,如果定义位置靠前的主调函数需要调用位置靠后的被调函数,就必须进行对被调函数的声明后才能调用。声明的作用是把函数名、函数参数的个数和参数类型等信息通知编译系统,以便在遇到函数调用时,编译系统能正确识别函数并检查函数调用是否合法。

函数声明的一般格式为"被调函数类型 被调函数名(形参表);",即以下两种格式:

```
被调函数类型 被调函数名(类型 形参,类型 形参…);
```

或者

```
被调函数类型 被调函数名(类型,类型…);
```

括号内给出形参的类型和形参名,或只给出参数类型。这便于编译系统进行检错,以放置可能出现的错误。例如:

```
void swap(int a, int b);
```

说明:

(1) 函数声明不是函数定义,故其后应有分号";"。

(2) 为清晰起见,一般均对被调用的函数在调用前进行声明,以增加程序的可读性。

(3) 函数不能重复定义,但可以反复说明。

(4) 如果使用库函数,还应在本文件开头用#include 命令将调用有关库函数时所需用到的信息"包含"到本文件中来。例如:

```
#include <stdio.h>
#include <math.h>
```

其中 stdio.h 是一个头文件，它包含了输入和输出库函数所用到的一些定义信息，前面程序中已反复用到。同样，math.h 也是一个头文件，包含数学库函数所用到的一些定义信息。

【例 6-7】 对被调用的函数作声明，求 2～100 的所有素数。

```
#include<stdio.h>
void main()                                    /* 主函数 */
{
    int pf(int n);                             /* 对被调函数 pf 的声明 */
    int i;
    int count=0;                               /* 统计素数个数,用以控制输出格式 */
    printf("  2~100 的素数\n");
    for(i=2;i<=100;i++)
     if(pf(i)==1)
     {
        printf("%6d",i);
        count++;
        if(count%5==0) printf("\n");           /* 每行输出 5 个素数 */
     }
     printf("\n");
}

int pf(int n)                                  /* 素数判断函数 pf */
{
    int i;
    int flag;
    flag=1;
    for(i=2;i<=n/2;i++)
        if(n%i==0)
        {
            flag=0;
            break;
        }
    return(flag);
}
```

运行结果为：

```
2~100 的素数
     2     3     5     7    11
    13    17    19    23    29
    31    37    41    43    47
```

```
53    59    61    67    71
73    79    83    89    97
```

说明：

(1) 本程序 main()函数在前，素数判断函数 pf 定义在后。

(2) 要想调用 pf 函数必须先声明，再调用，在 main()函数中使用“int pf(int n);”语句对被调函数 pf 进行声明。

(3) 如要求 2～n 的所有素数，只需在主函数中增加数据 n 的输入处理，将 for 循环控制变量的终值改为 n 即可。

6.4.4 函数的嵌套调用

在 C 语言中，函数之间的关系是平行的，是独立的，在函数定义时不能嵌套定义，即一个函数定义的函数体内不能包含另外一个函数的完整定义。但是 C 语言允许函数进行嵌套调用，也就是说，在调用一个函数的过程中可以调用另外一个函数。

【例 6-8】 函数的嵌套调用。

```
#include<stdio.h>
int f2(int x, int y)                              /* f2 函数 */
{
    int z;
    z=x-y;
    return z;
}
int f1(int x, int y)                              /* f1 函数 */
{
    int z;
    z=f2(x+y,x-y);
    return z;
}
void main()                                       /* 主程序 */
{
    int a,b,c;
    printf("请输入两个整数: ");
    scanf("%d%d",&a,&b);
    c=f1(a,b);
    printf("嵌套调用结果为: %d\n",c);
}
```

运行结果为：

```
请输入两个整数: 6  8 <Enter>
嵌套调用结果为: 16
```

说明：程序的执行的顺序如图 6-2 所示。

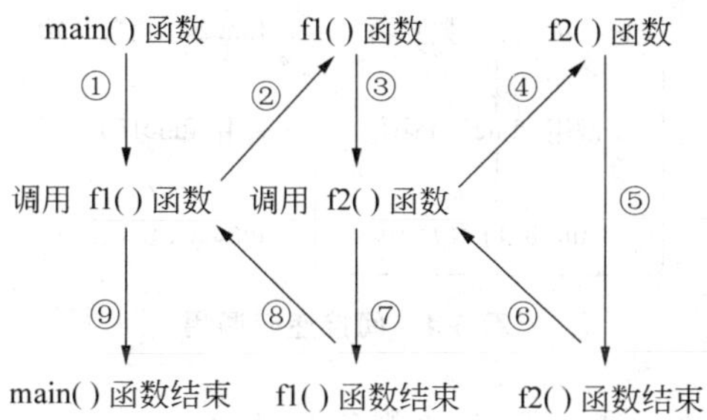

图 6-2 函数嵌套调用

6.4.5 函数的递归调用

在调用一个函数的过程中又直接或间接地调用该函数本身，这就构成了函数的递归调用，这个函数称为递归函数。函数的递归调用分为直接递归和间接递归调用两种。C 语言的特点之一就在于允许函数的递归调用。递归调用的次数称为递归的深度。

1. 函数的直接递归调用

在函数中直接调用函数本身，称为直接递归调用。例如：

```
int func(int a)
{
    int b,c;
    …
    c=func(b);
    …
}
```

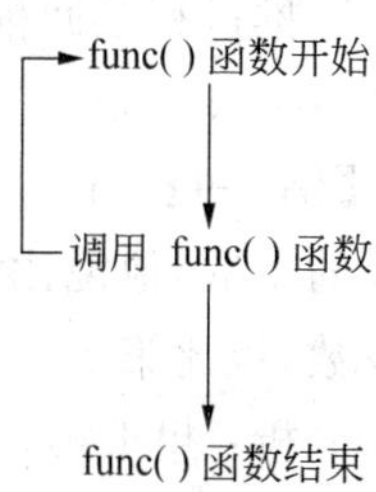

图 6-3 直接递归调用

其执行过程如图 6-3 所示。

2. 函数的间接递归调用

在函数中调用其他函数，其他函数又调用原函数，这就构成了函数自身的间接调用，称为间接递归调用。例如：

```
int func1(int a)
{
  int b,c;
    …
  c=func2(b);
    …
}
```

```
int func2(int x)
{
  int y,z;
    …
  z=func1(y);
    …
}
```

其执行过程如图 6-4 所示。

注意：这两种递归都无法终止自身的调用。因此在递归调用中，应该含有某种条件控制递归调用结束，使递归调用是有限的，有终止的。比如可以用 if 语句来控制只有在

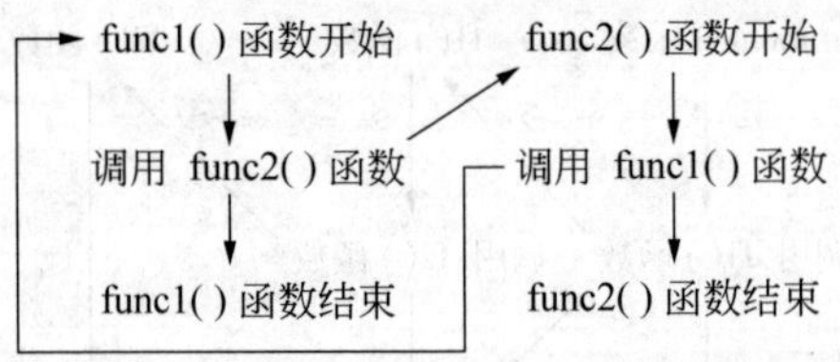

图 6-4 间接递归调用

某一条件成立时才继续执行递归调用，否则不再继续。

3. 函数的递归调用的应用

(1) 递归算法具有两个基本特征：转化和终止。

转化是将问题用一定的条件描述；问题的求解通过定义一个函数来完成；问题需转化成函数参数的形式来表示。

终止表示对特定简单易解的问题有明确的解，这也是递归调用的终止条件，常用 if 语句来控制。

(2) 递归程序的执行过程可分为两个：回推过程和递推过程。

回推过程是函数自身调用的过程。在这一过程中，原问题被一步一步转化成形式相同但相对简单的子问题，直到递归结束条件成立为止。

递推过程是回推的逆过程，是由初始条件逐步推算结果的过程。在这一过程中，从递归结束条件开始，一步一步推算结果，直到原问题出现为止。

【例 6-9】 有 5 个人坐在一起，问第 5 个人的岁数，他说比第 4 个人大 2 岁。问第 4 个人的岁数，他说比第 3 个人大 2 岁。问第 3 个人，又说比第 2 个人大 2 岁。问第 2 个人的岁数，说比第 1 个人大 2 岁。最后问第 1 个人，他说是 10 岁。请问第 5 个人多少岁？

分析：想求第 5 个人的年龄，就必须先知道第 4 个人的年龄，要想求第 4 个人的年龄必须先知道第 3 个人的年龄，而第 3 个人的年龄又取决于第 2 个人的年龄，第 2 个人的年龄取决于第 1 个人的年龄。而且每一个人的年龄都比其前 1 个人的年龄大 2 岁。用 age(n)函数代表第 n 个人的年龄，可以用下面的式子表示上述关系。

转化：n>1，age(n)=age(n−1)+2。

终止：n=1，age(1)=10。

```
#include <stdio.h>
age(int n)                              /*求年龄的递归函数*/
{
    int a;                              /*用作存放函数的返回值*/
    if(n==1) a=10;
    else a=age(n-1)+2;
    return(a);
}
void main()                             /*主函数*/
{
```

```
    printf("第 5 个人的年龄=%d\n",age(5));
}
```

运行结果为：

```
第 5 个人的年龄=18
```

说明：

(1) 第一阶段是回推过程，将第 5 个人的年龄表示为第 4 个人年龄的函数，而第 4 个人的年龄仍然不知道，还要回推到第 3 个人的年龄……直到第 1 个人的年龄。此时 age(1)已知，不必再向前推了。

(2) 第二阶段是递推过程，从第 1 个人的已知年龄推算出第 2 个人的年龄(12 岁)，从第 2 个人的年龄推算出第 3 个人的年龄(14 岁)……一直推算出第 5 个人的年龄(18 岁)为止。

(3) age(1)＝10，就是使递归结束的条件。

(4) 上述执行过程如图 6-5 所示。

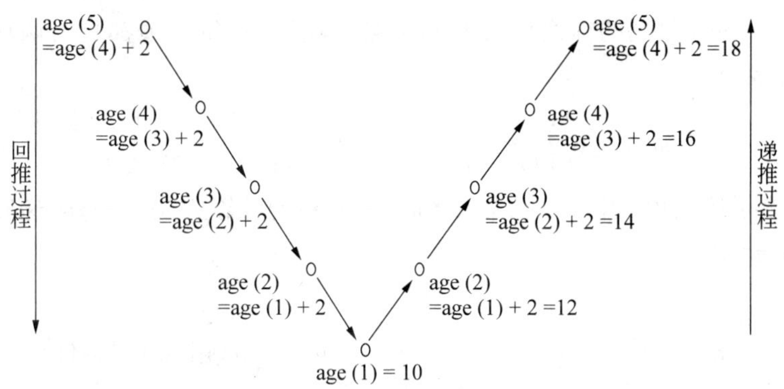

图 6-5 求第 5 个人岁数的递归程序的执行过程

【例 6-10】 用递归方法求 n!(13＞n＞0)。

```
#include <stdio.h>
int fac(int x)
{
    if(x==1) return (1);
    else    return (x*fac(x-1));
}
void main()
{
    int n;
    printf("input the value of n:");
    scanf("%d",&n);
    printf("%d!=%d\n",n,fac(n));
}
```

运行结果为：

```
input the value of n:4<Enter>
4!=24
```

说明：计算 4! 的执行过程如图 6-6 所示。

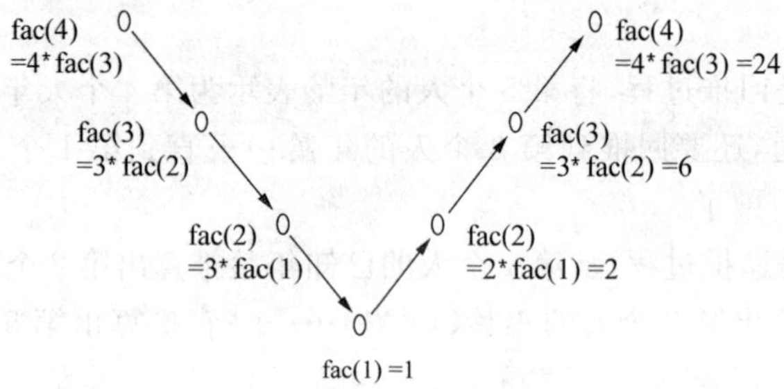

图 6-6　计算 4! 递归程序的执行过程

【例 6-11】 用递归法输出 fibonacci 数列的前 12 项,并计算前 12 项的和。

分析：fibonacci 数列的前两项都为 1,从第 3 项开始,每一项都是前两项的和。可以由下面的公式表示：

$$\text{fib}(n)=\begin{cases}1; & \text{当 } n=1,2 \text{ 时}\\ \text{fib}(n-1)+\text{fib}(n-2); & \text{当 } n>2 \text{ 时}\end{cases}$$

其中,n 表示第几项,当 n 的值大于 2 时,每一项的计算方法都一样,递归的终止条件是当 $n=1$ 或 $n=2$ 时。

```
#include <stdio.h>
int fib(int n)                  /*求 fibonacci 数列中第 n 项的值*/
{
    int f;
    if(n==1||n==2)              /*fibonacci 数列中前两项均为 1,终止递归语句*/
        f=1;
    else
        f=fib(n-1)+fib(n-2);    /*从第 3 项开始,下一项是前两项的和*/
    return (f);
}

void main()
{
    int n,i,s=0;
    long y;
    printf("input n:");
    scanf("%d",&n);
    printf("n=%d\n",n);
    for(i=1;i<=n;i++)           /*循环输出 fibonacci 数列的前 n 项*/
    {
```

```
        y=fib(i);
        printf("%d    ",y);
    }
    printf("\n");
    for(i=1;i<=n;i++)              /*统计 fibonacci 数列的前 n 项的和*/
        s=s+fib(i);
    printf("s=%d\n",s);
}
```

运行结果为：

```
input n:12<Enter>
1    1    2    3    5    8    13    21    34    55    89    144
s=376
```

6.5 数组作为函数参数

同变量一样，数组元素也可以作函数实参，其用法与变量相同。

6.5.1 数组元素作函数实参

由于实参可以是表达式，而数组元素可以是表达式的组成部分，因此数组元素也可以作为函数的实参，与用变量作实参一样，是单向传递，即“值传递”方式。

【例 6-12】 有两个数组 a 和 b，各有 10 个元素，将它们对应地逐个比较(即 a[0]与 b[0]比较，a[1]与 b[1]比较……)，并输出结果。

```
#include <stdio.h>
void main()
{
    int fun(int x,int y);                  /*对 fun 函数的声明*/
    int a[10]={2,4,6,9,5,0,5,6,3,1};       /*初始化 a 数组*/
    int b[10]={1,2,3,4,5,6,7,8,9,0};       /*初始化 b 数组*/
    int i,m=0,n=0,k=0;
    printf("Array a: ");
    for(i=0;i<10;i++)
    printf("%d    ",a[i]);
    printf("\nArray b: ");
    for(i=0;i<10;i++)
        printf("%d    ",b[i]);
    printf("\n");
    for(i=0;i<10;i++)
    {
        if(fun(a[i],b[i])==1)              /*如果 a 数组元素大于 b 数组元素*/
            m++;                           /*使 m 加 1*/
```

```
        else
            if (fun(a[i],b[i])==0)          /*如果a数组元素等于b数组元素*/
            n++;                            /*使n加1*/
        else                                /*如果a数组元素小于b数组元素*/
            k++;                            /*使k加1*/
    }
    printf("a[i]>b[i] %d times.\n",m);  /*输出m的值*/
    printf("a[i]=b[i] %d times.\n",n);  /*输出n的值*/
    printf("a[i]<b[i] %d times.\n",k);  /*输出k的值*/
}
fun(int x,int y)                            /*fun函数*/
{
    int z;
    if (x>y) z=1;                           /*a数组元素大于b数组元素,使z=1*/
    else if(x<y) z=-1;                      /*a数组元素小于b数组元素,使z=-1*/
    else z=0;                               /*a数组元素等于b数组元素,使z=0*/
    return (z);                             /*将1,-1或0返回主函数*/
}
```

运行结果为:

```
Array a:    2    4    6    9    5    7    3    8    0    1
Array b:    1    2    3    4    5    6    7    8    9    0
a[i]>b[i] 6 times.
a[i]=b[i] 2 times.
a[i]<b[i] 2 times.
```

说明:定义数组a、b并初始化。将数组a、b的元素作为函数的实参逐个进行比较。用变量m、n、k分别累计a数组元素大于、等于和小于b数组元素的次数。

6.5.2 数组名作函数参数

数组名也可以作为实参传送,但并不是意味着将该数组中全部元素传递给所对应的形参,由于数组名代表数组的首地址,因此只是将数组的首元素的地址传递给所对应的形参,因此形参应当是数组名或指针变量(见第7章)。

【例6-13】 给数组输入100以内的10个正整数,调用函数输出该数组中的数据。

```
#include <stdio.h>
void main()
{
    void arrout(int a[10]);                 /*函数声明*/
    int s[10],i;
    printf("请输入100以内的十个正整数:");
    for(i=0;i<10;i++)
        scanf("%d",&s[i]);
    arrout(s);
```

```
}
void arrout(int a[10])
{
    int i;
    for(i=0;i<10;i++)
        printf(((i+1)%5==0)?"%4d\n":"%4d",a[i]);
}
```

运行结果为：

```
请输入 100 以内的十个正整数：18 22 56 68 86 99 19 11 88 66 <Enter>
18 22 56 68 86
99 19 11 88 66
```

说明：

(1) 用数组名作为函数参数，s 是实参数组名，a 是形参数组名，分别在其所在函数中定义，实参数组与形参数组类型应一致。

(2) 形参数组可以不指定大小，在定义数组时可以在数组名后面跟一个空的方括号。

6.5.3 二维数组名作函数参数

二维数组元素可以作函数参数，这点与用一维数组元素作函数参数的情况类似。

二维数组名作为函数的实参和形参，在被调用函数中对形参数组定义时可以指定每一维的大小，也可以省略第一维的大小说明。例如：

```
int array [3][10];
```

或

```
int array [ ][10];
```

二者都正确而且等价。但是不能把第二维的大小说明省略。如下面的定义是错误的：

```
int array [][];
```

二维数组是由若干个一维数组组成的，在内存中，数组是按行存放的，因此，在定义二维数组时，必须指定列数（即一行中包含几个元素），由于形参数组与实参数组类型相同，所以它们是由具有相同长度的一维数组所组成的。不能只指定第一维（行数）而省略第二维（列数），下面的写法是错误的：

```
int array [2][];
```

在第二维大小相同的前提下，形参数组的第一维可以与实参数组不同，例如，实参数组定义为：

```
int array [4][10];
```

而形参数组定义可以为：

```
int array [3][10];
```

这时形参数组和实参数组都是由相同类型和大小的一维数组组成的。C语言编译系统不检查第一维的大小。

【例 6-14】 有一个 3×3 的二维数组,设计一个函数,求二维数组中所有元素中的最大值。

```
#include <stdio.h>
void main()
{
    int max_value(int b[][3]);                  /* 声明 max_value 函数 */
    int a[3][3]={{1,2,3},{4,5,6},{7,8,9}};  /* 初始化数组 */
    printf("max value is %d.\n",max_value(a));  /* 数组名 a 作为函数的实参 */
}
int max_value(int b[][3])                       /* 用数组名定义 b 是函数的形参 */
{
    int i,j,max;
    max=b[0][0];
                                                /* 把二维数组第一个元素的赋值给变量 max */
    for(i=0;i<3;i++)
        for(j=0;j<3;j++)
          if (b[i][j]>max) max=b[i][j];     /* 将二维数组中各个元素的值与 max 相比较 */
    return(max);                                /* 返回最大值给主调函数 */
}
```

运行结果为:

```
max value is 9.
```

6.6 变量的作用域和存储类别

在C语言中,决定变量的性质主要依靠三个因素:

第一是变量的数据类型,如 int、char、float 和 double 等数据类型。

第二是变量的作用域,是指一个变量能够起作用的程序范围。在C语言中,变量的作用域由变量的定义位置来决定。

第三是变量的存储类型,即变量在内存中的存储方法,不同的存储方法将影响变量值的存在时间(即生存期)。

6.6.1 变量的作用域

如果一个C程序只包含一个 main()函数,数据的作用范围比较简单,在函数中定义的数据在本函数中显然是有效的。但是,若一个程序包含多个函数,就会产生一个问题,在A函数中定义的变量在B函数中能否使用?这就是变量的作用域问题。

变量的作用域(也称可见性)是指变量起作用的程序范围。从作用域的角度看,C语言中的变量分为局部变量和全局变量。

1. 局部变量

在一个函数内部定义的变量只在本函数范围内有效,称为局部变量,也称内部变量,也就是说只有在本函数内才能使用它们,在此函数以外是不能使用这些变量的。函数的形参属于局部变量。例如:

```
#include <stdio.h>
void int fun1(int a,int b)              /*函数fun1()*/
{
    int c,d;                            /*变量a,b,c,d只在fun1()函数内有效*/
    …
}
void main()                             /*main函数*/
{
    int x,y;                            /*变量x,y只在main()函数内有效*/
    …
}
```

说明:

(1) 在函数fun1()内部定义了4个变量,a、b为形参,c、d为一般的变量。在fun1()的范围中,a、b、c、d都有效,或者说a、b、c、d 4个变量在函数fun1()内是可见的。

(2) 同理,x、y的作用域仅限于main()函数内,并不会因为在主函数中定义,而在整个文件或程序中有效。因为主函数也是一个函数,它与其他函数是平行的关系。

(3) 不同的函数中可以使用相同的变量名,它们代表不同的变量,之间互不干扰。

(4) 在一个函数内部,还可以在复合语句中定义变量,这些变量只在本复合语句中有效。

(5) 如果局部变量的有效范围有重叠,则有效范围小的优先。

2. 全局变量

在函数外部定义的变量称作全局变量,也称外部变量。全局变量的作用域是从定义变量的位置开始,到整个文件结束停止。

若全局变量和某个函数中的局部变量同名,则在该函数中,这个全局变量被屏蔽。在该函数内,访问的是局部变量,与同名的全局变量不发生任何关系。

通过return语句只能返回一个函数值,同时由于非数组作函数参数时采用值传递方式,这样,要想在函数之间传递大量的数据,一般来讲就只能利用全局变量或数组参数。例如:

```
int a=2,b=5;          /* 定义 a、b 为全局变量 */
int fun1()            /* 定义函数 fun1() */
{
    …
}
double c,d;           /* 定义 c、d 为全局变量 */
void fun2()           /* 定义函数 fun2() */
{
    …
}
void main()
{
    …
}
```

c、d 的作用域（从 double c,d; 到 main() 结束）

a、b 的作用域（从 int a=2,b=5; 到 main() 结束）

说明：其中，a、b、c、d 都是全局变量，但它们的作用范围不同。在 main()函数、函数 fun1()和函数 fun2()中，可以使用全局变量 a、b、c、d，但在函数 fun1()中只能使用全局变量 a、b，而不能使用全局变量 c、d。

6.6.2 变量的存储类别

变量还有一个重要的属性：变量的生存期，即变量值存在的时间。有的变量在程序运行的整个过程都是存在的，而有的变量则是在调用其所在的函数时才临时分配存储单元，而在函数调用结束后就马上释放，变量不存在了。也就是说，变量的存储有两种不同的方式：静态存储方式和动态存储方式。

静态存储方式是指在程序运行期间由系统分配固定的存储空间的方式。

动态存储方式是指在程序运行期间根据需要从而动态地分配存储空间的方式。

C 语言程序占用的存储空间通常分为三部分：①程序区；②静态存储区；③动态存储区。

其中，程序区中存放的是可执行的程序的机器指令；静态存储区中存放的是需要占用固定存储单元的变量；动态存储区中存放的是不需要占用固定存储单元的变量。

在 C 语言中有 4 种变量存储类别：

auto(自动变量)、static(静态变量)、register(寄存器变量)、extern(外部变量)。

6.6.3 局部变量的存储类别

1. 自动变量(auto)

函数中的局部变量，如果不专门声明为静态存储类别，都是动态地分配存储空间，数据存储在动态存储区中。函数中的形参和在函数中定义的变量(包括在复合语句中定义的变量)，都属于此类。在调用该函数时，系统会给这些变量分配存储空间，在函数调用结束时就自动释放这些存储空间。因此这类局部变量被称为自动变量。自动变量用关键字 auto 作为存储类别的声明。声明的格式为：

```
auto 数据类型 变量名;
```

关键字 auto 加在变量名及其类型前面，用来说明它是自动变量。例如：

```
auto double a;
```

关键字 auto 可以省略，auto 不写则隐含确定为自动存储类别。例如，在函数体中：

```
int a=3;
```

与

```
auto int a=3;
```

二者等价。

自动变量的作用范围局限于定义它的函数。所以，自动变量是随函数的引用而存在和消失的，从上次调用到下次调用之间不保留值（即释放存储单元），必须在每次进入时用赋值表达式进行赋值，否则其值是杂乱无章的。

【例 6-15】 编写程序打印 x 加 y 的值，x 和 y 是自动变量，当没有显式赋值时，其值是随机的或编译无法通过。

```
#include <stdio.h>
void main()
{
    int x,y;
    printf("%d\n",x+y);
}
```

运行结果为：

```
-1717986920
```

这种值是没有意义的。

在 C 语言中函数是分程序结构。一个分程序形式上像一个复合语句，但在左花括号后面可以有变量说明。例如：

```
…
if(a>b)
{
    int i;
    for(i=0;i<10;i++)
    …
}
…
```

在条件测试之后的语句部分是一个分程序，内部重新说明了一个新的变量 i，i 是一个整型变量。这个 i 也是自动变量，它的作用范围是这个分程序。如果在该分程序外面又对 i 做了说明，那么，它们表示两个不同的自动变量，其值和活动范围都不一样。

【例 6-16】 分析下面程序的运行结果。

```
#include <stdio.h>
void main()
{
    int i=1;
    printf("i=%d,",i);
     {
        int i=2;
        printf("i=%d,",i);
        {
           printf("i=%d,",i);
        }
     }
    printf("i=%d",i);
}
```

运行结果为:

```
i=1,i=2,i=2,i=1
```

说明:

(1) 进入 main()的函数体时,处于第一层分程序内,对 i 的说明表示它是自动变量,i(第一层分程序中的变量 i)的作用域是函数 main(),它的生存期是 main()执行的持续时间,所以第一个打印语句输出的是 i 的当前值为 i=1。

(2) 遇到下一个左花括号,表示进入第二层分程序内。对 i 又作说明,表示第二层分程序中的变量 i 是新的自动变量,它的作用域是第二层分程序,与第一层 i 是不同的。所以第二个打印语句打印出 i 的值为 i=2。由此可以看出,当两个变量具有相同的名字时,按名存取总是访问当前最内层的那个变量,而外层分程序的变量不能直接访问。

(3) 下面进入第三层分程序,其中对变量 i 未加说明而直接引用,此时的 i 就是第二层的 i,而不是新变量。因此第三个打印语句打印出值为 i=2。

(4) 遇到第一个右括号,表示从第三层分程序退回到第二层分程序,又遇到一个右花括号,退回到第一层分程序,此时要打印的值是第一层 i 的值,所以输出值为 i=1。

2. 静态局部变量(static 变量)

如果希望在函数调用结束后仍然保留函数中定义的局部变量的值,则可以将该局部变量定义为静态变量或静态局部变量。用关键字 static 进行声明。声明的格式为:

```
static 数据类型 变量名;
```

在变量名及其类型之前加上关键字 static,该变量的存储类型就是静态的。例如:

```
static float m;
```

静态变量分为内部静态变量和外部静态变量,在函数内部说明的静态变量是内部的,在函数之外说明的静态变量是外部的。例如：

```
func()
{
    static int a;
    float d=1.0;
    …
}
```

这表明，a 是内部静态变量，类型是 int。按照缺省规则，浮点型变量 d 是自动变量。

内部静态变量与自动变量有相似之处，一是在说明时总是放在函数或者分程序的开头；二是它们的作用域相同，即都是局限于说明它们的函数(或分程序)。除了函数的形参之外，任何分程序内的变量都可以定义为内部静态变量。但是在它们二者之间有一个重要区别：自动变量是临时性的，函数执行时随之存在，函数终止后自行消失，而内部静态变量是永久性的，当包含它们的函数执行完后，控制返回到调用函数时，它的值被保留下来。如果该程序返回来再次运行同一个函数，就会发现，这些内部静态变量的值与上次的终结值相同。因此，可以用内部静态变量作为某一件事件出现次数的计数器、为数组的连续元素赋值等。

【例 6-17】 运行下面程序与例 6-18 比较。

```
#include <stdio.h>
void increment()
{
    int x=0;
    ++x;
    printf("%d\n",x);
}
void main()
{
    increment();
    increment();
    increment();
}
```

运行结果为：

```
1
1
1
```

【例 6-18】 运行下面程序与例 6-17 比较。

```
#include <stdio.h>
void increment()
{
    static int x=0;
```

```
    ++x;
    printf("%d\n",x);
}
void main()
{
    increment();
    increment();
    increment();
}
```

运行结果为：

```
1
2
3
```

例 6-17 和例 6-18 两个程序都调用 increment()函数 3 次。increment()函数说明了变量 x,并把它初始化为 0,之后把 x 的值加 1。

在例 6-17 中,x 是自动变量,每次调用 increment()函数时都把它重新初始化为 0;当函数终止时它就消失,它的新值 1 也就丢失了。结果是：不管调用 increment()函数多少次,x 的值始终为 1。

在例 6-18 中,x 是静态变量。把它初始化成 0 的工作只做一次。再次调用函数时不再对它做初始化。在第一次调用 increment()函数期间,x 值增加到 1。这个值保留下来,下次调用 increment()函数 t 时,x 的值加 1,变成 2,依此类推。

把自动变量 x 初始化为 1,可写成如下形式：

```
{
    int x;
    x=1;
    …
}
```

这种形式对内部静态变量是不可行的。下面这行语句：

```
static int x=1;
```

语句中的初值 1 赋给内部静态变量 x,这是在编译期间完成的。另外,下面这行语句：

```
auto int x=1;
```

语句中的初值 1 赋给自动变量 x,却是在编译后目标程序运行时实现的。这一点也是自动变量与内部静态变量的一大区别。

注意,如果没有显式地对内部静态变量初始化,那么,编译程序就把它的值置为 0,即如果它是 int 型变量,它的默认初值就是 0;如果是 char 型,其值为'\0';如果是 float 型,其值为 0.0。这样,例 6-18 中 increment()函数中说明变量 x 就可以写得更简单些,例如：

```
static int x;
```

外部静态变量是在函数之外说明。例如：

```
static int a;
static float b;
fun1()
{
    …
    }
    fun2()
    {
    …
}
```

外部静态变量的作用域只限于定义它的那个文件。如果整个文件由“1.c”“2.c”和“3.c”三个文件组成，而且在“2.c”中对 x 做了说明，其中还包含两个函数 fun2()和 fuc3()，形式如下：

```
static int x;
…
func2(){…}
func3(){…}
```

那么，上述的变量 x 只对“2.c”中的那些函数有效，即 func2()和 func3()可以使用它，而其他文件中的各个函数都无法对它进行访问，也就是它对其他任何文件都是不可见的。即使在另外文件中也对 x 作了同样说明：“static int x;”，但这两个变量仅是名字相同，实为不同变量，分配不同的存储单元。

一般说来函数都是外部的，但也可以被说明为外部静态的，只要在函数名及类型前面加上关键字 static 即可。这样该函数只在定义它的源文件内可用，在源文件之外不可见。这种特性允许程序员在一个文件中建立一个函数，仅供内部使用；在另外的文件中即使使用同样的名字建立函数，也不会造成冲突。

外部静态变量的值也具有永久性，不管程序由多少个文件组成，只要该程序还在执行，该值就继续保留下来。

3. 寄存器变量(register 变量)

C 语言中的寄存器变量通常在对执行速度要求很高的情况下使用。其思想是告诉编译程序把变量保存在一个 CPU 寄存器中。因为数据在寄存器中操作比在内存中操作快，这样就提高了程序代码的执行速度。很显然，寄存器变量应用于那些使用频繁的变量(如循环计数器等)。用关键字 register 作声明，声明的格式为：

```
register 数据类型 变量名;
```

在变量名及其类型之前加上关键字 register，该变量的存储类型就是寄存器变量。

例如：

```
register int b;
```

【例 6-19】 寄存器变量的使用。

```
#include <stdio.h>
void main()
{
    register int x=1;
    {
     register int x=2;
     {
        register int x=3;
        printf("i=%d,\n",x);
     }
     printf("i=%d,\n",x);
    }
    printf("i=%d\n",x);
}
```

运行结果为：

```
i=3,i=2,i=1
```

注意：能否把一个说明为寄存器类型的变量真正保存在CPU寄存器中，是编译程序根据具体情况具体处理的，分配寄存器的条件是：有空闲的寄存器并且变量所表示的数据长度不超过机器寄存器的长度，否则，编译程序将把寄存器变量当作自动变量处理，把它们保存在内存的单元中。

寄存器变量作用域局限在相应的函数内部，生命期是相应函数被调用的时期。另外还应注意，取地址运算符 & 不能作用于寄存器变量。

由上可知，3 种局部变量的存储位置是不同的：自动变量存储在动态存储区；静态局部变量存储在静态存储区；寄存器变量存储在 CPU 中的寄存器中。

6.6.4 全局变量的存储类别

全局变量是在函数的外部定义的，编译时存放在静态存储区中。它在程序的整个运行过程中都占用存储单元，生存期为整个程序的运行过程。

全局变量的声明有两种：外部变量和静态外部变量，分别用关键字 extern 和 static 来声明。全局变量的存储类别可对其作用域进行扩展或限制。

1. 用 extern 声明外部变量

任何在函数之外定义的变量都称作外部变量，也叫全局变量，外部变量存储类型既可以描述一般变量，又可以用来描述函数。它的作用域是从变量的定义处开始，到本程序文件的末尾。在此作用域内，外部变量可以被程序中各个函数所引用。

(1) 在一个文件内声明外部变量。

如果外部变量不在文件的开头定义，其有效的作用范围只限于定义处到文件结束。在定义点之前的函数不能引用该外部变量。如果由于某种考虑，在定义点之前的函数需要引用该外部变量，则在引用之前用关键字 extern 对该变量作外部变量声明，表示把该外部变量的作用域扩展到此位置。声明的格式为：

```
extern 数据类型 变量名;
```

有了此声明，就可以从声明处起，合法地使用该外部变量。

【例 6-20】 用 extern 声明外部变量，扩展外部文件在程序中的作用域。

```
#include <stdio.h>
void main()
{
    int max(int,int);
    extern int a,b;                          /* 外部变量声明 */
    printf("Max is %d\n",max(a,b));
}
int a=5,b=8;                                 /* 定义外部变量 */
int max(int x,int y)                         /* 定义函数 */
{
    int z;
    z=x>y?x:y;
    return(z);
}
```

运行结果为：

```
Max is 8
```

说明：

① 定义外部变量 a 和 b 的位置在函数 main()之后，因此在 main()函数中不能引用外部变量 a 和 b。在 main()函数中用“extern int a,b;”语句，对 a 和 b 进行外部变量声明，把 a 和 b 的作用域扩展到此处位置。这样在 main()函数中就可以合法地使用全局变量 a 和 b 了。

② 一般做法是外部变量的定义放在引用它的所有函数之前，这样可以避免在函数中多加一个 extern 声明。

③ 用 extern 声明外部变量时，类型名可以写也可以省略。例如，“extern int a,b;”也可以写成“extern a,b;”。

(2) 在多个文件内声明外部变量。

C 程序可分开放在几个文件中，这样，对外部变量的定义和使用它们的函数就可能出现在不同文件中。在组成程序的所有文件中，一个外部变量一定有且只能有一个定义，在一个文件中对它作了定义以后，在构成该程序的其他文件中使用它时，必须用关键字 extern 对它加以声明。例如，某个程序由两个文件组成：file1. c 和 file2. c。在 file2. c 中

定义了外部变量 x,在 file1. c 中的 main()函数需要使用它,那么程序代码的形式如下:

```
/*file1.c*/
void main()
{
    extern int x;
    …
}
fun1()
{
    int x;
    …
}

/*file2.c*/
int x;
fun2()
{
    …
    x++;
    …
}
```

说明:main 函数中的“extern int x;”语句告诉编译程序,x 是外部变量,应在函数之外(或所在文件之外)去寻找它的定义。所以 main()函数中使用的 x 与 file2. c 中的 x 虽然在不同的文件上,但是为同一变量。而函数 fun1 中的 x 没有加上 extern 的说明,所以它是自动变量,局限于函数 fun1()内部,它是与程序中其他地方出现的 x 完全不同的变量,在函数 fun1()中不管 x 的值怎样变化,对外部的 x 都没有影响。

如果另有 file3. c 中的几个函数要共用 file2. c 中的外部变量 x,那么,可把 x 的外部变量声明放在文件开头,使用它的函数内部就不用另加说明了。例如:

```
/*file3.c*/
extern int x;
void main()
{
    …
    x++;
    …
}
func1()
{
    …
    printf("%d\n",x);
    …
}
```

注意：全局变量的定义和声明不是同一回事，全局变量的定义只能一次，它的位置在所有函数之外，而全局变量的声明可以有多次，它的位置可在要引用它的函数之内，也可在函数之外。定义变量时要分配存储空间，而声明变量只是声明该变量是一个在外部定义过的变量。

2. 用 static 声明外部变量

有时在程序设计中希望某些外部变量只限于被本文件引用，而不能被其他文件引用。这时可以在定义外部变量时加一个 static 声明。例如：

```
/* file4.c */
static int a;
void main()
{
    ...

    ...
}

/* file5.c */
extern a;
void fun(int n)
{
    ...
    a=a*n;
    ...
}
```

说明：

(1) 在 file4. c 中定义了一个全局变量 a，但它用 static 声明，因此只能用于本文件，虽然在 file5. c 文件中用了"extern a;"语句，但 file5. c 文件中无法使用 file4. c 文件中的全局变量 a。

(2) 这种加上 static 声明、只能用于本文件的外部变量称为静态外部变量。

(3) 在程序设计中，常由若干人分别完成各个模块，各人可以独立地在其设计的文件中使用相同的外部变量名而互不干预。只需在每个文件中的外部变量前加上 static 即可。这就为程序的模块化、通用性提供了方便。

6.7 函数的作用域和存储类别

函数的作用域是全局的，因为一个函数总要被另一个函数调用，但是，也可以指定函数不能被其他文件调用。

函数的存储类别有静态和外部两种。根据函数能否被其他源文件调用，将函数区分为内部函数(静态函数)和外部函数。

1. 内部函数

如果一个函数只能被本文件中的其他函数调用,称为内部函数。在定义内部函数时,在函数名和函数类型的前面加关键字 static,因此,内部函数又称静态函数,例如:

```
static int fun(int a,int b)
{
    …
}
```

使用内部函数,可以使函数的作用域局限于所在文件,在不同的文件中可以有同名的内部函数,互不干扰,也就是使它对外界"屏蔽"了。这样不同的人可以分别编写不同的函数,而不必担心所用函数是否会与其他文件中函数同名,通常把只能由同一文件使用的函数和外部变量放在一个文件中,在它们前面都冠以 static 使之局部化,其他文件不能引用。

2. 外部函数

在定义函数时,不指出 static,函数就可以被本文件和其他文件中的函数调用。为明确起见,可以在函数定义和声明时,加关键字 extern,表示此函数是外部函数。例如:

```
/*file6.c*/
extern int fun(int a,int b)              /*定义外部函数*/
{
    …
}
/*file7.c*/
{
    extern int fun(int a,int b);         /*函数声明*/
    …
    fun();                               /*函数调用*/
    …
}
```

说明:

(1) 在 file6. c 文件中,加关键字 extern,定义函数 fun()为外部函数。

(2) 在 file7. c 文件中加关键字 extern 对 fun()函数作声明。表示 fun()函数是定义过的外部函数。这样,函数 fun()就可以被其他文件的函数调用。

(3) C 语言规定,如果在定义函数时省略 extern 隐含为外部函数。

6.8 程序案例

【例 6-21】 输入 10 个学生 5 门课程的成绩,分别用函数实现下列功能:

① 计算每个学生的平均分;

② 计算每门课程的平均分；

③ 找出所有分数中第一个最高的分数所对应的学生号和课程号。

```
#include<stdio.h>
#define N 10                            /* 学生人数 10 人 */
#define M 5                             /* 5 门课程 */
float score[N][M];                      /* 全局数组 */
float a_stu[N],a_cour[M];               /* 全局数组 */
int r,c;                                /* 全局变量 */
void main()
{
    int i,j;
    float h;
    float highest();                    /* 函数声明 */
    void    input_stu(void);            /* 函数声明 */
    void    aver_stu(void);             /* 函数声明 */
    void    aver_cour(void);            /* 函数声明 */
    input_stu();                        /* 函数调用,输入 10 个学生成绩 */
    aver_stu();                         /* 函数调用,计算 10 个学生平均成绩 */
    aver_cour();                        /* 函数调用,计算 5 门课程平均成绩 */
    printf("\n                      《学生成绩统计表》\n");
    printf("-------------------------------------------------\n");
    printf("    学 号    数 学    语 文    英 语    物 理    化 学    平均分\n");
    printf("-------------------------------------------------\n");
    for(i=0;i<N;i++)
    {
        printf("%8d",i+1);              /* 输出 1 个学生学号 */
        for(j=0;j<M;j++)
        printf("%8.2f",score[i][j]);    /* 输出 1 个学生各门课的成绩 */
        printf("%8.2f\n",a_stu[i]);     /* 输出 1 个学生的平均成绩 */
    printf("-------------------------------------------------\n");
    }
    printf("平均分: ");
    for(j=0;j<M;j++)                    /* 输出 5 门课的平均成绩 */
        printf("%8.2f",a_cour[j]);
    printf("\n-------------------------------------------------\n");
    h=highest();                    /* 调用函数,求最高分和它属于哪个学生、哪门课 */
    printf("最高分: %8.2f 学号:%2d 课程号:%2d\n",h,r,c);
}
void input_stu(void)                    /* 输入 10 个学生成绩的函数 */
{
int i,j;
    for(i=0;i<N;i++)
    {
```

```
        printf("\n请输入%2d号学生五门课程的成绩:",i+1);          /*学号从1号开始*/
        for(j=0;j<M;j++)
            scanf("%f",&score[i][j]);
    }
}
void aver_stu(void)                                  /*计算10个学生平均成绩的函数*/
{
    int i,j;
    float s;
    for(i=0;i<N;i++)
    {
        for(j=0,s=0;j<M;j++)
            s+=score[i][j];
        a_stu[i]=s/5.0f;
    }
}
void aver_cour(void)                                 /*计算5门课程平均成绩的函数*/
{
    int i,j;
    float s;
    for(j=0;j<M;j++)
    {
        s=0;
        for(i=0;i<N;i++)
            s+=score[i][j];
        a_cour[j]=s/(float)N;
    }
}
float highest()                                      /*求最高分和它属于哪个学生、哪门课的函数*/
{
    float high;
    int i,j;
    high=score[0][0];
    for(i=0;i<N;i++)
        for(j=0;j<M;j++)
        if(score[i][j]>high)
        {
            high=score[i][j];
            r=i+1;          /*数组行号i从0开始,学号r从1开始,故r=i+1*/
            c=j+1;          /*数组列号j从0开始,课程号c从1开始,故c=j+1*/
        }
    return(high);
}
```

运行结果为:

```
请输入 1号学生五门课程的成绩:90 78 98 79 67 <Enter>
请输入 2号学生五门课程的成绩:78 89 90 98 77 <Enter>
请输入 3号学生五门课程的成绩:77 88 90 85 74 <Enter>
请输入 4号学生五门课程的成绩:76 82 67 56 78 <Enter>
请输入 5号学生五门课程的成绩:67 65 78 74 71 <Enter>
请输入 6号学生五门课程的成绩:92 82 81 72 75 <Enter>
请输入 7号学生五门课程的成绩:78 77 76 75 59 <Enter>
请输入 8号学生五门课程的成绩:87 67 56 68 85 <Enter>
请输入 9号学生五门课程的成绩:88 66 55 78 81 <Enter>
请输入10号学生五门课程的成绩:90 89 87 79 88 <Enter>
```

《学生成绩统计表》

学号	数学	语文	英语	物理	化学	平均分
1	90.00	78.00	98.00	79.00	67.00	82.40
2	78.00	89.00	90.00	98.00	77.00	86.40
3	77.00	88.00	90.00	85.00	74.00	82.80
4	76.00	82.00	67.00	56.00	78.00	71.80
5	67.00	65.00	78.00	74.00	71.00	71.00
6	92.00	82.00	81.00	72.00	75.00	80.40
7	78.00	77.00	76.00	75.00	59.00	73.00
8	87.00	67.00	56.00	68.00	85.00	72.60
9	88.00	66.00	55.00	78.00	81.00	73.60
10	90.00	89.00	87.00	79.00	88.00	86.60
平均分:	82.30	78.30	77.80	76.40	75.50	

最高分: 98.00 学号: 1 课程号: 3

6.9 本章小结

本章在介绍函数定义和调用的基础上,着重介绍函数间传递数据的各种方法。函数是C语言中比较重要的环节,务必要理解有关的运用。对函数的正确调用是本章的重点,在定义和调用函数时,要注意如何把函数要调用的数据带入被调函数,如何把被调函数处理后的结果带回主调函数,读者一定要在学习中理解,现将本章的知识点归纳如下。

1. C程序的模块化设计

模块化程序设计是将一个大程序自顶向下进行功能分解,分成若干个子模块,每个子模块对应了一个功能,有自己的界面,有相关的操作,完成独立的程序。

2. 函数的定义

(1) 无参函数的定义。
(2) 有参函数的定义。

3. 函数的参数与返回值

(1) 函数的形式参数和实际参数。
(2) 返回语句“return(表达式);”或“return 表达式;”。

4. 函数的调用

(1) 函数语句方式。
(2) 函数表达式方式。
(3) 函数参数方式。
函数声明的一般格式为:

```
被调函数类型 被调函数名(形参表);
```

5. 函数的嵌套调用

C语言允许进行嵌套调用,也就是说,在调用一个函数的过程中可以调用另外一个函数。

6. 函数的递归调用

函数的递归调用分为直接递归和间接递归调用两种。

7. 数组作为函数参数

(1) 数组元素作函数实参。
(2) 数组名作函数参数。
(3) 二维数组名作函数参数。

8. 变量的作用域和存储类别

变量的作用域(也称可见性)是指变量起作用的程序范围。从作用域的角度看,C语言中的变量分为局部变量和全局变量。

局部变量的作用域是定义该变量的函数或复合语句,在其他范围内无效。

全局变量的作用域是从定义变量的位置开始,到整个文件结束停止。

(1) 局部变量的存储类别包括自动变量(auto)、静态局部变量(static 局部变量)和寄存器变量(register 变量)。

(2) 全局变量的存储类别包括用 extern 声明外部变量、用 static 声明外部变量。

9. 函数的作用域和存储类别

函数的作用域是全局的,因为一个函数总要被另一个函数调用,但是,也可以指定函数不能被其他文件调用。

函数的存储类别有静态和外部两种。根据函数能否被其他源文件调用,将函数区分为内部函数和外部函数。

6.10 习 题

一、填空题

1. C语言规定，可执行程序的开始执行点是________。

2. 在C语言中的变量，按作用域范围不同可分为________变量和________变量。

3. 若自定义函数要求返回一个值，则在该函数体中应有一条________语句；若自定义函数要求不返回值，则应在该函数说明时加一个类型说明符________。

4. 若有以下函数定义，则该函数的类型是________。

```
add(double a,double b)
{
    double s;
    s=a+b;
    return s;
}
```

5. 以下程序的运行结果是________。

```
#include <stdio.h>
fun623(int a, int b)
{
    return a*b;
}
void main()
{
    int x=3,y=4,z=5,r;
    r=fun623((x--,y++,x+y),z--);
    printf("%d\n",r);
}
```

6. 以下程序的运行结果是________。

```
#include <stdio.h>
unsigned fun624(unsigned num)
{
    unsigned int k=1;
    do
    {
        k*=num%10;
        num/=10;
    }while(num);
return k;
}
```

```
void main()
{
    unsigned int n=26;
    printf("%d\n",fun624(n));
}
```

7. 以下程序的运行结果是________。

```
#include <stdio.h>
double fun625(double x,double y,double z)
{
    y-=1.0;
    z=z+x;
    return z;
}
void main()
{
    double a=2.5,b=9.0;
    printf("%f\n",fun625(b-a,a,a));
}
```

8. 以下程序的运行结果是________。

```
#include <stdio.h>
int fun626(int a,int b)
{
    a+=b;
    b=a-b;
    return a+b;
}
void main()
{
    int x=1,y=3,z=0;z=fun626(x,y);
    printf("%d,%d,%d\n",x,y,z);
}
```

9. 以下程序的运行结果是________。

```
#include <stdio.h>
int a=3,b=5;
fun627(int a,int b)
{
    return a>b?a:b;
}
void main()
{
    int a=8;
```

```
    printf("%d\n",fun627(a,b));
}
```

10. 下面程序的功能是用函数递归调用求 1!+2!+3!+4!+5!+6!+7!+8!+9!+10!,请填空。

```
#include <stdio.h>
int f(int n)
{
    int f;
    if(n==1) return(1);
    else    return(________);
}
void main()
{
    int i=1;
    int s;
    s=________;
    while(i<=10)
    {
        s+=________;
        i++;
    }
    printf("%d=%d\n",s);
}
```

11. 下面程序的功能是:第一个数是1,从第二个数起每个数都是它的前一项加5,求第n个数的值。请填空(n为1～10 000,从键盘输入,用递归的方法实现该算法)。

```
#include <stdio.h>
int add(int n)
{
    int m;
    if(n==1) m=1;
    else m=________+5;
    return(m);
}
void main()
{
    int m,n;
    scanf("%d",&n);
    m=________;
    printf("%ld\n",m);
}
```

12. 以下程序的运行结果是________。

```
#include <stdio.h>
void main()
{
    static x=567;
    extern y;
    printf("x=%d,  ",x);
    printf("y=%d\n",y);
}
int y=789;
```

13. 以下程序的运行结果是________。

```
#include <stdio.h>
int a=789;
void main()
{
    static b=123;
    int a=456;
    register int c=345;
    printf("a=%d,    ",a);
    printf("b=%d,    ",b);
    printf("c=%d\n",c);
}
```

14. 下列程序中执行 i=0 的结果是________,执行 i=1 的结果________。

```
#include <stdio.h>
int a=10;
f(int a)
{
    static b=2;
    return b+=a+b;
}
void main()
{
    int i;
    for(i=0;i<2;i++)
    printf("%d\n",f(a));
}
```

15. 以下程序的运行结果是________。

```
#include <stdio.h>
try()
{
    static int x=3;
    x++;
```

```
    return(x);
}
void main()
{
    int i,x;
    for(i=0;i<=2;i++)
     x=try();
    printf("x=%d\n",x);
}
```

16. 以下程序的运行结果是________。

```
#include <stdio.h>
int x=1;
void main()
{
    int func(x);
    printf("x=%d\n",x);
}
func(int x)
{
    x=3;
    return x;
}
```

17. 以下程序的运行结果是________。

```
#include <stdio.h>
void main()
{
    int x=10;
    int func(x);
    printf("x=%d\n",func(x));
}
func(int x)
{
    x=20;
    return x;
}
```

二、判断题

1. 在C语言中,一个函数一般由两个部分组成,它们是函数首和函数体。 ( )

2. 调用函数时,如果实参是简单变量,它与对应形参之间的数据传递方式是单向值传递。 ( )

3. C语言中函数返回值的类型是由return语句中的表达式类型决定的。 ( )

4. C语言的函数可以嵌套定义,也可以嵌套调用。 ( )

5. 在 main()函数中定义的变量称为全局变量。 ( )

6. 若在同一个源文件中,外部变量与局部变量同名,则在局部变量的作用范围内外部变量不起作用。 ( )

7. 静态局部变量在函数调用结束后就释放其存储单元。 ( )

8. 函数的实参和形参可以是相同的名字。 ( )

9. 凡在函数中未指定存储类别的局部变量,其默认的存储类别为 static。 ( )

10. 内部静态变量的作用域和寿命与自动变量的相同。 ( )

三、选择题

1. 在 C 语言中,程序的基本单位是( )。

A. 函数　　B. 文件　　C. 语句　　D. 程序段

2. C 语言程序由函数组成,以下正确的说法是( )。

A. 主函数必须在其他函数之前,函数内可以嵌套定义函数

B. 主函数可以在其他函数之后,函数内不可以嵌套定义函数

C. 主函数必须在其他函数之前,函数内不可以嵌套定义函数

D. 主函数必须在其他函数之后,函数内可以嵌套定义函数

3. 以下正确的说法是( )。

A. C 语言程序总是从第一个定义的函数开始执行

B. 在 C 语言程序中,要调用的函数必须在 main()函数中定义

C. C 语言程序总是从 main()函数开始执行

D. 在 C 语言程序中,main()函数必须放在程序的开始部分

4. 以下对 C 语言的描述中,正确的是( )。

A. 在 C 程序中调用函数时,只能将实参的值传递给形参,形参的值不能传递给实参

B. C 语言中的函数既可以嵌套定义,又可以递归定义

C. 函数必须有返回值,否则不能使用函数

D. C 语言程序中要调用的所有函数都必须放在同一个源程序文件中

5. C 语言中函数返回值的类型由( )决定。

A. return 语句的表达式类型　　B. 调用该函数的主调用函数类型

C. 调用函数时临时　　D. 定义函数时所指定的函数类型

6. 在调用函数时,如果实参是简单变量,它与对应形参之间的数据传递方式是( )。

A. 地址传递

B. 单向值传递

C. 由实参传给形参,再由形参传给实参

D. 传递方式由用户指定

7. C 语言中,若函数的类型未加显式说明,则函数的隐含类型为( )型。

A. void　　B. int　　C. char　　D. float

8. 在 C 语言中,关于函数说法正确的是( )。

A. 函数的定义可以嵌套,但函数的调用不可以嵌套

B. 函数的定义不可以嵌套,但函数的调用可以嵌套

C. 函数的定义和函数的调用均不可以嵌套

D. 函数的定义和函数的调用均可以嵌套

9. 被调函数调用结束后,返回到(　　)。

A. 主调函数中该被调函数调用语句处

B. 主调函数中该被调函数调用语句的前一语句

C. 主函数中该被调函数调用语句处

D. 主调函数中该被调函数调用语句的后一语句

10. 在C语言中,关于函数能否嵌套调用和递归调用,正确的说法是(　　)。

A. 二者均不可以　　B. 前者可以,后者不可以

C. 前者不可以,后者可以　　D. 二者均可以

11. 在C语言中,不能用于局部变量储存类型声明的说明符是(　　)。

A. auto　　B. register　　C. static　　D. extern

12. 以下叙述中错误的是(　　)。

A. 变量的作用域取决于变量定义语句出现的位置

B. 在同一程序中全局变量的作用域范围一定比局部变量大

C. 局部变量的作用域是从定义位置起到程序块的结束

D. 全局变量的作用域是从定义位置开始到整个源文件的结束

13. 在C语言中,静态变量储存类型的说明符是(　　)。

A. auto　　B. register　　C. static　　D. extern

14. 以下叙述中正确的是(　　)。

A. auto类型的变量和register类型的变量完全一样

B. static说明的变量具有全局的存在性和全局的可见性

C. extern用于定义外部变量

D. 说明为register类型的变量不能求地址

15. 以下只有在使用时才为该类型变量分配内存的存储类型是(　　)。

A. auto和static　　B. auto和register

C. register和static　　D. extern和register

16. 在C语言中,若有一个变量能在本程序中被所有函数使用,该变量的存储方式是(　　)。

A. auto　　B. register　　C. static　　D. extern

17. 一个源文件定义的全局变量的作用域是(　　)。

A. 本函数的全部范围　　B. 本程序的全部范围

C. 本文件的全部范围　　D. 从定义位置开始到本文件结束

18. 在C语言中,可以用来声明函数类型的是(　　)。

A. auto或static　　B. extern或auto

C. static或extern　　D. auto或register

19. 在C语言中,函数的隐含存储类别是(　　)。

A. auto　　B. register　　C. static　　D. extern

20. 如果局部变量和全局变量同名，以下叙述正确的是（　）。

A. 整个范围内局部变量都不起作用

B. 在局部变量的作用范围内，全局变量不起作用

C. 在整个程序范围内，全局变量都不起作用

D. 程序编译出错

四、编程题

1. 编写通过调用函数找出10、15、5、8中最小值的程序。

2. 编写计算求 m^n 的函数，然后在主函数中调用该函数计算 3^6 的程序。

3. 编写从指定字符串中删除给定字符的函数，然后调用它从字符串abcdef中删除字符c的程序。

4. 编写将矩阵A3×2、B2×3矩阵相加，结果存入C3×3矩阵中的程序。

5. 编写将A3×3矩阵进行转置的程序，实现将原来矩阵的行列互换。

6. 编写将两个字符串连接起来的程序，实现两个字符串的连接。

7. 编写程序，将一个字符串进行前后颠倒，在主函数中输入该字符串和显示转换后的字符串。例如，输入字符串为"abghj"，转换后应为"jhgba"。

8. 编写程序，求两个数的平均值。

9. 编写程序，判断9个数能否构成三角形。

10. 编写程序，输出九九乘法表。

11. 编写程序，求n个数的最大值、最小值。

12. 编写程序，求两个数的最大公约数及最小公倍数。

13. 编写程序，输入两个整数，判断两个数是不是素数。

14. 编写程序，给出年、月、日，计算该日是该年的第几天。

15. 编写程序，求出指定正整数范围内的全部素数。

16. 编写程序，输入一个十六进制数，输出相应的十进制数。

17. 用递归算法编写程序，计算0!+1!+2!+3!的值。

18. 编写判断1～100的整数是否是平方数的程序。

第 7 章

编译预处理

Chapter 7

在前面各章中，已多次使用过以＃开头的预处理命令。如包含命令＃include，宏定义命令＃define 等。这是 C 语言与其他高级程序设计语言的不同之处。C 语言允许在程序中使用几种特殊的命令。在 C 语言的编译系统对程序进行通常编译之前，先对程序的这些特殊命令进行“预处理”，产生新的源程序，然后再由编译程序对新的源程序进行通常的编译处理，得到可供执行的目标代码。编译预处理可以改善程序设计的环境，有助于编写易移植、易调试的程序，提高编程效率。

C 语言提供的预处理语句主要包括宏定义、文件包含、条件编译 3 种形式。

为了区别于一般的 C 语言语句，所有的预处理命令均以＃开始，并且一行只能书写一条预处理命令。

本章学习目标

1. 掌握宏定义的使用方法
2. 掌握文件包含的使用方法
3. 掌握条件编译的使用方法

7.1 宏 定 义

C 语言的宏定义可以分为两种形式：一种是不带参数的宏定义；另一种是带参数的宏定义。

7.1.1 不带参数的宏定义

不带参数的宏定义是用一个指定的标识符（宏名）来代表一个字符串（宏体），定义的一般格式为：

```
#define 宏名 宏体
```

其中，＃define 是宏定义命令。宏名为 C 语言标识符，一般习惯用大写字母表示。以便与变量名相区别。宏体可以含任意字符。

预编译时，将程序中所有出现的宏名替换成宏体的过程称为宏展开。

不带参数的宏通常用于定义符号常量。例如：

```
#define PI 3.14159265
```

可用宏定义来定义符号常量。

【例 7-1】 宏定义示例。

```
#define PI 3.14159265
#include <stdio.h>
void main()
{
    double r;
    printf("输入圆的半径 r=");
    scanf("%lf",&r);
    printf("圆的面积为%7.2f\n",PI*r*r);
    printf("球的体积为%7.2f\n",3.0/4*PI*r*r*r);
}
```

运行结果为：

```
输入圆的半径 r=5 <Enter>
圆的面积为 78.54
球的体积为 294.52
```

说明：

(1) 使用宏名代替一个字符串，可以减少程序中重复书写某些字符串的工作量。例如，若不定义 PI 代表 3.141 592 65，则在程序中要多处出现 3.141 592 65，不仅麻烦，而且容易写错，用宏名代替，简单且不易出错，因为记住一个宏名（通常用有意义的名字表示）要比记住一个无规律的字符串容易。当需要改变某一个常量时，可以只改变 #define 命令，提高程序的可移植性。例如，定义数组大小：

```
# define size 100
int array[size];
```

如果改变数组大小，只需要更改 #define 行：

```
#define size 500
```

注意：宏定义的量与 C 语言中用 const 语句定义的常量是有区别的。宏定义的量在编译之前就被宏定义的字符串取代，程序运行时不占内存单元；而用 const 语句定义的常量在程序运行时要占用内存单元。宏定义的标识符可以重复定义，其意义以最后的宏定义字符串为准，但 const 语句定义的常量不能重复定义。

(2) 宏定义是用宏名代替一个字符串，也就是只作简单的置换，不作正确性检查。如果写成：

```
#define PI 3.14l59265
```

即把数字 1 写成小写字母 l，预处理时也照样代入，不管含义是否正确。只有在编译被宏展开后的源程序时才会发现错误并报错。

(3) 宏定义不是C语言语句，不必在行末加分号“;”。如果加了分号则会连分号一起进行置换。例如：

```
#define PI 3.14159265;
area=PI*r*r;
```

经过宏展开后，该语句为：

```
area=3.14159265;*r*r;
```

显然出现语法错误。

(4) 宏定义除了可以定义常量外，还可以定义一些语句、表达式等，以减少程序中大量重复书写长的字符串的工作量。例如：

```
#define LF printf("\n");
#define ADD ++i
```

宏定义中的字符串如果是一个C语言语句，最后可以有分号“;”，也可以不带分号“;”，上例中几个宏定义都是合法的。然而须注意的是：如果宏定义中有分号“;”，在程序中不能再加分号“;”；如果在宏定义中没有分号“;”，在程序中就须加分号“;”。否则在宏定义被展开后进行编译时会出现错误。

【例7-2】 对“格式输出”进行宏定义。

```
#define P printf
#define D "%d\n"
#define F "%f\n"
#include <stdio.h>
void main()
{
    int a=1,b=2,c=3;
    double d=4.0,e=5.05,f=60.006;
    P(D F,a,d);
    P(D F,b,e);
    P(D F,c,f);
}
```

说明：本例定义的3个宏名经宏展开后生成以下3个输出语句：

```
printf("%d\n%f\n",a,d);
printf("%d\n%f\n",b,e);
printf("%d\n%f\n",c,f);
```

运行结果为：

```
1
4.000000
2
5.050000
```

```
3
60.006000
```

(5) 宏定义可以嵌套定义。即在宏定义中的字符串可以引用为另一个宏定义的标识符。

【例 7-3】 宏定义的嵌套定义。

```
#define PI 3.14159265
#define R 10
#define S PI*R*R
#define LF printf("\n");
#include <stdio.h>
void main()
{
    printf("AREA=%f",S);
    LF
}
```

运行结果为：

```
AREA=314.159265
```

经过宏替换后的程序如下：

```
#define PI 3.14159265
#define R 10
#define S 3.14159265*10*10
#define LF printf("\n");
#include <stdio.h>
void main()
{
    printf("AREA=%f",3.14159265*10*10);
    printf("\n");
}
```

(6) 在C语言中规定，宏定义对字符串不起作用。即字符串内有与宏名相同的字符也不进行置换。

(7) 通常，#define命令写在文件开头，在主函数之前，宏名的有效范围为定义命令之后到该源程序结束。

7.1.2 带参数的宏定义

宏定义不仅能进行简单的字符串替换，还能进行参数替换。其定义的一般格式为：

```
#define 宏名(形式参数表) 宏体
```

其中，“形式参数表”由一个或多个形参组成，形参之间用逗号分隔；“宏体”包含括号中指定的参数。

与函数调用相似，引用该宏时，“宏名”后括号内出现的是实际参数。引用的一般形式为：

宏名(实际参数表)

例如，定义一个计算圆面积的宏：

```
#define PI 3.14
#define area(r) (PI * r * r)
```

其中 r 是形式参数，表示圆的半径。对参数宏的使用方法类似于函数调用，在程序中使用宏的时候要提供相应的实际参数。

【例 7-4】 关于带参数的宏定义。

```
#define PI 3.14159265
#define S(R) PI * R * R
#include <stdio.h>
void main()
{
    double t,area;
t=3.6;
area=S(t);
    printf("R=%3.1f,AREA=%6.3f\n",t,area);
}
```

赋值语句“area＝S(t);”经宏展开后为：

```
area=3.1415926 * t * t;
```

运行结果为：

```
R=3.6,AREA=40.715
```

使用带参数的宏定义时要注意：

(1) 宏调用和函数调用形式上很相似，但要注意宏调用和函数调用的区别。函数调用是在程序运行时执行，多次函数调用就是多次执行相同的程序段；而宏调用是在编译的预处理阶段进行的，只是进行简单的字符串替换，多次宏调用就产生多处 C 语言代码。函数调用时，实参表达式分别独立求值在前，执行函数在后；宏调用是参数字符串的替换，替换后产生的字符串中的参数字符串与相邻字符连接，可能得到意想不到的结果。

【例 7-5】 宏替换示例。

```
#define PI 3.14159265
#define S(R) PI * R * R
#define S1(R) PI * (R) * (R)
#include <stdio.h>
void main()
{
```

```
    printf("AREA=%f\n",S(4+6));
    printf("AREA1=%f\n",S1(4+6));
}
```

运行结果为：

```
AREA=42.566371
AREA1=314.159265
```

经过替换后的程序如下：

```
#define PI 3.14159265
#define S(R) 3.14159265*R*R
#define S1(R) 3.14159265*(R)*(R)
#include <stdio.h>
void main()
{
    printf("AREA=%f\n",3.14159265 *4+6*4+6);
    printf("AREA1=%f\n",3.14159265 *(4+6)*(4+6));
}
```

所以为了避免出现上述问题，可以给宏定义中的参数加上括号，最好将整个计算结果也加上括号。如上例：

```
#define S(R) (PI*(R)*(R))
```

(2) 有些情况下采用宏调用的方法得不到预期的结果，这时只能采用函数调用的方法。

【例 7-6】 利用一个简单的函数调用，输出 1～10 的平方。

```
#include <stdio.h>
square(int n)
{
    return(n*n);
}
void main()
{
    int i=1;
    while(i<=10)
    printf("%d\n",square(i++));
}
```

运行结果为：

```
1
4
9
16
```

```
25
36
49
64
81
100
```

下面把上例中的函数调用改为宏调用。

【例 7-7】 函数调用与宏调用的区别。

```
#define square(n)(n)*(n)
#include <stdio.h>
void main()
{
    int i=1;
    while(i<=10)
    printf("%d\n",square(i++));
}
```

运行结果为：

```
1
9
25
49
81
```

显然，这存在问题。在函数调用时，先求出实参表达式i++的值，然后带入形参。而使用带参数的宏只是进行简单的字符替换，预处理模块进行宏替换，把定义中的形参用实参i++替换，这样，每个宏调用的语句：

```
square(i++)
```

被替换为：

```
(i++)*(i++)
```

第一次执行时i=1，上面表达式的值为1，但执行结束后，i的值变为3；第二次执行时，表达式的值为9，而i的值变为5……由此可见因编程的实现方式不同而结果也不同。

(3) 在宏定义时，在宏名与带参数的括号之间不应加空格，否则，空格以后的字符都作为替换字符串的一部分。例如：

```
#define S (R)PI*R*R
```

则被认为：S是不带参数的宏名，它代表字符串(R) PI*R*R。如果在语句中有：

```
area=S(8);
```

则被替换为：

```
area=(R)PI*R*R(8);
```

这显然不对。

(4) 在程序中究竟用带参数的宏好还是用函数好，要酌情处理。一般来说，使用宏，程序运行速度较快，宏替换不占运行时间，只占编译时间，因为宏替换是在编译阶段进行的；而使用函数调用，占有空间较小。如果使用宏 100 次，那么，宏替换就在 100 个不同的地方进行替换，使目标程序增长。而使用函数调用，不管是 100 次或只有 1 次，在目标程序中，它总是占同样的空间，但传送参数和返回值要花费一点时间，特别当函数被调用上百次(如在一个循环中)时，程序执行的速度就会慢下来。

7.1.3 取消宏定义

除了 #define 之外，相应地还有宏命令 #undef，用于取消宏定义。其定义的一般格式为：

```
#undef 宏名
```

在 #define 定义了一个宏之后，如果预处理器在接下来的源代码中看到了 #undef 指令，那么 #undef 后面的这个宏就都不存在了。

【例 7-8】 取消宏定义。

```
#define PI 3.14
#include <stdio.h>
void main()
{
    printf("%f\n",PI);
    #undef PI
    printf("%f\n",PI);
}
```

说明：程序首先定义了宏 PI，并且在程序第 5 行代码中使用 printf()函数输出 PI 的值，在程序第 6 行中利用 #undef 指令取消宏 PI，从程序第 6 行开始这个宏定义就不存在了。在程序第 7 行代码中程序依然试图使用宏定义 PI 并输出它的值，当编译时会提示错误。这样可以灵活控制宏定义的作用范围。

7.2 文件包含

文件包含是 C 语言预处理程序的一个重要功能，它是指将一个源文件的全部内容包含进来，成为当前文件的一部分。文件包含预处理命令的一般格式为：

```
#include <文件名>
```

或

```
#include "文件名"
```

在前面已多次用此命令包含过库函数的头文件。例如：

```
#include <stdio.h>
#include "stdio.h"
```

【例 7-9】 文件包含预处理命令的应用。

```
#include "format.h"
#include <stdio.h>
void main()
{
    printf("AREA=%f",S(10));
    LF
}
```

文件 format.h 的内容如下：

```
#define PI 3.14159265
#define S(R) (PI*(R)*(R))
#define LF printf("\n");
```

运行结果为：

```
AREA=314.159265
```

如图 7-1 所示，file1.c 使用了文件包含预处理命令，它的作用相当于将 format.h 和 stdio.h 的整个内容复制过来。在预处理过程中，用 format.h 和 stdio.h 的内容替换文件包含的命令行。因为只作为一个源文件来编译，所以只生成一个目标文件 file1.obj。

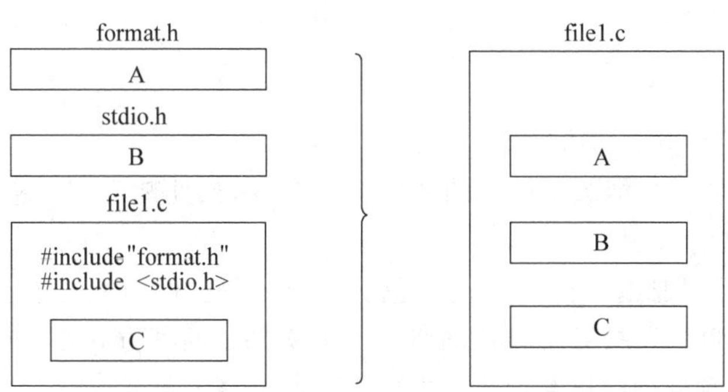

图 7-1 文件包含

在程序设计中，文件包含是很有用的。一个大型程序最好分成几个文件，每个文件包括几个相关函数。有些常量和带参数的宏定义要被各个函数所共享，为避免在各个文件开头重复输入这些内容，减少时间浪费和可能出现的错误，可以让它们单独构成一个文件，在其他文件的开头进行文件包含处理。同样也可以将比较常用的函数，如数学函数、输入/输出函数、字符及字符串函数等各自做成一个文件，详见附录 C C 语言的库函数。在编写程序时，如果用到这些函数，只需用一条 #include 命令将该文件包含进来即可。如上例 #include "stdio.h"。这样就可以有效地节省程序设计人员的输入量，提高编程效率，增强程序的可读性。而且，如果需要修改一些常数或宏定义时，不必修改每个程序，只需修改一个文件即可。

说明：

(1) 一般情况下，#include 命令常写在源文件的头部，因此，将被包含的文件称为头文件。而且，常用.h(h 为 head 的缩写)作为头文件的扩展名。当然也可以不用.h 作为扩展名，但用.h 作扩展名更能表示此文件的性质。

(2) 一个#include 命令只能包含一个文件。如果要包含多个文件，则要用多个#include 命令。

(3) 文件包含命令实际上是以指定文件的整个内容来替换#include 命令行，所以，要注意文件的包含顺序。如果文件 1 包含文件 2，而文件 2 要用到文件 3 的内容，则可在文件 1 中用两个#include 命令分别包含文件 2 和文件 3，而且文件 3 应该出现在文件 2 之前，即在 file1.c 中定义：

```
#include "file3.h"
#include "file2.h"
```

这样，文件 1 和文件 2 都可以用文件 3 的内容，而文件 2 中不必再用#include"file3.h"。

注意： 如果上面的包含顺序颠倒，很可能出现使用的内容未被定义的编译错误。

(4) 在一个被包含文件中又可以包含另一个被包含的文件，即文件包含可以嵌套。如说明(3)中的例子：

在文件 1 中包含：

```
#include "file2.h"
```

在文件 2 中包含：

```
#include "file3.h"
```

(5) 包含的两种方式略有区别。

用一对尖括号＜＞括起文件名的文件包含命令，预处理程序不检查当前目录，只按系统指定的路径检索文件。

用一对双引号" "括起文件名的文件包含命令，预处理程序首先检查当前目录，在当前目录中没有找到时，再按系统指定的路径检索文件。两种方式都可以在文件名前面直接加上搜索路径，预处理程序会把指定文件的全部内容包含进来。

前面程序中使用的#include 命令，都是调用的库函数中的文件。对于不同的库函数将完成不同的功能。现在将 C 语言提供的常用标准头文件总结如表 7-1 所示。

表 7-1 标准头文件

头文件名称	功　能
stdio.h	说明用于 I/O 的若干类型、宏和函数
math.h	说明若干数学函数和定义有关的宏
string.h	支持字符串处理的函数

续表

头文件名称	功　　能
stdlib. h	定义宏和说明用于字符串转换、产生随机数、申请内存等的函数
time. h	支持有关日期和时间的函数
assert. h	定义程序诊断宏命令
ctype. h	说明若干字符测试和映像用的函数
errno. h	定义有关出错状态的宏
float. h	定义依赖于实现浮点类型的特征参数
local. h	支持地方特性函数和数字格式查询函数
setjmp. h	支持非局部转移
signal. h	用来处理信号
stdarg. h	用来对可变参数个数的函数作处理
stddef. h	定义某些公用函数和宏
limits. h	定义依赖于实现的整型量大小的限制

7.3　条件编译

一般情况下，源程序中所有的行都参加编译。但是有时希望对其中一部分内容只在满足一定条件时才进行编译，也就是对一部分内容指定编译的条件，这就是条件编译。例如，希望当满足某条件时，对一组语句进行编译，而当条件不满足时，则编译另一组语句，或什么也不执行。

条件编译语句的格式有以下几种。

1. ＃if—＃else—＃endif(含＃if—＃endif)

语句的一般格式为：

```
#if 表达式 1
    程序段 1
#else 表达式 2
    程序段 2
#endif
```

它的作用是当指定的表达式为真(非零)时编译程序段 1，否则编译程序段 2。可以事先给定一定条件，使程序在不同的条件下执行不同的功能。

【例 7-10】 根据需要设置条件编译，将一行字母字符全部换为大写或小写。

```
#define LETTER 1
#include <stdio.h>
void main()
{
```

```
    char str[]="I love C Language.",ch;
    int i;
    i=0;
    while((ch=str[i])!='\0')
    {
        i++;
    #if LETTER
        if(ch>='a'&&ch<='z')
          ch=ch-32;
    #else
      if(ch>='A'&&ch<='Z')
        ch=ch+32;
    #endif
      printf("%c",ch);
    }
    printf("\n");
}
```

运行结果为:

```
I LOVE C LANGUAGE.
```

由于定义了 LETTER 为 1,在对条件编译命令进行预处理时,执行程序段 1,即第一个 if 语句,使小写字母变为大写(大写字母与相应的小写字母的 ASCII 代码差 32)。如果将程序第一行改为:#define LETTER 0,则在预处理时,对第二个 if 语句进行编译处理,使大写字母变为小写。

运行结果为:

```
i love c language.
```

2. #if—#elif—#else—#endif

语句的一般格式为:

```
#if 表达式 1
    程序段 1
#elif 表达式 2
    程序段 2
#elif 表达式 3
    程序段 3
#else
    程序段 n
#endif
```

这里的#elif 的含义是"else if",该命令的功能是如果表达式 1 的值为真,则编译程序段 1;否则,如果表达式 2 的值为真,编译程序段 2;如果所有表达式的值为假,则编译程序段 n。也可以没有＃else 部分，如所有表达式的值为假，则此命令中没有程序段被编译。其中，程序段指语句组成或命令行。

3. ＃ifdef—＃else—＃endif

语句的一般格式为：

```
#ifdef 标识符
  程序段 1
#else
  程序段 2
#endif
```

它的作用是当所指定的标识符已经被＃define 命令定义过，则在程序编译阶段只编译程序段 1，否则编译程序段 2。其中＃else 部分可以省略，即：

```
#ifdef 标识符
    程序段 1
#endif
```

例如，在调试程序时，常常希望输出一些信息给予提示和分析，而在调试结束后不再需要。则可以在源程序中插入以下的条件编译段：

```
#ifdef DEBUG
    printf("x=%d,y=%d,z=%d\n",x,y,z);
#endif
```

如果在这些语句的前面有以下命令行：

```
#define DEBUG
```

则在程序运行时输出 x、y、z 的值，以便调试时分析。调试结束后只需将这个 define 命令行删除或注释即可。当然也可以在调试时加一批 printf()语句，调试后一一删去，但是当所加的 printf()语句比较多时，修改的工作量就很大。显然条件编译可提高 C 源程序的通用性。如同一个“开关”，只需加上或删除一个宏定义即可。

4. ＃ifndef—＃else—＃endif

语句的一般格式为：

```
#ifndef 标识符
    程序段 1
#else
    程序段 2
#endif
```

它的作用是若标识符未被定义，则编译程序段 1，否则编译程序段 2。还是以上例说明。

```
#ifndef RUN
    printf("x=%d,y=%d,z=%d\n",x,y,z);
#endif
```

调试时未对 RUN 定义,则输出 x、y、z 的值。调试结束后,在运行之前,加上命令行:

```
#define RUN
```

则不输出 x、y、z 的值。

总之,合理使用条件编译,可以减少被编译的语句,从而减少目标程序的长度,减少运行时间。特别当条件编译段比较多时,目标程序长度可以大大减少。当然也可以不使用条件编译而直接用 if 语句也能满足要求,但目标程序长(因为所有语句都编译),运行时间长(因为在程序运行时要对 if 语句进行测试)。

7.4 程序案例

【例 7-11】 输入一个口令,根据需要设置条件编译,使之在调试程序时,按原码输出;在使用时输出 * 号。

```
#include <stdio.h>
#define DEBUG               /*调试程序根据需要加或不加*/
void main()
{
    char pass[80];
    int i=1;
    printf("Please input password:");
    do{i++;
      pass[i]=getchar();
      #ifdef DEBUG
        putchar(pass[i]);
      #else
        putchar('*');
      #endif
    }while(pass[i]!='\n');
}
```

说明:调试程序时加 # define DEBUG,密码显示出来,调试程序结束把 # define DEBUG 去掉。

7.5 本章小结

本章主要讲解了预处理的 3 种方式,分别是宏定义、文件包含和条件编译。其中,宏定义是最常用的一种预处理方式,文件包含对于程序功能的扩充很有作用。条件编译可以优化程序代码，熟练掌握这 3 种预处理方式，对于以后的程序设计至关重要。现将本章的知识点归纳如下。

(1) C 语言的宏定义分为不带参数的宏定义和带参数的宏定义。

(2) 文件包含的一般格式是：#include <文件名> 或 #include "文件名"

(3) 一般情况下，源程序中所有的行都参加编译。但是有时希望对其中一部分内容只有在满足一定条件时才进行编译，也就是对一部分内容指定编译的条件，这就是条件编译。

条件编译语句的格式有以下几种。

① #if—#else—#endif(含#if—#endif)语句的功能是当表达式的值为真(非零)时，则编译程序段 1，否则编译程序段 2。其一般格式为：

```
#if 表达式 1
    程序段 1
#else 表达式 2
    程序段 2
#endif
```

② #if—#elif—#else—#endif 语句的功能是如果表达式 1 的值为真，则编译程序段 1；否则，如果表达式 2 的值为真，编译程序段 2；如果所有表达式的值为假，则编译程序段 n。也可以省略#else 部分，如所有表达式的值为假，则此命令中没有程序段被编译。其一般格式为：

```
#if 表达式 1
    程序段 1
#elif 表达式 2
    程序段 2
#else
    程序段 n
#endif
```

③ #ifdef—#else—#endif 语句的功能是当所指定的标识符已经被#define 命令定义过，则在程序编译阶段只编译程序段 1，否则编译程序段 2。其一般格式为：

```
#ifdef 标识符
    程序段 1
#else
    程序段 2
#endif
```

④ #ifndef—#else—#endif 语句的功能是若标识符未被定义，则编译程序段 1，否则编译程序段 2。其一般格式为：

```
#ifndef 标识符
    程序段 1
#else
```

```
    程序段 2
#endif
```

7.6 习 题

一、填空题

1. 声明不带参数的宏定义指令是________。

2. 文件包含的指令是________。

3. 以头文件 stdio.h 为例,文件包含的两种格式为________和________。

4. 在 C 语言中,宏定义有效范围从定义处开始,到本源程序结束处终止。但可以用________来提前解除宏定义的作用。

5. 在条件编译命令中,表示“否则,如果”命令的是________,表示“如果定义”的命令是________。

6. 常用的预处理指令有宏定义、文件包含和________。

7. 如有宏定义#define M(x) x*x,程序中输出 M(1+2)的值是________。

8. 以下程序的运行结果是________。

```
#include <stdio.h>
#define R 3.0
#define PI 3.141593
#define L 2*PI*R
#define S PI*R*R
void main()
{
   printf("L=%f,S=%f\n",L,S);
}
```

9. 以下程序的运行结果是________。

```
#include <stdio.h>
#define PR printf
#define NL "\n"
#define D "%d"
#define D1 D   NL
#define D2 D D NL
#define D3 D D D NL
#define D4 D D D D NL
#define S "%s"
void main()
{
    int a,b,c,d;
    char str[]="WUGANG";
```

```
    a=1;
    b=2;
    c=3;
    d=4;
    PR(D1,a);
    PR(D2,a,b);
    PR(D3,a,b,c);
    PR(D4,a,b,c,d);
    PR(S,str);
}
```

10. 以下程序的运行结果是________。

```
#include <stdio.h>
#define N 2
#define M N+1
#define NUM (M+1) * M/2
void main()
{
    int j;
    for(j=1;j<=NUM;j++);
    printf("%d\n",j);
}
```

11. 以下程序的运行结果是________。

```
#include <stdio.h>
void fun(int **s,int p[2][3])
{
    **s=p[1][1];
}
void main()
{
    int a[2][3]={1,3,5,7,9,11}, *p,x;
    p=&x;
    fun(&p,a);
    printf("%d\n",*p);
}
```

12. 以下程序的运行结果是________。

```
#include <stdio.h>
#define POWER(x) ((x) * (x))
void main()
{
    int j=1;
    while(j<=4)
```

```
    printf("%d\t",POWER(j++));
    printf("\n");
}
```

二、判断题

1. 预处理指令是在编译后处理的。（　　）
2. 带参数的宏定义中,形参的个数只能是一个,不能是多个。（　　）
3. 文件包含命令中,只能包含扩展名为.h的文件。（　　）
4. 一个源程序可使用多个文件包含命令,但一个文件包含命令只能包含一个文件。（　　）
5. 使用#ifdef指令可以判断某个宏是否被定义。（　　）

三、选择题

1. 以下叙述正确的是(　　)。
   A. 每个C语言程序必须在开头使用预处理命令#include <stdio.h>
   B. 在C语言中,预处理命令行都必须以#开始
   C. 预处理命令必须位于C语言程序的开头
   D. C语言的预处理命令只能实现宏定义和条件编译的功能
2. 以下叙述不正确的是(　　)。
   A. 预处理命令行都必须以#开始
   B. 在程序中凡是以#开始的语句行都是预处理命令行
   C. C语言程序在执行过程中对预处理命令进行处理
   D. #define IBM_PC 是正确的宏定义
3. 以下有关宏替换的叙述不正确的是(　　)。
   A. 宏替换不占用运行时间　　B. 宏名无类型
   C. 宏替换只是字符替换　　D. 宏名必须用大写字母表示
4. 以下关于宏的叙述正确的是(　　)。
   A. 宏名必须用大写字母表示
   B. 宏调用比函数调用耗费时间
   C. 宏替换没有数据类型限制
   D. 宏定义必须位于源程序中所有语句之前
5. 以下叙述中正确的是(　　)。
   A. 在程序的一行上可以出现多个有效的预处理命令行
   B. 使用带参的宏时,参数的类型应与宏定义时的一致
   C. 宏替换不占用运行时间,只占用编译时间
   D. #define CR 123 中定义的CR是称为“宏名”的标识符

6. 在文件包含预处理语句的使用方式中,当#include后面的文件名用" "括起来时,寻找被包含文件的方式是(　　)。

   A. 直接按系统设定的标准方式搜索目录
   B. 先在源程序所在的目录搜索,再按系统设定的标准方式搜索

C. 仅在源程序所在目录搜索

D. 仅在当前目录搜索

7. 以下正确的描述是(　　)。

A. C语言的预处理功能是指完成宏替换和包含文件的调用

B. 预处理指令只能位于C源程序文件的首部

C. 凡是C源程序中行首以#标志的控制行都是预处理指令

D. C语言的编译预处理就是对源程序进行初步的语法检查

8. 下列命令中,(　　)是正确的预处理命令。

A. define PI 3.14159　　B. #define P(a,b) strcpy(a,b)

C. #define stdio.h　　D. #define PI 3.14159

9. 以下程序的执行结果是(　　)。

```
#include <stdio.h>
#define ADD(x)x+x
void main()
{
    int m=1,n=2,k=3;
    int sum=ADD(m+n) * k;
    printf("sum=%d\n",sum);
}
```

A. sum=9　　B. sum=10　　C. sum=12　　D. sum=18

10. 以下程序的输出结果是(　　)。

```
#include <stdio.h>
#define MIN(x,y) (x)<(y)?(x):(y)
void main()
{
    int i=10,j=15,k;
    k=10 * MIN(i,j);
    printf("%d\n",k);
}
```

A. 15　　B. 10　　C. 150　　D. 100

11. 以下程序的输出结果是(　　)。

```
#include <stdio.h>
#define f(x) x * x * x
void main()
{
    int a=3,s,t;
    s=f(a+1);
    t=f((a+1));
    printf("%d,%d\n",s,t);
```

```
}
```

A. 10,64　　B. 10,10　　C. 64,10　　D. 64,64

12. 以下程序的输出结果是(　　)。

```
#include <stdio.h>
#define M(x,y,z) x*y+z
void main()
{
    int a=1,b=2,c=3;
    printf("%d\n",M(a+b,b+c,c+a));
}
```

A. 19　　B. 17　　C. 15　　D. 12

四、简答题

1. 什么是宏替换？宏调用和函数调用有何区别？

2. 什么是条件编译？条件编译与 if 语句有何区别？

五、编程题

1. 给年份 year 定义一个宏,编写判定给定年份是否是闰年的程序。

2. 用条件编译实现如下功能：输出一行电报文字,可以任选两种方式输出,一种为原文输出;另一种为将字母变成其后继字母(按密码)输出。用 # define CHANG 命令控制是否要译成密码。例如,# define CHANG 1 则输出密码,若 # define CHANG 0 则按原码输出。

3. 试定义一个带参数的宏"swap(x,y);"以实现两个整数之间的交换,并利用它将一维数组 a 和 b 的值交换。

4. 定义一个带参数的宏,用于判断整数 n 能否被 m 整除。编写程序,从键盘输入一个整数,调用宏验证其能否同时被 3 和 5 整除。

5. 试编写程序,求 3 个整数的最小值,分别用函数和带参数的宏来实现。

6. 三角形的面积为 $area=\sqrt{s(s-a)(s-b)(s-c)}$,其中 $s=(a+b+c)/2$,a、b、c 为三角形的三条边。定义两个带参数的宏,一个求 s,另一个求 area。编写程序求三角形的面积 area。

第8章

指　　针

Chapter 8

指针是C语言中一个重要概念，也是C语言的一个重要特色。利用指针变量可以表示各种数据结构，能很方便地使用数组和字符串，并能处理内存地址，从而编出精练而高效的程序。指针极大地丰富了C语言的功能。可以说，没有掌握指针就是没有掌握C语言的精华。

本章学习目标

1. 掌握指针与指针变量的使用方法
2. 掌握指针与数组的使用方法
3. 掌握指针与字符串的使用方法
4. 掌握指针与函数的使用方法
5. 掌握指针数组和指向指针的指针的使用方法
6. 掌握 main()函数的参数和动态存储分配

8.1 指针概述

要正确使用指针，需要先认识指针。要认识指针，则需要先知道计算机内存是怎样划分的，因为指针是内存的快捷方式。

8.1.1 内存地址与变量的地址

1. 内存地址

计算机程序中使用的所有数据，都必须存储在计算机的内存单元中，并且应能从计算机的内存单元中取出。一般把存储器中的一个字节称为一个内存单元，内存单元是一个连续编号的空间，每一个内存单元都有一个唯一的编号，这个编号称为内存地址。这就好比酒店的房间，每个房间可以看作一个内存单元，而房间号是该内存单元的地址，房间里住的旅客数就是该内存单元存放的值。

如图 8-1 所示，在内存地址 1001 至 1004 中，存储了一个整型数值 12，而在内存地址 1005 中，存储了一个字符 A。

内存单元	值
1001	12
1002	
1003	
1004	
1005	A

图 8-1　存储在内存地址中数据

2. 变量的地址

在程序中定义了一个变量，在对程序进行编译时，系统会给变量分配内存单元。不同的数据类型所占用的内存单元数不等，通常把变量所占用的内存单元首字节的地址称为变量的地址。编译系统分配字符型变量占 1 字节、整型变量占 4 字节。

变量是内存中某一块存储区域的名称，对变量赋值就相当于把值存储到该存储区域中，例如：

```
int i=12;
char c='A';
```

定义了整型变量 i 和字符变量 c，编译系统分配 1001 至 1004 这 4 字节给整型变量 i，1005 这 1 字节给字符变量 c，整型变量 i 和字符变量 c 的地址，如图 8-2 所示。

地址	内存单元	值
整型变量 i 的首地址为 1001	1001	12
	1002	
	1003	
	1004	
字符变量 c 的首地址为 1005	1005	A
	…	

图 8-2　整型变量 i 和字符变量 c 的地址

不同的计算机使用不同的复杂的方式对内存进行编号，通常程序员不需要了解给定变量的具体地址，编译系统会处理细节问题。在 C 语言中，只需要使用操作运算符 &，它就会返回一个对象在内存中的地址，这个返回的地址指的是该存储区域的起始地址。如 &i，对变量 i 来说，起始地址就是 1001。

8.1.2　指针与指针变量

1. 指针和指针变量

由于通过地址能找到所需的变量单元，可以说地址指向该变量单元。在 C 语言中，将地址形象化地称为指针，表示通过它能找到以它为地址的内存单元。一个变量的地址称为该变量的指针。例如，地址 1001 是变量 i 的指针。

在 C 语言中，如果有一个变量专门用来存放另一个变量的地址(即指针)，则它称为指针变量。指针变量就是地址变量(存放地址的变量)。指针变量的值(即指针变量中存放的值)是地址(即指针)，如图 8-3 所示。

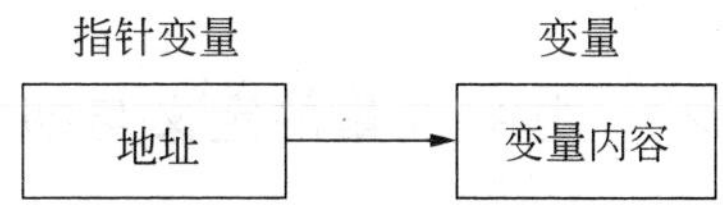

图 8-3 指针的基本概念

2. 直接访问和间接访问

假如有输入语句：

```
int i,j,k;
scanf("%d%d",&i,&j);
```

在执行时，从键盘输入 3 和 6，表示要把 3 和 6 送到变量 i 和变量 j 中，实际上是把 3 送到地址为 1001 开始的 4 个整型存储单元中，把 6 送到地址为 1005 开始的 4 个整型存储单元中。如果有语句：

```
k=i+j;
```

则从地址 1001 开始的 4 字节中取出 i 的值 3，再从地址 1005 开始的 4 字节中取出 j 的值 6，将它们相加后再将其和 9 送到 k 所占用的 1009～1012 这 4 字节中，如图 8-4 所示。这种按变量地址存取变量值的方式称为直接访问。

也可以采用另一种方式，将变量 i 的地址存放在另一个变量中。假设定义了一个变量 p，用来存放整型变量的地址，它被分配为 1101～1104 这 4 字节。可以通过下面的语句将 i 的起始地址 1001 存放到 p 中。

```
p=&i;
```

这时，p 的值就是 1001，即变量 i 所占用内存单元的起始地址。要存取变量 i 的值，先找到存放 i 的地址的变量 p，从中取出 i 的地址 1001，然后到 1001～1004 字节中取出 i 的值 3，如图 8-5 所示。这种将变量的地址存放在另一个变量所在的内存单元中，再通过地址找到存储单元，存取变量值的方式称为间接访问。

图 8-4 直接访问

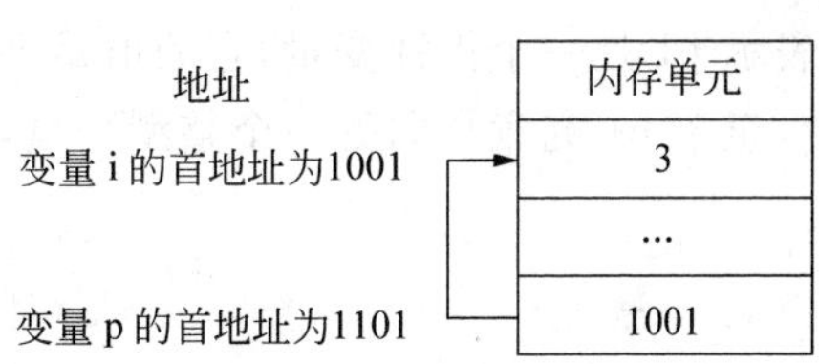

图 8-5 间接访问

8.2 指针变量

8.2.1 指针变量的定义与初始化

1. 变量的指针和指向变量的指针变量

前面已经介绍了内存是如何分配地址的，介绍了内存地址就是指针这一概念，变量的指针就是变量的地址。同时也引出了指针变量的概念，专门用来存储变量地址的变量称之为指针变量，它用来指向另一个变量。

为表示指针变量和它所指向的变量之间的联系，在程序中用符号 * 表示指向的对象。设已定义 p 为指针变量，则 *p 是 p 所指向的变量，如图 8-6 所示。

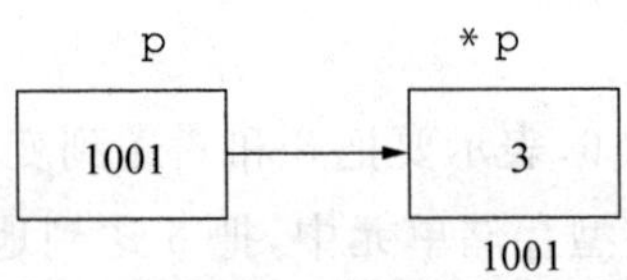

图 8-6 指针变量与所指向的变量的关系

可以看到，*p 也代表一个变量，它和变量 i 是一回事。下面两个语句作用相同。

① i=3;

② *p=3;

第②个语句的含义是将 3 赋给指针变量 p 所指向的变量，由于 p 指向变量 i，因此，其作用就是将 3 赋给变量 i。

2. 指针变量的定义

指针变量定义的一般格式为：

```
类型标识符    *指针变量名;
```

其中，“*”表示这是一个指针变量，“类型标识符”表示本指针变量所指向的变量的数据类型。例如：

```
int *p1;
```

表示 p1 是一个指针变量，它的值是某个整型变量的地址。或者说 p1 指向一个整型变量。至于 p1 究竟指向哪一个整型变量，应由为 p1 赋予的地址来决定。再例如：

```
int *p2;                    /*p2是指向整型变量的指针变量*/
float *p3;                  /*p3是指向浮点变量的指针变量*/
char *p4;                   /*p4是指向字符变量的指针变量*/
```

应该注意的是，一个指针变量只能指向同类型的变量，如 p3 只能指向浮点变量，不能时而指向一个浮点变量，时而又指向一个字符变量。

8.2.2 指针变量的引用

1. 指针变量的引用

指针变量同普通变量一样，使用之前不仅要定义说明，而且必须赋予具体的值。未经赋值的指针变量不能使用，否则将造成系统混乱，甚至死机。指针变量的赋值只能赋予地址，决不能赋予任何其他数据，否则将引起错误。

C 语言中提供了地址运算符“&”来表示变量的地址。其一般格式为：

```
&变量名;
```

如 &a 表示变量 a 的地址，&b 表示变量 b 的地址。变量本身必须预先说明。设有指向整型变量的指针变量 p，如要把整型变量 a 的地址赋予 p，可以有以下两种方式。

① 指针变量初始化的一般格式为：

```
数据类型 *指针变量名=内存地址;
int a;
int *p=&a;                    /*注意这里 p 前面有*说明符*/
```

② 赋值语句的一般格式为：

```
int a;
int *p;                       /*注意这里 p 前面有*说明符*/
p=&a;                         /*注意这里 p 前面没有*说明符*/
```

不允许把一个数赋予指针变量，故下面的赋值是错误的：

```
int *p;
p=1000;
```

被赋值的指针变量前不能再加*说明符，如写为 *p=&a 也是错误的。

【例 8-1】 指针运算符 & 和 * 的应用。

```
#include <stdio.h>
void main()
{
    int i,*p;
    i=12;
    p=&i;
    printf("i=%d,&i=%d\n",i,&i);
    printf("p=%d,&p=%d,*p1=%d\n",p,&p,*p);
}
```

运行结果为：

```
i=12,&i=1245052
p=1245052,&p=1245048,*p=12
```

说明：i是一个变量，当输出i时，输出的结果就是12。输出 &i时，表示输出的是变量i的地址，结果是1245052。

p是一个指针变量，p所存储的是变量i的地址 &i，所以p输出的结果也是1245052。

&p表示p的地址，这个地址没有什么实际的意义，但至少可以说明计算机对每个变量都会分配存储空间，这个地址是1245048。*p表示的含义是需要大家注意的，输出的结果是12，也就是变量i的值，从而可以得出这样的结论：指针变量取*，相当于访问它所指向的变量。

注意：*号称为指针运算符，它表示获取指针变量所指向的变量的值。在上例中，对于指针变量p，在程序中使用了指针运算符，也就是使用了*p，那么*p表示指针p指向的存储单元的值，也就是变量i的值，从数值意义上理解，二者是一样的。

2. 指针定义或初始化时的注意事项

(1) 在指针定义或初始化时，标识符前面的"*"表示该变量是个指针变量，以便于与其他变量相区别，表明它不是乘法运算符，也不是取内容运算符。例如：

```
int a, *pa=&a;
```

是对指针进行初始化，此处指针是pa。

(2) 把一个变量的地址作为初始化值赋给指针时，变量必须在指针初始化之前已经定义。道理很简单，变量只有在定义之后才被分配一定的内存单元，才具有确定的地址。

(3) 指针定义时的数据类型必须与指针所指的目标的数据类型相一致。这是因为数据类型不同所占用内存单元的字节数也不同，在做指针的增1、减1和移动操作时跳过的字节数也不同，否则会造成错误的操作。

(4) 可以用已经初始化的指针给另一个指针做初始化赋值。例如：

```
int x, *px=&x;
int *pj=px;
```

这里的int *pj=px就是用初始化的指针px对指针pj进行初始化赋值。

(5) 可以将一个指针初始化为空指针。例如：

```
int *pc=0;
```

C语言中有许多与指针操作有关的库函数，在操作不成功时返回的就是空指针。这里的零不是数值零，而是ASCII码"空"的代码值。

(6) 不能用一个内部auto型变量的地址去初始化一个static型的指针，例如：

```
{
    int a;
    static int *pa=&a;
}
```

因为内部auto型变量每次进入该函数或子程序时都被重新分配内存单元，退出后内存单元即被释放掉。静态型指针却要长期占用已分配的内存单元，当程序退出后，内存单元也不释放。这样会使静态指针指向的是一个可能已经被释放了的内存单元。

【例 8-2】 指针赋值与取内容操作应用。

```
#include <stdio.h>
void main()
{
    char leta, * letb,letc;
    leta='x';
    letb=&leta;
    letc= * letb;
    printf("(letc)=%c\n",letc);
}
```

运行结果为：

```
(letc)=x
```

说明：程序中定义变量 leta、letc 是字符型变量；定义 letb 是指向字符型数据的指针。语句“leta='x';”将 x 的 ASCII 代码值赋给变量 leta，即字符常量 x 赋给字符型变量 leta。“letb=&leta;”将字符型变量 leta 的地址赋给指针变量 letb，即指针 letb 指向变量 leta。“letc= * letb;”将指针 letb 所指的目标 x 赋给字符型变量 letc。最后输出 letc 的内容是：(letc)=x。

【例 8-3】 输入 a 和 b 两个整数，按先大后小的顺序输出 a 和 b。

```
#include <stdio.h>
void main()
{
    int * p1, * p2, * p,a,b;
    scanf("%d,%d",&a,&b);
    p1=&a;
    p2=&b;
    if(a<b)
    {
        p=p1;
        p1=p2;
        p2=p;
    }
    printf("a=%d,b=%d\n",a,b);
    printf("max=%d,min=%d\n", * p1, * p2);
}
```

运行结果为：

```
5,9 <Enter>
a=5,b=9
max=9,min=5
```

说明：当输入"5,9"按 Enter 键后，即 a=5，b=9，交换前的情况如图 8-7 所示，由于 a<b，因此将交换 p1 和 p2 的值。为什么交换后输出的 a 和 b 的值没有变化，而 *p1 和 *p2 的值发生了变化呢？这是因为，这里交换的是 p1 和 p2 中存储的数据，p1 里存储的数据由 &a 变成了 &b，p2 里存储的数据由 &b 变成了 &a，这就意味着，p1 指向由指向变量 a 改为指向变量 b，p2 指向则由指向变量 b 改为指向变量 a，但此时 a 和 b 所表示的存储区域的值并没有变化，所以 a 和 b 的值不变，而 *p1 和 *p2 值交换。交换后的情况如图 8-8 所示。

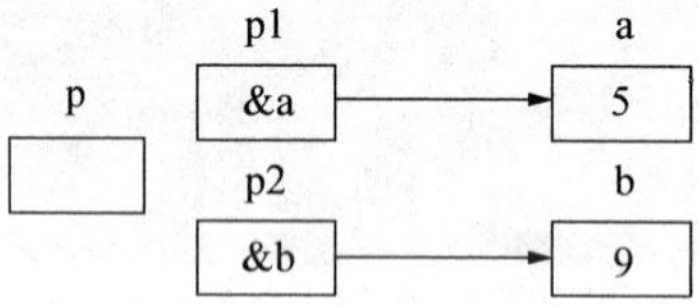

图 8-7　p1 与 p2 交换前

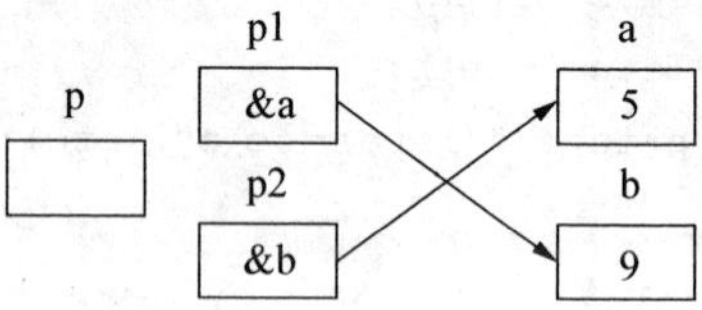

图 8-8　p1 与 p2 交换后

8.2.3　指针变量作为函数的参数

函数的参数不仅可以是整型、实型、字符型等数据，还可以是指针类型。它的作用是将一个变量的地址传送到另一个函数中。

【例 8-4】 对用户输入的两个数按从大到小顺序输出(用指针变量作函数的参数来实现)。

```
#include <stdio.h>
swap(p1,p2)
int *p1,*p2;
{
    int p;
    p=*p1;
    *p1=*p2;
    *p2=p;
}
void main()
{
    int a,b;
    int *pointer_a,*pointer_b;
    scanf("%d,%d",&a,&b);
    pointer_a=&a;
    pointer_b=&b;
    if(a<b)swap(pointer_a,pointer_b);
    printf("\n%d,%d\n",a,b);
}
```

运行结果为：

```
5,9 <Enter>
```

```
9,5
```

说明：

(1) swap()是用户定义的函数，它的作用是交换两个变量(a 和 b)的值。

(2) swap()函数的两个形参是指针变量：p1、p2。程序开始执行时，先输入 a 和 b 的值(输入 5 和 9)。然后将 a 和 b 的地址分别赋给指针变量 pointer_a 和 pointer_b，即 pointer_a 指向 a，pointer_b 指向 b。

(3) 接着执行 if 语句，由于 a＜b，因此执行 swap()函数。注意实参 pointer_a，pointer_b 是指针变量，在函数调用时，实参变量将它的值传送给形参变量。采用的依然是"值传递"方式。因此虚实结合后形参 p1 的值为 &a，p2 的值为 &b 。这时 p1 和 pointer_a 都指向变量 a，p2 和 pointer_b 都指向变量 b。

(4) 接着执行 swap()函数的函数体，使 * p1 和 * p2 的值互换，也就是使 a，b 的值互换(a 的值由 5 换为 9，b 的值由 9 换为 5)。

(5) 函数调用结束后，p1 和 p2 不复存在(已释放)。最后在 main()函数中输出的 a 和 b 的值是已经过交换的值(a=9，b=5)。

请读者自己画图分析 * p1 和 * p2 的值是如何实现互换的。

【例 8-5】 将例 8-4 的程序改写成下面的程序，看看执行结果有什么不同。

```
#include <stdio.h>
swap(p1,p2)
int *p1,*p2;
{
    int *p;
    p=p1;
    p1=p2;
    p2=p;
}
void main()
{
    int a,b;
    int *pointer_a,*pointer_b;
    scanf("%d,%d",&a,&b);
    pointer_a=&a;pointer_b=&b;
    if(a<b)swap(pointer_a,pointer_b);
    printf("\n%d,%d\n",a,b);
}
```

运行结果为：

```
5,9 <Enter>
5,9
```

说明：这是为什么呢？因为 C 语言中实参变量和形参变量之间的数据传递是单向的"值传递"方式，指针变量作为函数的参数也遵循这一规则。也就是说形参指针变量的值的改变不会改变实参指针变量的值。上面程序执行中形参 p1 和 p2 的值改变了(p1 的值由 &a 改为 &b,p2 的值由 &b 改为 &a),但 pointer_a 和 pointer_b 的值始终没有改变。因此输出的值是 5,9。

调用函数不能改变实参指针变量的值,但可以改变实参指针变量所指变量的值。函数的调用可以(而且只可以)得到一个返回值(即函数值)。而用指针变量作为参数,可得到多个变化了的值。如果不用指针变量是难以做到这一点的。

【例 8-6】 应用指针变量将用户输入的 3 个数 a、b、c,按由小到大的顺序排列输出。

```
#include <stdio.h>
void main()
{
    int a,b,c;
    int * pointer_a, * pointer_b, * pointer_c;
    printf("Enter 3 numbers:");
    scanf("%d%d%d",&a,&b,&c);
    pointer_a=&a;
    pointer_b=&b;
    pointer_c=&c;
    if(a>b)swap(pointer_a,pointer_b);
    if(a>c)swap(pointer_a,pointer_c);
    if(b>c)swap(pointer_b,pointer_c);
    printf("Numbers in order:%d%d%d",a,b,c);
    return;
}
    swap(int * p1,int * p2)
    {
        int p;
        p= * p1;
        * p1= * p2;
        * p2=p;
        return;
    }
```

运行结果为:

```
* p1=*(pointer_a)=*(&a)=a
* p2=*(pointer_b)=*(&b)=b
```

【例 8-7】 若例 8-6 又要求:a 为最大的,c 为最小的,程序可改写如下。

```
#include <stdio.h>
void main()
{
    int a,b,c;
    int * p1, * p2, * p3;
```

```
    printf("Enter 3 numbers:");
    scanf("%d%d%d",&a,&b,&c);
    p1=&a;
    p2=&b;
    p3=&c;
    exchange(p1,p2,p3);
    printf("\n%d,%d,%d\n",a,b,c);
    return;
}
exchange(q1,q2,q3)
int *q1,*q2,*q3;
{
    if(*q1<*q2)swap(q1,q2);
    if(*q1<*q3)swap(q1,q3);
    if(*q2<*q3)swap(q2,q3);
}
swap(int *pt1,int *pt2)
{
    int p;
    p=*pt1;
    *pt1=*pt2;
    *pt2=p;
}
```

运行结果为：

```
9,0,10
10,9,0
```

8.3 通过指针引用数组

指针和数组有着密切的关系，任何能由数组下标完成的操作也都可用指针来实现，程序中使用指针可使代码更紧凑、更灵活。

8.3.1 指向数组元素的指针

定义一个整型数组和一个指向整型数组的指针变量：

```
int a[10],*p;
```

和前面介绍过的方法相同，可以使整型数组指针 p 指向数组中任何一个元素，假定给出赋值运算：

```
p=&a[0];
```

此时，p 指向数组中的第 0 号元素，即 a[0]，指针变量 p 中包含了数组元素 a[0]的地址，由于数组元素在内存中是连续存放的，因此，可以通过指针变量 p 及其有关运算，间接访问数组中的任何一个元素。

在 C 语言中，数组名是数组的第 0 号元素的地址，因此下面两个语句是等价的：

```
p=&a[0];
p=a;
```

8.3.2 指针变量的运算

1. 指针的算术运算

C 语言规定在指针指向数组元素时，可以对指针进行以下运算：

① 加一个整数(用＋或＋＝)，如 p＋1。

② 减一个整数(用－或－＝)，如 p－1。

③ 自加运算，如 p＋＋、＋＋p。

④ 自减运算，如 p－－、－－p。

⑤ 两个指针相减，如 p2－p1(只有 p1 和 p2 都指向同一数组中的元素时才有意义)。

说明：

(1) 如果指针变量 p 已指向数组中的一个元素，则 p＋1 指向同一数组中的下一个元素，p－1 指向同一数组中的上一个元素。

注意：执行 p＋1 时并不是将 p 的值(地址)简单地加 1，而是加一个数组元素所占用的字节数。例如，数组元素是 int 型，每个元素占 4 字节，则 p＋1 意味着使 p 的值(是地址)加 4 字节，以使它指向下一个元素。p＋1 所代表的地址实际上是 p＋1xd，d 是一个数组元素所占的字节数(在 VC++ 6.0 中，对 int、long 和 float 型，d＝4；对 char 型，d＝1)。若 p 的值是 2000，则 p＋1 的值不是 2001，而是 2004。

(2) 如果 p 原来指向 a[0]，执行＋＋p 后 p 的值改变了，在 p 的原值基础上加 d，这样 p 就指向数组的下一个元素 a[1]。

(3) 如果 p 的初值为 &a[0]，则 p+i 和 a+i 就是数组元素 a[i]的地址，或者说，它们指向 a 数组的第 i 个元素。

(4) *(p+i) 或 *(a+i)是 p+i 或 a+i 所指向的数组元素，即 a[i]。例如，*(p+5)或 *(a+5)就是 a[5]。即 *(p+5)，*(a+5)和 a[5]三者等价。

(5) 指向数组元素的指针，也可以表示成数组的形式，也就是说，它允许指针变量带下标，如 p[i]与 *(p+i)等价。

假如"p＝a+5；"，则 p[2]就相当于 *(p+2)，由于 p 指向 a[5]，所以 p[2]就相当于 a[7]。而 p[－3]就相当于 *(p－3)，它表示 a[2]。

(6) 如果指针变量 p1 和 p2 都指向同一数组，如执行 p2－p1，结果是两个地址之差除以数组元素的长度。假设，p2 指向 int 型数组元素 a[5]，p2 的值为 2020；p1 指向 a[3]，其值为 2012，则 p2－p1 的结果是(2020－2012)/4＝2。表示 p2 所指的元素与 p1 所指的元素之间差 2 个元素。这样，人们就不需要具体地知道 p1 和 p2 的值，然后去计算它们的相对位置，而是直接用 p2－p1 就可知道它们所指元素的相对距离。两个地址不能相加，如

p1＋p2 是无意义的。

2. 指针的关系运算

当两个指针指向同一个数组中的元素时，才能进行关系运算。不允许两个指向不同数组的指针进行比较，因为这样的判断没有任何实际意义。

当指针 p 和指针 q 指向同一数组中的元素时，则：

p<q　　当 p 所指的元素在 q 所指的元素之前时，表达式的值为 1；反之为 0。

p>q　　当 p 所指的元素在 q 所指的元素之后时，表达式的值为 1；反之为 0。

p＝＝q　当 p 和 q 指向同一元素时，表达式的值为 1；反之为 0。

p！＝q　当 p 和 q 不指向同一元素时，表达式的值为 1；反之为 0。

指针不能与一般数值进行关系运算，但指针可以和零之间进行等于或不等于的关系运算。即：pa＝＝0 或 pa！＝0

这是用于判断指针 pa 是否是个空指针的关系运算。

例如，有指针变量 p1 和 p2，则下面的语句是合法的：

```
if(p1==p2)printf("Two pointers are equal.");
```

可以应用于判断指针是否指向同一个对象。

【例 8-8】 计算字符串的长度。

```
#include <stdio.h>
void main()
{
    char s[20];char *p;
    printf("请输入一个小于 20 个字符的字符串：");
    scanf("%s",s);
    p=s;
    while(*p!='\0')p++;
    printf("这个字符串的长度是 %d:",p-s);
}
```

运行结果是：

```
请输入一个小于 20 个字符的字符串：jhfk
这个字符串的长度是：4
```

说明：首先将字符型数组 s 的首地址赋给指向字符型的指针变量 p；用指针 p 的目标 ＊p 是否等于字符串结束标识符'\0'判断被检测字符串是否结束，如果 ＊p＝＝'\0'则检测结束，停止循环；如果表达式 ＊p！＝'\0'成立，则进行 p 加 1 操作。p－s 表示指针相减，此时指针 p 指向的字符串结束标志符之前的地址，s 是字符数组的首地址，两个地址量进行相减的差就是两地址量之间的数据个数，即字符个数，就是被测字符串的长度。

由于 while 循环语句中的循环控制表达式是 ＊p！＝'\0'，而'\0'的实际值就是零值。因此可以将其循环控制条件表达式简化为 ＊p，这样 while 语句循环控制表达式可以写成：while(* p)。实际上，可将检测字符串长度的功能函数段写成一个功能函数：

```
slength(char * s)
{
    char * p=s;
    while(* p) p++;
    return(p-s);
}
```

函数 slength()中的返回值表达式是两个指针相减 p－s，其差就是被检测的字符串的长度。

在检测字符串长度时，可以调用 slength(s)函数，这样程序的模块化更加明显。

【例 8-9】 调用检测字符串长度函数 slength(s)检测字符串的长度。

```
#include <stdio.h>
slength(char * s)
{
    char * p=s;
    while(* p)p++;
    return(p-s);
}
void main()
{
    char s[20];
    printf("请输入一个小于 20 个字符的字符串:");
    scanf("%s",s);
    printf("这个字符串的长度是 %d\n",slength(s));
}
```

3．指针运算的优先级

＋＋、－－和 * 具有同等优先级，且遵循自右向左结合的原则。

＋＋p 与 p＋＋，－－p 与 p－－是不同的。

因此：* p＋＋等同于 * (p＋＋)。

作用：＋＋ * p 是先进行 * p 的操作，得到 p 所指变量的值后加 1 操作。

*(＋＋p)操作为先将指针 p 加 1，然后是 * p 操作。

【例 8-10】 对指针变量进行如下的加 1 运算。

① * p＋＋；

② *(p＋＋)；

③ *(＋＋p)。

```
#include <stdio.h>
void main()
{
```

```
    char str[]="abcde";
    char * p=str;
    printf("%c,%x\n", * p++,p);
    printf("%c,%x\n", * (p++),p);
    printf("%c,%x\n", * (++p),p);
}
```

运行结果为：

```
a,fff0
b,fff1
d,fff3
```

8.3.3 通过指针引用数组元素

引用一个数组元素，可以用下面两种方法。

(1) 下标法，如 a[i]形式。

(2) 指针法，如 *(a+i)或 *(p+i)。其中 a 是数组名，p 是指向数组元素的指针变量，其初值 p=a。

【例 8-11】 设一整型数组 a，有 10 个元素，要求输出数组的全部元素(下标法)。

```
#include <stdio.h>
void main()
{
    int a[10],i;
    for(i=0;i<10;i++)
        a[i]=i;
    for(i=0;i<10;i++)
        printf("a[%d]=%d\n",i,a[i]);
}
```

【例 8-12】 设一整型数组 a，有 10 个元素，要求输出数组的全部元素(通过数组名计算数组元素地址，找出元素的值)。

```
#include <stdio.h>
void main()
{
    int a[10],i;
    for(i=0;i<10;i++)
        * (a+i)=i;
    for(i=0;i<10;i++)
        printf("a[%d]=%d\n",i, * (a+i));
}
```

【例 8-13】 设一整型数组 a，有 10 个元素，要求输出数组的全部元素(用指针变量指向数组元素)。

```
#include <stdio.h>
void main()
{
    int a[10], *p,i;
    for(i=0;i<10;i++)
        *(p+i)=i;
    for(i=0;i<10;i++)
      printf("a[%d]=%d\n",i, *(p+i));
}
```

以上 3 个例题的运行结果均为：

```
a[0]=0
a[1]=1
a[2]=2
a[3]=3
a[4]=4
a[5]=5
a[6]=6
a[7]=7
a[8]=8
a[9]=9
```

【例 8-14】 用 a[i]、*(a+i)和 *p++这 3 种不同的方法访问数组元素。

```
#include <stdio.h>
void main()
{
    int a[5]={0,1,2,3,4};
    int *p,i;
    p=a;
    for(i=0;i<5;i++)
    {
        printf("%d",a[i]);
        printf("%d", *(a+i));
        printf("%d", *p++);
        printf("\n");
    }
}
```

运行结果为：

```
0 0 0
1 1 1
2 2 2
3 3 3
4 4 4
```

说明：第 3 种方法最快，第 1 种与第 2 种方法执行效率相同。

指向数组的指针变量也可以带下标，如 p[i]与 *(p+i)等价。

【例 8-15】 指针下标的应用。

```
#include <stdio.h>
void main()
{
    int array_i[5]={5,1,3,4,2};
    int *ptr, k;
    ptr=array_i;
    for(k=0;k<5;k++)
    {
        printf("%d    ",ptr[k]);
        printf("%d    \n",*(ptr+k));
    }
}
```

运行结果为：

```
5    5
1    1
3    3
4    4
2    2
```

注意：用 ptr[k]与用 *(ptr+k)显示出来的数组 array[ ]的数据是完全一样的。

【例 8-16】 有一个 3×3 的矩阵 a，要求用指针实现对它的转置操作。

分析：程序的结构可分为以下几块。

(1) 对数组 a 进行初始化。

(2) 输出原始数据 a 的值。

(3) 给数组 a 的指针 p 赋值。

(4) 进行数组元素的转置：3×i+j 与 3×j+i。

(5) 输出结果数组。

```
#include <stdio.h>
void main()
{
    int a[3][3]={1,2,3,4,5,6,7,8,9};
    int i,j,k,*p;
    for(i=0;i<3;i++)                    /*输出原始矩阵*/
    {
        for(j=0;j<3;j++)
            printf("%d    ",a[i][j]);
        printf("\n");
    }
```

```
    printf("--------\n");
    p=&a[0][0];                    /*给矩阵指针变量赋值*/
    for(i=0;i<3;i++)               /*矩阵元素转置*/
    {
        for(j=i;j<3;j++)
        {
        k=*(p+3*i+j);
        *(p+3*i+j)=*(p+3*j+i);
        *(p+3*j+i)=k;
        }
    }
    for(i=0;i<3;i++)
    {
        for(j=0;j<3;j++)
            printf("%d    ",a[i][j]);
        printf("\n");
    }
}
```

运行结果为：

```
1    2    3
4    5    6
7    8    9
--------
1    4    7
2    5    8
3    6    9
```

注意：

(1) p++(p+=1)：使p指向下一元素。

(2) *p++：先执行*p，后执行p+1→p。

(3) *(p++)与*(++p)不同。

(4) (*p)++：p指向的元素值加1，即(a[0]++)。

(5) *(p--)→a[i--]：先执行*，后执行-1；
(++p)→a[++i]：先执行+1，后执行；
(--p)→a[--i]：先执行-1，后执行。

8.3.4 数组名和指针变量作函数参数

对于函数的参数，可以用数组名和指针作为参数，共有4种组合。

(1) 形参和实参均用数组。

(2) 形参用数组而实参用指针。

(3) 形参用指针而实参用数组。

(4) 形参和实参均用指针。

1. 数组名作函数实参和形参

第 7 章提到用数组名作为函数参数时,数组名代表该数组的首地址,因此,在发生函数调用时,实参数组将它的地址值传递给形参数组,形参得到该地址后也指向同一数组。

【例 8-17】 如图 8-9 所示,将数组 a 中 n 个数反序排列。

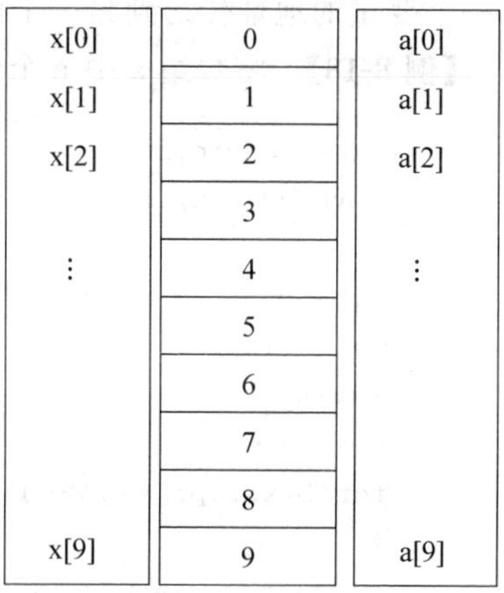

图 8-9 数组 a 中数据存放形式

```
#include <stdio.h>
void inv(int x[],int n)        /*数组名作形参*/
{
    int t,i,j,m=(n-1)/2;
    for(i=0;i<m;i++)
    {
     j=n-1-i;
     t=x[i];
     x[i]=x[j];
     x[j]=t;
    }
}
void main()
{
    int i,a[10]={0,1,2,3,4,5,6,7,8,9};
    printf("The orginal array:\n");
    for(i=0;i<10;i++)
        printf("%d ",a[i]);
    printf("\n");
    inv(a,10);                 /*数组名作实参*/
    printf("The array has been inverted:\n");
    for(i=0;i<10;i++)
        printf("%d ",a[i]);
    printf("\n");
}
```

运行结果为:

```
the orginal array:
0 1 2 3 4 5 6 7 8 9
the array has been inverted:
9 8 7 6 5 4 3 2 1 0
```

说明:在 main()函数中调用 inv()函数时,实参数组 a 将它的地址值传递给形参数组 x,这样形参数组和实参数组共同占用一段内存。x[0]与 a[0],x[1]与 a[1]等对应的数组元素所占的内存单元也一致。因此,在 inv()函数中改变了形参数组 x 元素的值,其实也改变了实参数组 a 元素的值。故在 main()函数中输出的是改变了顺序的值。

2. 指针变量作函数参数

函数的参数不仅可以是整型、浮点型、字符型等数据，还可以是指针类型，它的作用是将一个变量的地址传送到另一个函数中。

【例 8-18】 将数组 a 中 n 个数反序排列(用指针变量作函数实参和形参)。

```
#include <stdio.h>
void inv(int * x,int n)
{
    int * p,m,t, * i, * j;
    m=(n-1)/2;
    j=x+n-1;
    p=x+m;
    for(i=x;i<p;i++,j--)
    {
        t= * i; * i= * j; * j=t;
    }
}
void main()
{
    int i,a[10]={0,1,2,3,4,5,6,7,8,9}, * p;
    p=a;
    printf("The orginal array:\n");
    for(i=0;i<10;i++,p++)
        printf("%d ", * p);
    printf("\n");
    p=a;
    inv(p,10);
    printf("The array has been inverted:\n");
    for(p=a;p<a+10;p++)
        printf("%d ", * p);
    printf("\n");
}
```

运行结果为：

```
The orginal array:
0 1 2 3 4 5 6 7 8 9
The array has been inverted:
9 8 7 6 5 4 3 2 1 0
```

【例 8-19】 用选择法对 10 个整数由小到大排序(实参用指针，形参用数组)。

```
#include <stdio.h>
void main()
```

```
{
    void sort(int x[],int n);
    int *p,i,a[10];
    p=a;
    printf("请输入 10 个整数: \n");
    for(i=0;i<10;i++)
        scanf("%d",p++);
    p=a;
    sort(p,10);
    printf("从小到大排序为: \n");
    for(p=a,i=0;i<10;i++)
    {
        printf("%d    ",*p);
        p++;
    }
    printf("\n");
}
void sort(int x[],int n)
{
    int i,j,k,t;
    for(i=0;i<n-1;i++)
    {
        k=i;
        for(j=i+1;j<n;j++)
        if(x[j]<x[k]) k=j;
        if(k!=i)
        {
            t=x[i];x[i]=x[k];x[k]=t;
        }
    }
}
```

运行结果为:

```
请输入 10 个整数:
8 3 4 1 5 7 2 9 10 6 <Enter>
从小到大排序为:
1    2    3    4    5    6    7    8    9    10
```

8.4 指针与字符串

8.4.1 字符串指针变量的定义与使用

字符串指针变量的定义与指向字符变量的指针变量是相同的。只能按对指针变量的不同赋值来区别。对指向字符变量的指针变量应赋予该字符变量的地址。如“char c, * p=&c;”表示 p 是一个指向字符变量 c 的指针变量。而“char ＊s="C Language";”则表示 s 是一个指向字符串的指针变量,把字符串的首地址赋予 s。例如:

【例 8-20】 字符串指针变量的定义。

```
#include <stdio.h>
void main()
{
    char *ps;
    ps="C Language";
    printf("%s",ps);
}
```

运行结果为:

```
C Language
```

说明:该例中,首先定义 ps 是一个字符指针变量,然后把字符串的首地址赋予 ps。应写出整个字符串,以便编译系统把该字符串装入连续的一块内存单元,并把首地址送入 ps。程序中的“char ＊ps;ps="C Language";”等价于“char ＊ps="C Language";”。

【例 8-21】 输出字符串中 n 个字符后的所有字符。

```
#include <stdio.h>
void main()
{
    char *ps="this is a book";
    int n=10;
    ps=ps+n;
    printf("%s\n",ps);
}
```

运行结果为:

```
book
```

说明:在程序中对 ps 初始化时,即把字符串首地址赋给 ps,当执行 ps= ps+10 之后,ps 指向字符"b",因此输出为"book"。

【例 8-22】 在输入的字符串中查找有无"k"字符。

```
#include <stdio.h>
void main()
{
    char st[20],*ps;
    int i;
    printf("Input a string:");
    ps=st;
    scanf("%s",ps);
    for(i=0;ps[i]!='\0';i++)
```

```
    if(ps[i]=='k')
    {
        printf("There is a 'k' in the string.\n");
        break;
    }
    if(ps[i]=='\0')     printf("There is no 'k' in the string.\n");
}
```

运行结果为：

```
Input a string:abckdefg
There is a 'k' in the string.
```

【例 8-23】 在 printf 语句中用指针变量 PF 代替格式串。

```
#include <stdio.h>
void main()
{
    static int a[3][4]={97,98,99,100,101,102,103,104,105,106,107,108};
    char * PF;
    PF="%s,%s,%s,%s,%s\n";
    printf(PF,a, * a,a[0],&a[0],&a[0][0]);
    printf(PF,a+1, * (a+1),a[1],&a[1],&a[1][0]);
    printf(PF,a+2, * (a+2),a[2],&a[2],&a[2][0]);
}
```

运行结果为：

```
a,a,a,a,a
e,e,e,e,e
i,i,i,i,i
```

说明：该程序是将指针变量指向一个格式字符串，用在 printf()函数中，用于输出二维数组的各种地址表示的值。但在 printf()语句中用指针变量 PF 代替了格式串。这也是程序中常用的方法。

【例 8-24】 把字符串指针作为函数参数使用。

要求：

(1) 把一个字符串的内容复制到另一个字符串中，但不能使用 strcpy()函数。

(2) 函数 cprstr()的形参为两个字符指针变量。pss 指向源字符串，pds 指向目标字符串。

```
#include <stdio.h>
cpystr(char * pss,char * pds)
{
    while(( * pds= * pss)!='\0')
    {
```

```
        pds++;
        pss++;
    }
}
void main()
{
    char *pa="CHINA",b[10],*pb;
    pb=b;
    cpystr(pa,pb);
    printf("string a=%s\nstring b=%s\n",pa,pb);
}
```

运行结果为:

```
string a=CHINA
string b=CHINA
```

说明:

(1) 程序完成了两项工作。一是把 pss 指向的源字符串复制到 pds 所指向的目标字符串中。二是判断所复制的字符串是否为'\0'。若是,则表明源字符串结束,不再循环;否则,pds 和 pss 都加 1,指向下一字符。

在主函数中,以指针变量 pa、pb 为实参,分别取得确定值后调用 cpystr()函数。由于采用的指针变量 pa 和 pss、pb 和 pds 均指向同一字符串,因此,在主函数和 cpystr()函数中均可使用这些字符串。

(2) 可以把 cpystr()函数简化为以下形式:

```
cpystr(char *pss,char *pds)
{
    while ((*pds++=*pss++)!='\0');
}
```

即把指针的移动和赋值合并在一个语句中。

(3) 进一步分析还可发现'\0'的 ASCII 码为 0,对于 while 语句只要表达式的值为非 0 就进行循环,为 0 则结束循环,因此,也可省去!= '\0' 这一判断部分,写为以下形式:

```
cpystr(char *pss,char *pds)
{
    while (*pds++=*pss++);
}
```

表达式的意义可解释为,源字符向目标字符赋值,移动指针,若所赋值为非 0 则进行循环,否则结束循环。这样使程序更加简洁。

8.4.2 字符串指针变量与字符数组的区别

使用字符串指针变量和字符数组都可实现字符串的存储和运算。但是两者是有区别的。在使用时应注意以下几个问题。

(1) 字符串指针变量是一个变量,用于存放字符串的首地址。而字符串存放在以该首地址为首的一块连续的内存空间中,并以'\0'作为串的结束。字符数组是由若干个数组元素组成的,它可用来存放整个字符串。

(2) 对字符数组作初始化赋值,必须采用 extern 数据或 static 数据,例如:

```
static char st[]={"C Language"};
```

而对字符串指针变量则无此限制,例如:

```
char *ps="C Language";
```

(3) 对字符串指针方式:

```
char *ps="C Language";
```

可以写为:

```
char *ps;ps="C Language";
```

而对数组方式:

```
static char st[]={"C Language"};
```

不能写为:

```
char st[20];
st={"C Language"};
```

而只能对字符数组的各个元素逐个赋值。

从以上几点可以看出字符串指针变量与字符数组在使用时的区别,同时也可看出使用指针变量更加方便。

前面介绍过,当一个指针变量在未取得确定地址前使用很容易引起错误。但是对指针变量直接赋值是可以的。因为 C 语言系统对指针变量赋值时要给予确定的地址。因此:

```
char *ps="C Language";
```

或者:

```
char *ps;
ps="C Language";
```

都是正确的。

8.5 指针与函数

8.5.1 函数指针变量

在 C 语言中规定,一个函数总是占用一段连续的内存区,而函数名就是该函数所占内存区的首地址。可以把函数的这个首地址(或称入口地址)赋给一个指针变量,使指针变量指向该函数,然后通过指针变量就可以找到并调用这个函数。这种指向函数的指针变量称为函数指针变量。

函数指针变量定义的一般格式为:

```
类型说明符(*指针变量名)();
```

其中,"类型说明符"表示被指函数的返回值的类型。"(* 指针变量名)"表示 * 后面的变量是定义的指针变量。最后的空括号表示指针变量所指的是一个函数。例如:

```
int(*pf)();
```

这个语句表示 pf 是一个指向函数入口的指针变量,该函数的返回值(函数值)是整型。

【例 8-25】 用指针形式实现对函数的调用。

```
#include <stdio.h>
int max(int a,int b)
{
    if(a>b)return a;
    else return b;
}
void main()
{
    int max(int a,int b);
    int(*pmax)();
    int x,y,z;
    pmax=max;
    printf("Input two numbers:");
    scanf("%d%d",&x,&y);
    z=(*pmax)(x,y);
    printf("maxmum=%d\n",z);
}
```

运行结果为:

```
Input two numbers:22 88 <Enter>
maxmum=88
```

说明:

(1) 先定义函数指针变量。

使用"int(*pmax)();"语句定义 pmax()为函数指针变量。

(2) 把被调函数的入口地址(函数名)赋予该函数指针变量。

如使用"pmax=max;"语句。

(3) 用函数指针变量形式调用函数。

使用"z=(*pmax)(x,y);"语句,调用函数的一般形式为(*指针变量名)(实参表)。

使用函数指针变量还应注意以下两点：

① 函数指针变量不能进行算术运算，这是与数组指针变量不同的。

② 数组指针变量加减一个整数可使指针移动指向后面或前面的数组元素，而函数指针的移动是毫无意义的。

(4) 函数调用中"(*指针变量名)"的两边的括号不可少，其中的*不应该理解为求值运算，在此处它只是一种表示符号。

8.5.2 指针型函数

所谓函数类型是指函数返回值的类型。在C语言中允许一个函数的返回值是一个指针(即地址)，这种返回指针值的函数称为指针型函数。

指针型函数定义的一般格式为：

```
类型说明符 *函数名(形参表)
{
    …                           /*函数体*/
}
```

其中函数名之前加了*，表明这是一个指针型函数，即返回值是一个指针。"类型说明符"表示了返回的指针值所指向的数据类型。

例如：

```
int *ap(int x,int y)
{
    …                           /*函数体*/
}
```

该程序段中ap是一个返回指针值的指针型函数，它返回的指针指向一个整型变量。

【例8-26】 通过指针函数，输入一个1～7的整数，输出对应的星期名。

```
#include <stdlib.h>
#include <stdio.h>
void main()
{
    int i;
    char *day_name(int n);
    printf("Input Day No:");
    scanf("%d",&i);
    if(i<0) exit(1);
    printf("\nDay No:%2d-->%s\n",i,day_name(i));
}
char *day_name(int n)
{
    static char *name[]={"Illegal day","Monday","Tuesday",
                         "Wednesday","Thursday","Friday",
```

```
                    "Saturday","Sunday"
    };
    return((n<1||n>7)?name[0]:name[n]);
}
```

运行结果为：

```
Input Day No:1<Enter>
Day No: 1-->Monday
```

说明：

(1) 定义了一个指针型函数 day_name()，它的返回值指向一个字符串。

(2) 该函数中定义了一个静态指针数组 name。name 数组初始化赋值为 8 个字符串，分别表示各个星期名及出错提示。

(3) 在主函数中，把输入的整数 i 作为实参，在 printf()语句中调用 day_name()函数并把 i 值传送给形参 n。形参 n 表示与星期名所对应的整数。

(4) day_name()函数中的 return 语句包含一个条件表达式。n 值若大于 7 或小于 1 则把 name[0]指针返回主函数，输出出错提示字符串"Illegal day"；否则返回主函数，输出对应的星期名。

(5) 主函数中的"if(i<0) exit(1);"语句是个条件语句，其语义是，如输入为负数(i<0)则终止程序运行，退出程序。exit()是一个库函数，exit(1)表示发生错误后退出程序，exit(0)表示正常退出。

注意：函数指针变量和指针型函数这两者在写法和意义上的区别。如 int(*p)()和 int*p()是两个完全不同的量。int(*p)()是一个变量说明，说明 p 是一个指向函数入口的指针变量，该函数的返回值是整型，(*p)的两边的括号不能少。int*p()则是函数说明，说明 p 是一个指针型函数，其返回值是一个指向整型量的指针，*p 两边没有括号。作为函数说明，在括号内最好写入形式参数，这样便于与变量说明区别。对于指针型函数的定义，int*p()只是函数头部分，一般还应该有函数体部分。

8.6 指针数组和二级指针

1. 指针数组

若一个数组的元素值为指针，则该数组为指针数组。指针数组是一组有序的指针的集合，它的所有元素都必须是具有相同存储类型和指向相同数据类型的指针变量。指针数组定义的一般格式为：

```
类型说明符 *数组名[数组长度说明];
```

其中"类型说明符"为指针所指向的变量的类型。例如：

```
int *pa[2];
```

指针数组的初始化，例如：

```
int * pa[2]={a[0],a[1]};
```

【例 8-27】 通过指针数组输出一个整型二维数组的值。

```
#include <stdio.h>
void main()
{
    int a[2][3]={1,3,5,7,9,11};
    int * pa[2]={a[0],a[1]},i,j;
    for(i=0;i<2;i++)
        for(j=0;j<3;j++,pa[i]++)
            printf("a[%d][%d]=%d\n",i,j,* pa[i]);
}
```

运行结果为：

```
a[0][0]=1
a[0][1]=3
a[0][2]=5
a[1][0]=7
a[1][1]=9
a[1][2]=11
```

【例 8-28】 字符型指针数组的应用。

```
#include <stdio.h>
void main()
{    char * string[]={"ABCDEF","BCADEFGKIJ","abc","wxyaqpgecdeny"};
    int i;
    for(i=0;i<4;i++)
        printf("%s\n",string[i]);
}
```

运行结果为：

```
ABCDEF
BCADEFGKIJ
abc
wxyaqpgecdeny
```

用字符串对指针数组 string 初始化，再通过指针数组将字符串输出。可见用字符型指针数组处理多个任意长度的字符串，比使用字符型数组方便。

2. 二级指针

前面介绍的指针都是一级指针，一级指针变量是存放地址的变量，一个指针变量存放了谁的地址，这个指针变量就指向谁。如果一个指针变量存放另一个指针变量的地址，那么,这个变量就是指向指针的指针变量,也就是二级指针。如图 8-10 所示。

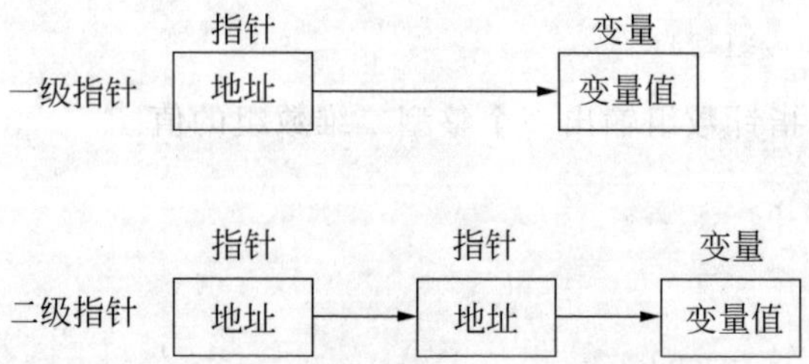

图 8-10 一级指针和二级指针

二级指针的定义格式为:

数据类型 **指针名

其中,"指针名"前面有两个"*",表示是一个二级指针。

例如,有以下定义:

```
int a, * p1,* * p2;
p1= &a;
p2= &p1;
```

指针 p1 存放变量 a 的地址,即指向了变量 a,指针 p2 存放一级指针 p1 的地址,即指向了 p1,因此,p1 是一级指针,p2 是二级指针。

【例 8-29】 利用一级、二级指针输出变量 a 的值,并且给出这两个指针的内容。

```
#include <stdio.h>
void main()
{
    int a=11 ;
    int * p1= &a ;
    int * * p2= &p1;
    printf("a=%d\n",a);
    printf("* p1=%d            p1=%p\n", * p1,p1);
    printf("* * p2=%d          p2=%p\n", * * p2,p2);
}
```

运行结果为:

```
a=11
* p1=11          p1= 0012FF7C
* * p2=11        p2= 0012FF78
```

注意:通过运行结果可以看到,变量 a、* p1、* * p2 三者等价。程序输出的地址(指针)在不同的系统中可能是不一样的。

8.7 main()函数的形参、动态存储分配和 void 指针

8.7.1 指针数组作为 main()函数的形参

前面介绍的 main()函数都是不带参数的。因此，main()函数后的括号都是空括号。实际上，main()函数可以带参数，这个参数可以认为是 main()函数的形式参数。C 语言规定 main()函数的参数只能有两个，习惯上这两个参数写为 argc 和 argv。因此，main()函数的函数头可写为 main (argc,argv)。

C 语言还规定 argc(第一个形参)必须是整型变量，argv(第二个形参)必须是指向字符串的指针数组。加上形参说明后，main()函数的函数头应写为：

```
main(argc,argv)
int argc;
char * argv[];
```

或写成：

```
main(int argc,char * argv[])
```

由于 main()函数不能被其他函数调用，因此，不可能在程序内部取得实际值。那么，如何把实参值赋予 main()函数的形参呢？实际上 main()函数的参数值是从操作系统命令行上获得的。当要运行一个可执行文件时，在 DOS 提示符下输入文件名，再输入实际参数，即可把这些实参传送到 main()函数的形参中去。DOS 提示符下命令行的一般格式为：

```
C:\>可执行文件名 参数 1 参数 2…参数 n
```

但是应该特别注意的是，main()函数的两个形参和命令行中的参数在位置上不是一一对应的。因为 main()函数的形参只有两个，而命令行中的参数个数原则上未加限制。argc 参数表示了命令行中参数的个数(注意，文件名本身也算一个参数)，argc 的值是在输入命令行时由系统按实际参数的个数自动赋予的。

【例 8-30】 显示命令行中输入的参数。

```
#include <stdio.h>
void main(int argc,char * argv[])
{
    while(argc-->1)
    printf("%s\n", * ++argv);
}
```

如果例 8-30 中的可执行文件名为 ex7_30. exe，存放在 C 盘内，则输入的命令行为：

```
C:\>ex7_30 BASIC DBASE
```

运行结果为：

```
BASIC
DBASE
```

说明：该行共有 3 个参数，执行 main()时，argc 的初值即为 3。argv 的 3 个元素分别为 3 个字符串的首地址。执行 while 语句，每循环一次 argv 值减 1，当 argv 等于 1 时停止循环，共循环 2 次，因此，共输出 2 个参数。在 printf()函数中，由于打印项 *++argv 是先加 1 再打印，故第一次打印的是 argv[1]所指的字符串 BASIC，第二次循环打印字符串 DBASE。参数文件名不必输出。

8.7.2 动态存储分配

在实际编程中，往往会遇到这种情况：所需要的内存空间大小无法预知，要根据实际得到数据的多少来决定。例如，读入一个文本，并打印出一份在此正文中出现的字及其出现次数的表。在程序中无法事先知道正文中出现了哪些字，也就不可能用一个二维数组把它都装进去。怎样动态地开辟和释放存储单元呢？C 语言编译系统的库函数提供了以下有关函数。

1. malloc()函数

malloc()函数的作用是在内存的动态存储区中分配一个长度为 size 的连续空间。此函数的值(即返回值)是一个指针，它的值是该分配域的起始地址。如果此函数未能成功地执行，则返回值为 0。例如：

```
malloc(100);          /* 开辟 100 字节的临时分配域，函数值为其第 1 个字节的地址 */
```

2. calloc()函数

calloc()函数的作用是在内存的动态存储区中分配 n 个长度为 size 的连续空间。函数返回一个指向分配域起始位置的指针；如果分配不成功，返回 0。例如：

```
p=calloc(50,4);    /* 开辟 50×4 个字节的临时分配域，把起始地址赋给指针变量 p */
```

3. free()函数

free()函数的作用是释放由指针变量 p 指向的动态空间，使这部分空间能被其他变量使用。p 是最近一次调用 calloc()或 malloc()函数时返回的值。free()函数无返回值。例如：

```
free(p);              /* 释放指针变量 p 指向的已分配的动态空间 */
```

4. realloc()函数

如果通过 malloc()函数或 calloc()函数获得了临时分配域，想改变函数大小，可以用 realloc()函数重新分配。将 p 所指向的已分配的动态空间改为 size 大小。如果重新分配不成功，返回 0。例如：

```
realloc(p,50);      /*将p所指向的已分配的动态空间改为50字节*/
```

上面4个函数的声明在stdlib.h头文件中，在用到这些函数时应当用#include <stdlib.h>命令把stdlib.h头文件写入程序文件中。

注意：许多C语言版本提供的malloc()和calloc()函数得到的是指向字符型数据的指针。但实际上，这些空间并不一定是用来存放字符的，如果程序中把它们用来存放整数，则要进行强制类型转换。新C语言标准提供的malloc()、calloc()和realloc()函数规定为void *类型。即不确定它指向哪一种具体的类型数据。

8.7.3 void指针类型

前面经常用到void关键字，用它说明一个函数不需要任何参数或者不返回任何值。其实，void关键字也可以定义一个通用的指针变量，它不指向任何具体的数据类型。例如：

```
void *pa;
```

说明：

(1) pa是一个通用的指针变量，不要把"指向void类型"理解为能指向"任何的类型"的数据，而应理解为"指向空类型"或"不指向确定的类型"的数据。

(2) void类型的指针变量最常见的用法是说明函数参数。如果指明函数的实参是void型的指针，就不会限定函数只接收一种数据类型的参数，而是可以接收任何类型的参数，这样程序的灵活性大大提高了。

(3) 空指针变量与指向空的指针变量是不同的概念。空指针是其值为0的指针变量，它不指向任何可访问的内存区域，常用作某种标志。而指向空的指针变量可以有某个内存区域的地址值，它一般作为指针类型相互转换的过渡类型。

(4) 在将void指针类型的值赋给另外一指针变量时要进行强制类型的转换使之符合于被赋值的变量的类型。例如：

```
int *p1;
void *p2;
p1=(int *)p2;
```

同样可以用(void *)p1将p1的值转换为void *类型。例如：

```
p2=(void *)p1
```

也可以将一个函数定义为void *类型。例如：

```
void *func(int a,int b)
```

表示函数func()返回的是一个地址，它指向"空类型"，如需要引用此地址，也需要根据情况对之进行类型转换。

【例8-31】 利用calloc()函数动态分配内存空间。

```
#include <stdio.h>
```

```
#include <stdlib.h>
void main()
{
    int num;
    int *ptr,i;
    int *p;
    printf("Enter the number of type into allocate:");
    scanf("%d",&num);
    ptr=(int *)calloc(num,sizeof(int));
    if(ptr!=NULL)
    {
        puts("Memory allocation was successful.");
        p=ptr;
        for(i=0;i<num;i++)
            *p++=i;
           for(i=0;i<num;i++)
               printf("%d",ptr[i]);
        printf("\n");
    }
    else
        puts("Memory allocation failed.");
}
```

运行结果为：

```
Enter the number of type into allocate:10
Memory allocation was successful.
0123456789
```

8.8 程序案例

【例 8-32】 输入一个字符串，编写程序，输出其中 ASCII 码值最大的元素。

```
#include <stdio.h>
void main()
{
    char a[100],*p,max;
    p=a;
    printf("请输入一个字符串：");
    scanf("%s",p);
    max=*p;
    while(*p!='\0')
    {
        p++;
```

```
        if(max< * p)
        max= * p;
    }
    printf("ASCII 码值最大的是:%c\n",max);
}
```

运行结果为:

```
请输入一个字符串: ajiqdwjierlkji<Enter>
ASCII 码值最大的是:w
```

【例 8-33】 编写一个函数,求一个字符串的长度。

要求:在 main()函数中输入字符串,并输出其长度。

```
#include <stdio.h>
length(p)            /* 求字符串长度函数 */
char * p;
{
    int n;
    n=0;
    while(* p!='\0')
    {
        n++;
        p++;         /* 字符串指针自增 */
    }
    return(n);
}
void main()
{
    int len;
    char * str[20];
    printf("请输入一个字符串:");
    scanf("%s",str);
    len=length(str);
    printf("字符串长度为:%d\n",len);
}
```

运行结果为:

```
请输入一个字符串: abcdefgh<Enter>
字符串长度为: 8
```

8.9 本章小结

指针是 C 语言中广泛使用的一种数据类型。运用指针编程是 C 语言最主要的应用之一。利用指针变量可以表示各种数据结构,能很方便地使用数组和字符串,并能像汇编语言一样处理内存地址，从而编出精练而高效的程序。指针极大地丰富了C语言的功能，现将本章的知识点归纳如下。

(1) 指针，就是某个对象所占用的存储单元的首地址，即指针是内存地址的别名。指针变量是专门用来存放其他变量首地址的变量。指针也是一个变量，它和普通变量一样占用一定的存储空间。但与普通变量不同的是，指针的存储空间中存放的是地址，而不是普通数据类型。

(2) 对指针变量的引用，C语言提供了两种有关的运算符，即取地址运算符 & 和间接访问运算符 *。

(3) 指针变量是表示地址的量。地址量并不是整数，它不像整数那样可以进行乘除等算术运算或移位运算，指针变量的取值和运算始终与内存地址的表示关联在一起，所以指针运算实际上是地址运算。因此，指针变量的运算受到严格的限制。

(4) 直接访问：按变量地址存取变量值。间接访问：将变量的地址存放在另一个变量所在的内存单元中。

(5) 对指针变量定义的一般格式为：

```
类型说明符 *变量名;
```

其中，“*”表示这是一个指针变量，“变量名”即为定义的指针变量名，“类型说明符”表示本指针变量所指向的变量的数据类型。

(6) 指针变量初始化的一般格式为：

```
数据类型 *指针变量名=内存地址;
```

(7) 定义一个整型数组和一个指向整型数组的指针变量：“int a[10], *p;”。

(8) 对指向字符变量的指针变量应赋予该字符变量的地址。例如，“char c, *p=&c;”表示 p 是一个指向字符变量 c 的指针变量。

(9) 函数指针变量定义的一般格式为：

```
类型说明符 (*指针变量名)();
```

其中，“类型说明符”表示被指函数的返回值的类型。“(*指针变量名)”表示 * 后面的变量是定义的指针变量。最后的空括号表示指针变量所指的是一个函数。

(10) 在C语言中允许一个函数的返回值是一个指针(即地址)，这种返回指针值的函数称为指针型函数。指针型函数定义的一般格式为：

```
类型说明符 *函数名(形参表)
{
        ...          /*函数体*/
}
```

其中函数名之前加了 *，表明这是一个指针型函数，即返回值是一个指针。“类型说明符”表示了返回的指针值所指向的数据类型。

(11) main()函数的形参、动态存储分配和 void 指针。

指针数组的一个应用是作为 main()函数的形参，main()函数可带两个形参，即：

```
main(int argc,char * argv[])
```

C语言编译系统的库函数提供了常用的内存管理函数有 malloc()、calloc()、realloc()和 free()函数。

8.10 习 题

一、填空题

1. 在C语言中专门有一种变量用于存放其他变量的地址,这种变量称为________。
2. 在C语言中,有一个特殊的运算符可以获取内存地址,该运算符是________。
3. 在C语言中,当使用指针指向一个函数时,这个指针称作________。
4. 指向指针的指针被称为________。
5. 以下程序的运行结果是________。

```
#include <stdio.h>
void fun721(int x,int y, int * z)
{
    * z=y-x;
}
void main()
{
    int a,b,c;
    fun721(10,5,&a);
    fun721(7,a,&b);
    fun721(a,b,&c);
    printf("%d,%d,%d\n",a,b,c);
}
```

6. 以下程序的运行结果是________。

```
#include <stdio.h>
int fun723(int b[],int n)
{
    int k,p=1;
    for(k=0;k<n;k++) p*=b[k];
    return p;
}
void main()
{
    int a[]={2,3,4,5,6,7,8,9};
    printf("%d\n",fun723(a,3));
}
```

7. 以下程序的运行结果是________。

```
#include <stdio.h>
void main()
{
    char str[]="ABCDEFG", * chp=&str[7];
    while(--chp>&str[0])
    putchar(* chp);
    putchar('\n');
}
```

8. 以下程序的运行结果是________。

```
#include <stdio.h>
void main()
{
    int a[]={2,4,6,8,10}, * pa=a,k;
    for(k=0;k<5;k++)
        a[k]= * p++;
    printf("%d\n",a[2]);
}
```

9. 以下程序的运行结果是________。

```
#include <stdio.h>
void fun726(char * w,int m)
{
    char s, * p1, * p2;
    p1=w;
    p2=w+m-1;
    while(p1<p2)
    {
        s= * p1++;
        * p1= * p2--;
        * p2=s;
    }
}
void main()
{
    char a[]="ABCDEFG";
    fun726(a,7);
    puts(a);
}
```

10. 若有 mypro. exe 程序的 main()函数有如下参数:

```
main(int c,char * v[])
```

且有命令行:mypro file1 file2＜Enter＞,则 c 的值是________,v[1]指向________。

11. 若有以下定义，则使指针 p 指向值为 49 的数组元素的表达式是 p=________。

```
int a[10]={19,23,44,17,37,28,49,36}, * p=a;
```

12. 若要使指针 p 指向一个由 malloc()申请的能存储 double 型数据的动态内存，请填空。

```
p=________ malloc(sizeof(double));
```

13. 有以下语句调用库函数 malloc()，使指针 st 指向能存储 11 个 int 型数据的动态存储空间，请填空。

```
st=(int * )____________________;
```

二、判断题

1. 指针变量实际上存储的并不是具体的值，而是变量的内存地址。 (　　)
2. 指针是变量，它具有的值是某个变量或对象的地址值，它还具有一个地址值，这两个地址值是相等的。 (　　)
3. 指针的类型是它所指向的变量或对象的类型。 (　　)
4. 定义指针时不可以赋初值。 (　　)
5. 指针可以赋值，给指针赋值时一定要类型相同，级别一致。 (　　)
6. 数组名中存放的是数组内存中的首地址。 (　　)
7. 数组元素可以用下标表示，也可以用指针表示。 (　　)
8. 使用字符指针和字符数组来存储字符串时，两者没有区别。 (　　)
9. 字符指针是指向字符串的指针，可以用字符串常量给字符指针赋值。 (　　)
10. 函数指针可以作为函数的参数。 (　　)

三、选择题

1. 下列关于指针说法的选项中，正确的是(　　)。
   A. 指针是用来存储变量值的类型
   B. 指针类型只有一种
   C. 指针变量可以与整数进行相加或相减
   D. 指针不可以指向函数
2. 下列选项中，(　　)是取值运算符。
   A. *　　B. &　　C. #　　D. $
3. main(int argc, argv)中形参 argv 的正确使用形式应当是(　　)。
   A. char *argv[ ]　B. char argv[ ][ ]　C. char argv[ ]　D. char *argv
4. 语句“int(* p)();”的含义是(　　)。
   A. p 是一个指向一维数组的指针
   B. p 是一个指向整型数据的指针
   C. p 是一个指向函数的指针，该函数的返值是整型
   D. 以上都不对
5. 语句“int (* ptr)[M];”中标识符 ptr 是(　　)。

A. M个指向整型变量的指针

B. 指向M个整型变量的函数指针

C. 一个指向具有M个整型元素的一维数组的指针

D. 具有M个指针元素的一维指针数组

6. 若有“double ＊p[6];”语句,其含义是(　　)。

A. p是指向double型变量的指针　　B. p是double型数组

C. p是指向double类型的指针数组　D. p是数组指针

7. 函数说明语句“void ＊fun();”的含义是(　　)。

A. 函数fun()的返回值是一个通用型指针

B. 函数fun()的返回值可以是任意类型

C. 函数fun()无返回值

D. 指针fun()指向一个函数,该函数无返回值

8. 有“char b[5],＊p=b;”,正确的赋值语句是(　　)。

A. b="abcd";　B. ＊b="abcd";　C. p="abcd";　D. ＊p="abcd";

9. 有“char s[20]="programming",＊ps=s;”,不能引用字母o的表达式是(　　)。

A. ps+2　B. s[2]　C. ps[2]　D. ps+=2, ＊ps

10. 若以下程序所生成的可执行文件名为file1.exe。

```
void main(int argc,char  * argv[])
{
    while(argc-->1)
    {
        ++argv;
        printf("%s  ",*argv);
    }
}
```

设输入命令行:file1 china beijing wuhan<Enter>,程序的运行结果是(　　)。

A. china beijing wuhan　　B. file1 china beijing wuhan

C. wuhan beijing china file1　　D. c b s

11. 若有定义:“int i,j=2,＊p=&i;”,则能完成i=j赋值功能的语句是(　　)。

A. i=＊p　B. ＊p=＊&j　C. i=&j;　D. i=＊＊p

12. 设p1和p2是指向同一个int型一维数组的指针变量,k为int型变量,则下列不能正确执行的语句是(　　)。

A. k=＊p1+＊p2;　　B. p2=k;

C. p1=p2;　　D. k=＊p1＊(＊p2);

四、编程题

1. 编写将Language赋予数组x,然后输出如下图形的程序。

```
Language
anguage
```

```
nguage
guage
uage
age
ge
e
```

2. 使用指针,编写一个求字符串长度的递归函数。

3. 从键盘上输入两个字符串,对两个字符串分别按升序排序,然后将这两个字符串合并,合并后的字符串按 ASCII 码值从小到大升序排序,并删除相同的字符。

4. 使用指针,编写一个完成字符串反向的递归函数。

5. 编写函数 mygets(),其功能与 gets()标准函数相同。

6. 输入任意 3 个实数,按从大到小的顺序输出。要求用指针变量作为函数参数,编写程序。

7. 编写程序,实现查找字符串 s2 在字符串 s1 中第一次出现的位置。

8. 编写程序,实现用指向指针的指针对 5 个字符串排序并输出。

9. 有一个字符串,包含 n 个字符。编写一个函数,将此字符串中从第 m 个字符开始的全部字符复制成为另一个字符串。

10. 编写程序,统计从键盘输入的命令行中第二个参数所包含的英文字符个数。

第 9 章 构造数据类型

在实际生活和工作中，经常需要处理一些关系密切的数据，例如，描述公司一个员工的姓名、部门、职位、电话、E-mail 等，由于这些数据的类型各不相同，因此，要想对这些数据进行统一管理，仅靠前面所学的基本类型和数组很难实现。为此，C 语言提供了一种自定义数据类型的机制，用这种机制可以构造出复杂的数据类型，即构造数据类型，如结构体(structure)、共用体(union)、枚举(enum)等类型。

本章学习目标

1. 掌握结构体变量及其初始化的方法
2. 掌握结构体与数组、函数以及指针等结合使用的方法
3. 了解链表的建立，结点的插入、删除、查找等操作
4. 掌握共用体变量的定义及初始化的方法
5. 掌握枚举变量的定义与使用的方法
6. 掌握用 typedef 定义类型的方法

9.1 结构体类型

在实际应用中，一组数据往往具有不同的数据类型。例如，在学生登记表中，学号可为整型或字符型，姓名应为字符串，年龄应为整型，性别应为字符型，成绩可为整型或实型，显然不能用一个数组来存放这一组数据，因为数组中各元素的类型和长度都必须一致。怎样用数据结构来描述它们呢？在 C 语言中提供了一种称之为结构体的构造数据类型，用它可以把具有相互关系的、相同或不同类型的数据组合在一起，构成一个有机整体，进行统一管理。

不同于基本数据类型和数组等数据类型，对结构体类型的应用要先声明结构体“样板”，再定义结构体变量，之后才进行结构体成员的引用。

9.1.1 结构体类型声明

结构体类型是把不同类型的数据整合在一起，每一个数据都称为该结构体类型的成员。在程序设计中，使用结构体类型时，首先要对结构体类型进行声明，结构体类型声明的一般格式为：

```
struct 结构体类型名
{
    数据类型 成员名 1;
    数据类型 成员名 2;
       …
    数据类型 成员名 n;
};
```

说明：

(1) 在上述语法结构中,“struct”是结构体类型声明的关键字。

(2) 结构体类型名是用户定义的结构体的名字,命名规则遵循自定义标识符规则,在以后定义结构体变量时,使用该名字进行类型标识。

(3) 在“结构体类型名”下的花括号中,声明了结构体类型的成员项,每个成员是由“数据类型”和“成员名”共同组成。

(4) 整个结构体类型的定义作为一个完整的语句用分号结束。

例如,反映学生基本信息的结构体类型声明如下：

```
struct student          /* struct 结构体类型声明的关键字, student 是结构体名 */
{
    int num;            /* 存放学号 */
    char name[20];      /* 存放姓名 */
    char sex;           /* 存放性别 */
    int age;            /* 存放年龄 */
    float c,math;       /* 存放 C 语言,数学成绩 */
    char addr[30];      /* 存放家庭地址 */
};                      /* 以分号结束 */
```

上面声明了一个名为 student 的结构体类型,它包括 num、name、sex、age、c、math、addr 7 个不同数据类型的数据项,即由 7 个成员组成。该类型一旦声明,在程序中就和系统提供的其他数据类型(如 int、float)一样,在需要使用 student 变量的地方定义相应的结构体变量。

9.1.2 结构体变量的定义

要定义一个结构体类型的变量(结构体变量),可采用如下方法：

1. 结构体类型声明与结构体变量定义同时进行

这种定义的一般格式为：

```
struct 结构体类型名
{
    成员名表;
}结构体变量名表;
```

例如：

```
struct student
{
    int num;
    char name[20];
    char sex;
    int age;
    float c,math;
    char addr[30];
} stu1, stu2;                /*定义结构体变量 stu1 和 stu2*/
```

在声明 struct student 类型的同时，定义了两个 struct student 类型的变量 stu1 和 stu2。

2. 先声明结构体类型再定义结构体变量

先声明一个结构体类型，例如，上面已声明的一个结构体类型 struct student，可以用它来定义结构体变量。例如：

```
struct student
{
    int num;
    char name[20];
    char sex;
    int age;
    float c,math;
    char addr[30];
};
struct student stu1, stu2;     /*单独一个语句定义结构体变量 stu1 和 stu2*/
```

上面定义了 stu1 和 stu2 为 struct student 类型的变量，这样 stu1 和 stu2 就具有 struct student 类型的结构。

说明：关键字 struct 和结构体类型名 student 一起使用来定义结构体变量。

为了使用方便，通常用符号常量代表一个结构体类型，而不是用 struct 加结构体类型名。例如，在程序的开头用：

```
#define STUDENT struct student
```

这样在程序中，STUDENT 与 struct student 是等价的。例如：

```
STUDENT
{
    int num;
    char name[20];
    char sex;
    int age;
    float c,math;
```

```
    char addr[30];
};
STUDENT stu1,stu2;
```

这样就可以直接用STUDENT定义结构体变量。

用这种方法定义结构体变量和用标准数据类型定义变量相似,不必再考虑struct关键字。如果程序系统规模大,可以将结构体类型声明集中放于一个文件中。如果源文件需要此结构体类型则可以用#include命令将该文件包含到文件之中。这样做便于装配、修改和使用。

3. 不指定结构体类型名而直接定义结构体变量

定义结构体变量的一般格式为:

```
struct
{
    成员名表;
}结构体变量名表;
```

即在结构体类型声明中不给出结构体类型名,而直接定义结构体变量。但此种类型的结构体“样板”不能再对其他结构体变量进行直接定义。例如:

```
struct
{
    int num;
    char name[20];
    char sex;
    int age;
    float c,math;
    char addr[30];
} stu1,stu2;
```

方法3与方法1的区别仅仅是省去了结构体类型名,通常用在不需要再次定义此类型变量的情况。不建议初学者使用方法3定义结构体变量。方法2不能省略结构体类型名。

关于结构体变量的定义,需要注意以下6点。

(1) 结构体变量的定义只能在结构体类型声明之后进行。在编译时,对结构体类型进行声明不分配存储空间,而对结构体变量的定义则要按结构体类型的声明分配对应的存储空间。

(2) 结构体变量同样具有存储属性,即它们可以是外部型、自动型、静态型3种存储属性中的一种。不论结构体变量是外部的还是内部的,编译系统都会根据其所处的位置为其分配一定结构体类型的存储空间。这是因为结构体变量没有register存储属性。

(3) 对结构体变量的成员分配存储空间时,是按结构体类型声明时成员的顺序进行。但在这些成员实际的存储单元之间并不一定是连续的,这与具体使用的计算机结构有关。

例如,有些计算机的浮点变量需要从偶数地址开始安排存储单元作为其存储空间的首地址,如果这个浮点变量是紧跟着偶数地址开始的字符变量进行存储,其间必定会出现一个奇数地址的“空穴”。因此,为结构体变量的各个成员分配存储区域时,其结构体变量占用的总字节数并不一定就是该结构体类型各成员所占用存储空间字节数的总和,这时会多于字节数的总和。

(4) 可以对结构体变量成员进行赋值、存取和运算,但不能对结构体变量整体进行操作,因为它只是一个空洞的模板。对结构体类型中成员的引用是单独进行的,它的作用和地位与普通变量相同。

(5) 结构体成员也可以是一个结构体类型,即结构体类型是可以嵌套的。

```
struct date
{
    int month;
    int day;
    int year;
};
struct student
{
    int num;
    char name[20];
    char sex;
    int age;
    struct date birthday;        /*成员是另一个结构体变量*/
    char addr[30];
}stu1,stu2;
```

上述结构体类型先声明了一个 struct date 结构体类型,它表示日期,包括 3 个成员:month(月)、day(日)、year(年)。然后在声明 struct worker 时,其成员 birthday 被声明为 struct date 类型,struct worker 结构体类型的结构如表 9-1 所示。

表 9-1 **struct student 结构体类型**

<table>
<tr><td rowspan="2">num</td><td rowspan="2">name</td><td rowspan="2">sex</td><td rowspan="2">age</td><td colspan="3">birthday</td><td rowspan="2">addr</td></tr>
<tr><td>month</td><td>day</td><td>year</td></tr>
</table>

由此可知,已声明的结构体类型可以与其他标准类型一样用于声明结构体成员的类型。

(6) 结构体成员名可以与程序中的变量名同名,两者代表不同的对象。例如,程序中可以另外定义一个变量 age,它与 struct student 中的 age 不一样,它们之间互不干扰。这与数据库中的内存变量和字段变量又不相同。

结构体类型声明和结构体变量定义与数据库中建立库结构相似,而数据库数据的输入和引用与结构体变量的初始化或赋值相似。

一个结构体变量占用内存的实际大小,也可以用测试数据长度运算符 sizeof 求出。

sizeof 运算符使用的一般格式为：

```
sizeof(运算项);
```

“运算项”可以是结构体变量，下面给出的例子和运算结果可以清楚地看到 sizeof 运算符的使用方法。

【例 9-1】 sizeof 运算符在结构体变量中的应用。

```
#include <stdio.h>
struct student
{
    char name[20];
    char sex;
    int age;
    char addr[100];
}stu;
void main()
{
    printf("结构体变量 stu 占用的字节数是%d\n",sizeof stu);
}
```

运行结果为：

```
结构体变量 stu 占用的字节数是 128
```

说明：在定义结构体变量后，系统为之分配内存单元。根据结构体类型中包含的成员情况，在 VC++ 中应当占 125 字节，但由于在计算机内存中一般以 4 字节为一个“字”。如果在一个“字”中只存放了一个字符，虽然只占一个字节，但其余 3 字节不会接着存放下一个整数或浮点数，而会从下一个“字”开始存放其他数值型数据。因此，在用 sizeof 运算符测量结构体类型及结构体变量 stu 的字节数时，并不是理论值 125，而是 128。

9.1.3 结构体变量的初始化以及成员的引用

1. 结构体变量的初始化

在进行结构体变量定义的同时也可以给出其每个成员的具体值，这就是结构体变量的初始化。根据结构体变量定义方式的不同，结构体变量初始化的方式可分为两种。

(1) 在声明结构体类型和定义结构体变量的同时，对结构体变量初始化，具体示例如下：

```
struct student
{
    int num;
    char name[20];
    char sex;
} stu={1001,"zhang san",'M'};
```

上述程序段在定义结构体变量 stu 的同时,就对其中的成员进行了初始化。

(2) 在声明结构体类型后,对结构体变量初始化,具体示例如下:

```
struct student
{
    int num;
    char name[20];
    char sex;
};
struct student stu={1001,"zhang san",'M'};
```

在上述程序段中,首先声明了一个结构体类型 student,然后在定义结构体变量时,为其中的成员进行初始化。

2. 结构体变量中成员的引用

(1) 一般情况下,不能将一个结构体变量作为整体来引用,只能引用其中的成员。在C语言中,引用结构体变量中成员的格式为:

结构体变量名.成员名

其中,“.”是成员运算符。

例如,下列的语句用于引用结构体变量 stu1 中 num 成员:

```
stu.num
```

(2) 如果成员本身又是一个结构,则必须逐级找到最低级的成员才能使用。例如:

```
stu1.birthday.month
```

(3) 仅在以下 2 种情况下,可以把结构体变量作为一个整体来访问。

① 结构体变量整体赋值,例如:

```
stu2=stu1;
```

② 取结构体变量地址,例如:

```
printf("%ox",&stu);                /*输出 stu 的首地址*/
```

结构体变量的地址主要用作函数的参数,即传递结构体的地址,这点和数组类似。

另外,结构体成员的地址也可以引用,例如:

```
scanf("%d",&stu.age);             /*输入 stu.age 的值*/
```

【例 9-2】 对结构体变量进行初始化赋值、引用以及输出。

```
#include <stdio.h>
struct student
{
    long int num;
```

```
    char name[20];
    char sex;
    int age;
    char addr[30];
}stu={100001,"zhang san",'M',21,"105-112-7"};
void main()
{
    stu.age=19;
    printf("Num:%d\nName:%s\nSex:%c\nAge:%d\nAddress:%s\n",
    stu.num,stu.name,stu.sex,stu.age,stu.addr);
}
```

运行结果为：

```
Num:100001
Name:zhang san
Sex:M
Age:19
Address:105-112-7
```

9.2 结构体数组

一个结构体变量中可以存放一组数据(如一个学生的学号、姓名、成绩……)。如果有10个学生的数据需要参加运算，显然应该用数组，这就是结构体数组。结构体数组与以前介绍过的数值型数组不同之处在于，每个数组元素都是一个结构类型的数据，它们都分别包括各个成员项。

1. 结构体数组的定义

和定义结构体变量的方法相仿，只需要声明其为数组即可。

例如：

```
struct student                    /*声明结构体类型 struct student*/
{
    int num;
    char name [20];
    char sex;
    int age;
    float score;
    char addr [30];
    long tel;
};
struct student stu[3];            /*定义 struct student 类型的数组*/
```

以上定义了一个数组 stu，其元素为 struct student 类型数据，数组有 3 个元素。也可

以直接定义一个结构体数组,例如:

```
struct student
{
    int num;
    …
} stu[3];
```

或:

```
struct
{
    int    num;
    …
} stu [3];
```

具体内容如表 9-2 所示。

表 9-2 结构体数组及其元素

	num	name	sex	age	score	addr
stu[0]	10001	Li Lin	M	18	87.5	103 Beijing road
stu[1]	10002	Zhang Fan	M	19	99	130 Shanghai road
stu[2]	10003	Wang Min	F	20	78.5	1010 Zhongshan road

数组各元素在内存中连续存放,存放方式如表 9-3 所示。

表 9-3 数组各元素在内存中的存放方式

10001	"Zhang Fan"
"Li Lin"	'M'
'M'	19
18	99
87.5	"130 Shanghai road"
"103 Beijing road"	…
10002	

2. 结构体数组的初始化

对结构体数组初始化的一般形式是在定义结构体数组的后面加上:“={初值表列};”,例如:

```
struct student
{
    int num;
    char name[20];
    char sex;
```

```
    int age;
    float score;
    char add[30];
}stu[3]={{10001,"Li Lin",'M',18,87.5,"103 Beijing road"},{10002,"Zhang Fan",'M',
19,99,"130 Shanghai road"}, {10003," Wang Min", ' F ', 20, 78. 5," 1010 Zhongshan
road"}};
```

定义数组 stu 时,元素个数可以不指定,即写成以下形式:

```
stu[]={{…},{…},{…}};
```

编译时,系统会根据给出初值的常量个数来确定数组元素的个数。

当然,数组的初始化也可以用以下格式:

```
struct student
{
    int num;
    …
};
struct  student  stu[]={{ …},{…},{…}};
```

9.3 结构体与函数

和普通变量一样,结构体变量也可以作为函数参数,用于在函数之间传递数据。同时,函数的返回值也可以是结构体变量。

9.3.1 结构体变量作为函数参数

调用函数时,可以把结构体作为参数传递给函数。由于结构体是多个不同数据类型的数据集合,将它们传递给函数时,可以采用值传递的方式,把每个成员的数据作为一个个的参数传递给函数。也可以采用地址传递的方式,把结构体的存储区域的首地址作为参数传递给函数。在被调函数中用指向相同结构体类型的指针接收该地址量,然后通过结构体指针来处理结构体的各成员项。

将一个结构体变量的成员传递给一个函数时,实际上是将这个成员的数据传递给这个函数,即传递的只相当于一个简单的变量,例如,有如下结构体类型:

```
struct fred
{
    char x;
    int y;
    float z;
}mike;
```

如果将 mike 结构体变量的每个成员传递给函数,只能采取如下的参数传递方式进行。

```
func1(mike.x)                    /*传递 x 的值给函数 func1*/
func2(mike.y)                    /*传递 y 的值给函数 func2*/
func3(mike.z)                    /*传递 z 的值给函数 func3*/
```

从上面可以看出,每次只传递一个参数。多个参数传值方式如下:

```
func(mike.x,mike.y,mike.z)
```

但在成员项较多时,就会特别不方便,C语言编译系统允许采用整个结构体传递给被调函数。例9-3就是结构体传递的例子,它要求被调函数应具有相同结构体类型的结构体变量,用于接收传递过来的结构体的各个成员项。

【例 9-3】 将结构体变量整体传递给函数。

```
#include <stdio.h>
void main()
{
    void fi(parm);
    struct
    {
        int a;
        int b;
        char ch;
    }arg;
    arg.a=100;
    printf("这是一个将结构体变量整体传递的例子\n");
    printf("main()中的结构体变量 arg 的成员 a 的值是 %d\n",arg.a);
    fi(arg);
}
void fi(parm)
struct
{
  int x;
  int y;
  char ch;
}parm;
{
   printf("函数 fi()中的结构体变量 parm 的成员 x 的值是%d\n",parm.x);
}
```

运行结果为:

```
这是一个将结构体变量整体传递的例子
main()中的结构体变量 arg 的成员 a 的值是 100
函数 fi()中的结构体变量 parm 的成员 x 的值是 100
```

说明:程序运用并列的结构体类型声明形式在技术上并没错误,但并不是提倡的使用方法。通常是声明一个具有全局属性的结构体类型,然后用该结构体类型名来定义所需要的各个结构体变量,这种方法使程序更加简练。

【例 9-4】 结构体变量整体传给函数优化程序。

```
#include <stdio.h>
struct type
{
    int a;int b;char ch;
};
void main()
{
    void fi(struct type parm);
    struct type arg;
    arg.a=100;
    printf("这是一个将结构体变量整体传给函数优化的例子\n");
    printf("main()结构体变量 arg 的成员 a 的值是%d\n",arg.a);
    fi(arg);
}
void fi(struct type parm)
{
    printf("函数 fi()中结构体变量 parm 的成员 a 的值是%d\n",parm.a);
}
```

运行结果为:

```
这是一个将结构体变量整体传给函数优化的例子
main()中的结构体变量 arg 的成员 a 的值是 100
函数 fi()中的结构体变量 parm 的成员 x 的值是 100
```

说明:优化程序后不仅使程序得以简化,同时也保证了形式参数和实际参数类型的一致性。将结构体变量整体传递给被调函数也是一种数据传值方式,即被调函数内部结构体任何内容的修改都不会影响作为实际参数的主调函数中结构体变量的内容。

9.3.2 结构体变量为函数的返回值

函数具有不同的数据类型,函数的数据类型是由函数返回值的数据类型所决定。当函数的返回值是结构体变量时,该函数就是结构体型函数。结构体型函数声明的一般形式是:

```
struct 结构体类型 函数名();
```

结构体型函数的定义就是由结构体函数名(形式参数表)和函数体两部分组成。

程序中调用结构体型函数时,应该在主调函数的数据声明部分对被调用的结构体型函数进行声明。用于接收结构体型函数返回值的变量,必须是具有相同结构体类型的结构体变量。

【例 9-5】 编写输出明天是某年、某月、某日的 C 语言程序。

分析:

（1）通常明天总是今天日期数加1。

（2）如果今天的日期数是月末日期，则要月份数加1，日期数置为1。

（3）如果今日的日期数是月末，月份数又是12时，应该年份数加1，月份数置1，日期数置1。

（4）如果是闰年的2月份，其天数应该是29天，这就要求先对年份进行判别，以决定是否是闰年，如果是闰年，其2月份天数应该是29天，否则是28天。

（5）需要一个日期修改函数，以实现对明天是某年、某月和某日的修改。

（6）需要一个月份天数判别函数，以确定今天是否是月末日期。

（7）月份天数判别函数需要通过调用确定闰年的函数，以确定今年是否是闰年。若是闰年，二月份的天数应是29天，否则是28天。

（8）其间有的函数需要传递整个结构体变量，返回值也是结构体变量，有些则不必。

```
#include <stdio.h>
struct date
{
    int day;
    int month;
    int year;
};
void main()
{
    struct date this_day,next_day;
    struct date date_update();
    int number_of_days(struct date d);
    int is_leap_year(struct date d);
    printf("这是一个计算明天是某年,某月,某日的程序\n");
    printf("请输入今天的日期数(按月,日,年顺序输入):");
    scanf("%d%d%d",&this_day.month,&this_day.day,&this_day.year);
    next_day=date_update(this_day);
    printf("明天的日期是 %d/%d/%d\n",next_day.month,
                                  next_day.day,next_day.year);
}
struct date date_update(struct date today)
{
    struct date tomorrow;
    if(today.day!=number_of_days(today))
    {
        tomorrow.day=today.day+1;tomorrow.month=today.month;
        tomorrow.year=today.year;
    }
    else if(today.month==12)
    {
        tomorrow.day=1;tomorrow.month=1;
```

```
            tomorrow.year=today.year+1;
        }
        else
        {
            tomorrow.day=1;tomorrow.month=today.month+1;
            tomorrow.year=today.year;
        }
        return(tomorrow);
}
int number_of_days(struct date d)
{
    int answer;
    int days_per_month[12]={31,28,31,30,31,30,31,31,30,31,30,31};
    if(is_leap_year(d)&& d.month==2)answer=29;
    else answer=days_per_month[d.month-1];
    return(answer);
}
int is_leap_year(struct date d)
{
    int leap_year_flag;
    if(d.year%4==0 && d.year%100!=0||d.year%400==0)leap_year_flag=1;
    else leap_year_flag=0;
    return(leap_year_flag);
}
```

运行结果为：

```
这是一个计算明天是某年,某月,某日的程序
请输入今天的日期数(按月,日,年顺序输入): 7 18 2011<Enter>
明天的日期是 7/19/2011
这是一个计算明天是某年,某月,某日的程序
请输入今天的日期数(按月,日,年顺序输入): 12 31 2011<Enter>
明天的日期是 1/1/2012
这是一个计算明天是某年,某月,某日的程序
请输入今天的日期数(按月,日,年顺序输入): 2 28 2012<Enter>
明天的日期是 2/29/2012
```

9.4 结构体与指针

结构体变量指针是指该变量所占据的内存段的起始地址。可以设一个指针变量，用来指向一个结构体变量，此时该指针变量的值是结构体变量的起始地址。指针变量也可以用来指向结构体数组中的元素。

9.4.1 结构体变量指针

结构体变量指针是指向结构体变量的指针。结构体变量指针定义的一般格式为：

```
struct 结构体类型名 *结构体变量名;
```

例如：

```
struct student{
    float ave;
    }stu1;
struct student *pa
```

定义 stu1 是类型为 struct student 的结构体变量，pa 是可以指向该类型对象的指针变量。但应该注意的是：经过上面的定义，此时 pa 尚未指向任何具体的对象。为使 pa 指向 stu1，必须把 stu1 的地址赋给 pa。

```
pa=&stu1;
```

注意：在定义了 *pa 之后，应该知道：*pa 不是结构体变量，因此不能写成 pa.ave，必须加上圆括号(*pa).ave。为此，C 语言引入一个指向运算符“－＞”，连接指针变量与其指向的结构体变量的成员。

“－＞”为间接成员运算符，引用的一般格式为：

```
指针变量名->结构成员名
```

说明：运算符“－＞”是由连字符和大于号组成的字符序列，它们要连在一起使用。C 语言把它们作为单个运算符使用。所以可以将(*pa).ave 改写为 pa－＞ave。

(1) pa 只能指向结构体变量，而不能指向结构体变量中的一个成员。

(2) 指向运算符“－＞”的优先级别最高，例如：

pa－＞ave＋1 相当于(pa－＞ave)＋1，即返回 pa－＞ave 的值加 1 的结果。

pa－＞ave＋＋相当于(pa－＞ave)＋＋，即将 pa 所指向的结构体成员的值自增 1。

综上所述，有以下 3 种方法引用结构体中的成员：

① 结构体变量名.成员名。

② (*结构体指针变量名).成员名。

③ 结构体指针变量名－＞成员名。

例如：

```
struct point
{
    float x[2];
    struct point *next;
}fp,lp,*top;
top=&fp;
fp.x[0]=3.14;
```

```
fp.next=&lp;
(fp.next).x[0]=0.369;
lp.next=9;
top->x[1]=2.698;
top->fp.x[0];
```

【例 9-6】 指向结构体变量的指针变量的应用示例。

```
#include <stdio.h>
#include <string.h>
void main()
{
    struct student
    {
        long int num;
        char name[20];
        char sex;
        float score;
    };
    struct student stu_1;
    struct student *p;
    p=&stu_1;
    stu_1.num=2011001;
    strcpy (stu_1.name,"Zhang San");
    stu_1.sex='M';
    stu_1.score=92.5;
    printf(" No.:%ld\n name:%s\n sex:%c\n score:%f\n",  stu_1.num,stu_1.name,
    stu_1.sex,stu_1.score);
    printf("------------------\n");
    printf(" No.:%ld\n name:%s\n sex:%c\n score:%f\n",  (*p).num,(*p).name,
    (*p).sex,(*p).score);
}
```

运行结果为:

```
No:2011001
name:Zhang San
sex:M
score:92.500000
------------------
No:2011001
name:Zhang San
sex:M
score:92.500000
```

说明:

(1) 在主函数中定义了 struct student 类型,然后定义一个 struct student 类型的变量 stu_1。同时又定义一个指针变量 p,它指向一个 struct student 类型的数据。在函数的执行部分将 stu_1 的起始地址赋给指针变量 p,也就是使 p 指向 stu_1,然后对 stu_1 的各成员赋值。

(2) 第一个 printf()函数是输出 stu_1 的各个成员的值。用 stu_1. num 表示 stu_1 中的成员 num,依此类推。

(3) 第二个 printf()函数也是用来输出 stu_1 各成员的值,但使用的是(* p). num 的形式。(* p)表示 p 指向的是结构体变量,(* p). num 表示 p 指向的是结构体变量中的成员 num。注意 * p 两侧的括号不可省,因为成员运算符"."优先于" * "运算符, * p. num 等价于 * (p. num)。

(4) 可见两个 printf()函数输出的结果是相同的。

(5) 在 C 语言中,为了使用方便和直观,可以把(* p). num 用 p－>num 来代替,代表 p 所指向的是结构体变量中的 num 成员。同样,stu_1. num 等价于 p－>num。

上面程序中最后一个 printf()函数中的输出表列可以改写为:

```
p->num,p->name,p->sex,p->score
```

请分析以下几种运算。

① p－>n:得到 p 指向的结构体变量中的成员 n 的值。

② p－>n＋＋:得到 p 指向的结构体变量中的成员 n 的值,用完该值后使它加 1。

③ ＋＋p－>n:得到 p 指向的结构变量中的成员 n 的值使之加 1(先进行加法运算)。

9.4.2 结构体数组指针

可以使用指向数组或数组元素的指针和指针变量,那么同样对结构体数组及其元素也可以用指针变量来指向。

例如,定义一个结构体类型 worker 和结构数组 class。

```
struct worker
{
    int num[12];
    char name[20];
    float salary;
    int age;
};
struct worker class[10];
struct worker * pa;
pa=&class[10];                    /* 指针变量 pa 指向结构体数组的首地址 */
```

使用结构体数组指针 pa 时应注意以下几点。

(1) 当执行 pa＝&class 语句后,指针 pa 指向 class 数组的第一个元素;当执行 pa＋＋后,表示指针 pa 指向下一个元素的起始地址。(＋＋pa)－>age 表示先将 pa 增 1,然后取得它指向的元素中 age 的成员的值,若原来 pa 指向 class[0],则表达式返回 class

[1].age 的值，之后 pa 指向 class[1]。(pa++)->age 表示先取得 pa->age 的值，然后再使 pa 自增 1。若原来 pa 指向 class[0]，则该表达式返回 class[0].age 的值，之后 pa 指向 class[1]。

(2) pa 只能指向该结构体数组中的一个元素，然后再用指向运算符"->"取成员的值，而不是直接指向一个成员。

【例 9-7】 用指针变量指向结构体数组及其元素示例。

```
#include <stdio.h>
struct student
{
    int num;
    char name[20];
    char sex;
    int age;
};
struct student stu[3]={{201101,"Zhang San",'M',18},
    {201102,"Li Si",'M',19},{201103,"Wang Wu",'F',20}};
void main()
{
    struct student *p;
    printf("   No.        Name        sex    age\n");
    for(p=stu;p<stu+3;p++)
    printf(" %-8d%-12s%-4c%-4d\n",p->num,p->name,p->sex,p->age);
}
```

运行结果为：

```
No.       Name        sex    age
201101    Zhang San    M     18
201102    Li Si        M     19
201103    Wang Wu      F     20
```

注意：

① 如果 p 的初值为 stu，即指向第一个元素，则 p+1 后指向下一个元素的起始地址。

(++p)->num 表示先使 p 自增 1，然后得到它指向的元素中的 num 成员值(即 10102)。

(p++)->num 表示先得到 p->num 的值(即 10101)，然后使 p 自增 1，指向 stu[1]。

② 指针 p 已定义为指向 struct student 类型的数据，它只能指向一个结构体类型数据(即 p 的值是 stu 数组的一个元素的起始地址)，而不能指向一个元素中的某一成员(即 p 的地址不能是成员的地址)。

例如，下面是不对的：

```
p=&stu[2].num
```

千万不要认为既然 p 是存放地址的，因而可以将任何地址赋给它。如果地址类型不相同，可以先用强制类型转换。例如：

```
p=(struct student *)&stu.num;
```

9.4.3 用指向结构体的指针作函数参数

将一个结构体变量的值传递给另一个函数，有以下 3 个方法。

（1）用结构体变量的成员作参数。例如，用 stu[1].num 或 stu[2].num 作函数实参，将实参值传给形参。用法和用普通变量作为实参是一样的，属于"值传递"方式。

（2）用指向结构体变量或数组的指针作实参，将结构体变量或数组的地址传给形参。

（3）新的 C 语言版本允许用整个结构体变量作为函数参数，但占内存多，传递数据速度慢。

下面通过例题，来实现用指向结构体变量的指针作实参，将结构体变量的地址传给形参的过程。

【例 9-8】 有一个结构体变量 stu，内含学生学号、姓名和 3 门课的成绩。要求在 main()函数中赋值，在另一函数 print()中将它们打印输出。

```
#include <stdio.h>
#include <string.h>
#define format "学号:%d\n 姓名:%s\n 语文:%5.1f 数学:%5.1f 英语:%5.1f\n"
struct student
{
    int num;
    char name[20];
    float score[3];
};
void main()
{
    void print(p);
    struct student stu;
    stu.num=201101;
    strcpy(stu.name,"Zhang San");
    stu.score[0]=100.0;
    stu.score[1]=90.5;
    stu.score[2]=80.5;
    print(&stu);
}
void print(p)
struct student *p;
{
    printf( format,p->num,p->name,p->score[0],p->score[1],p->score[2]);
    printf("\n");
}
```

运行结果为：

```
学号：201101
姓名：Zhang San
语文：100.0 数学：90.5 英语：80.5
```

说明：在函数的前面定义了外部的结构体类型 struct student，同一源文件中的各个函数都可以用它来定义变量。main()函数中的 stu 定义为 struct student 类型变量，print 函数中的形参 p 被定义为 struct student 类型的指针变量。在 main()函数中对 stu 的各个成员赋值。在调用 print()函数时，用结构体变量 stu 的起始地址 &stu 作实参。在调用函数时将该地址传送给形参 p，这样 p 就指向 stu。在 print()函数中输出 p 所指向的结构体变量的各个成员的值。

9.5 结构体应用——链表

1. 链表的概念

到目前为止，遇到处理批量数据问题时，都是利用数组来存储。定义数组必须指明元素的个数，从而也就限定了能够在一个数组中存放的数据量。在实际应用中，一个程序在每次运行时要处理数据的数目通常并不确定，数组如果定义小了，将没有足够的空间存放数据，定义大了又会浪费存储空间。另外，在内存紧张的情况下，有时不能为结构体数组分配成百上千字节的连续内存单元。为解决这一矛盾，引入动态数据结构——链表。

链表是结构体最重要的应用，它是一种非固定长度的数据结构，是一种动态存储技术。由于链表中的每一个存储单元都由动态存储分配获得，故称为动态链表。

2. 链表的构成

链表有若干种形式，如单链表、双链表等，每种形式适合一定的数据存储类型。这些链表的共同点是数据项之间的关联由包含在数据项自身的信息所定义，也就是说在每个数据项内部有指向该数据类型的指针变量。这种数据项恰好要引用自身的结构来实现。下面以单链表为例来说明数据结构操作的基本知识。

链表是将若干数据项按一定规则连接起来的表，链表中的每个数据称为一个结点，即链表是由称为结点的元素组成的，结点的多少根据需要确定。链表连接的规则是：前一个结点指向下一个结点；只有通过前一结点才能找到下一个结点。因此，每个结点都应包括以下两方面的内容。

(1) 数据部分。该部分可以根据需要确定由多少个成员组成，存放的是需要处理的数据。

(2) 指针部分。该部分存放的是一个结点的地址，链表中的每个结点通过指针连接在一起。

如果链表中的结点只有一个指向其他结点的指针，则称为单链表；如果链表中的结点有两个指向其他结点的指针，则称为双链表。单链表的结构图如图 9-1 所示。

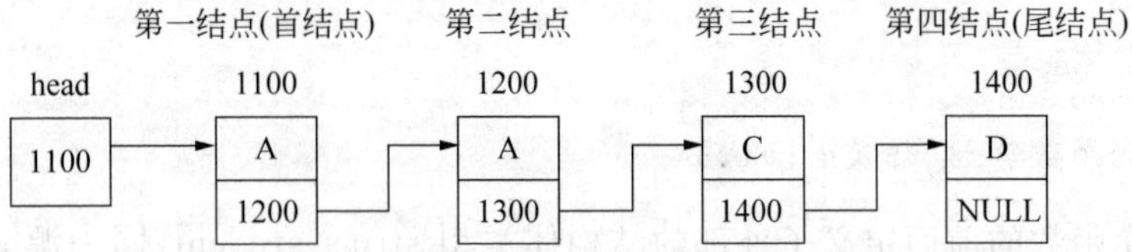

图 9-1 单链表的结构图

说明：

(1) 头指针变量 head 指向链表的首结点。

(2) 每个结点由两部分组成——数据和指针。

(3) 尾结点的指针域为空 NULL，作为链表结束的标志。

链表与结构数组有相似之处，即都是由相同数据类型的结构变量组成，结构变量间有一定的顺序关系。但它们又有以下区别。

(1) 结构数组中各元素是连续存放的，而链表中的结点可以是不连续存放的。

(2) 结构数组元素可通过下标或相应的指针变量的移动进行顺序或随机的访问；而链表中结点不便于随机访问，只能从链表开头按结点顺序访问。

(3) 结构数组在定义时就应确定其元素的个数，不能动态增长；而链表的长度往往是不能定的，根据问题求解过程中的实际需要动态地创建结点并为其分配存储空间。

3. 链表的基本操作

对链表的基本操作有建立、查找、删除和修改等。

(1) 建立操作是指从无到有建立一个链表，即往空链表中依次插入一个结点，并保持结点之间的前驱和后继的关系。

(2) 查找操作是指在给定的链表中，查找具有检索条件的结点。

(3) 插入操作是指在某两个结点之间插入一个新的结点。

(4) 删除操作是指在给定的链表中，删除某个特定的结点，也就是插入的逆过程。

(5) 修改操作是指在给定的链表中，首先根据某已知的条件，查找到该结点，再修改数据域中的某些数据项。

由于 C 语言允许结构成员可以是本结构类型的指针，所以，链表中的每个结点可以用一个结构变量来描述。利用 C 语言处理链表是非常方便的，将链表中每个结点的结构类型定义如下：

```
struct node
{
    int data;                           /* 数据部分 */
    struct node * next;                 /* 指针部分 */
};
```

此处只介绍链表的建立，关于链表的其他操作在数据结构课程中会有详细介绍。

链表的建立往往是由数据驱动来动态进行的。首先，定义两个结构体变量：

```
struct node n1,n2;
```

那么语句：

```
n1.next=&n2;
```

就可以实现在 n1 和 n2 之间建立连接关系，即由 n1 中的指针成员 next 指向结构变量 n2。只要在 n1 和 n2 之间建立了这种连接关系，就可以利用 n1 中的 next 成员来间接访问 n2 中的每一个成员。例如：

```
n2.data=10;
n1.next->data=10;
```

由于链表建立起来后，作为结构变量名的 n2 已不再保留，所以第二赋值语句更为实用。如果再定义一个 struct node 型结构变量 n3，则在 n2 和 n3 之间建立联系可用下面的语句表示：

```
n2.next=&n3;
n1.next->next=&n3;
```

如果要将一个值存入 n3 结点的成员中，可以采用下面语句的任何一种形式：

```
n3.data=10;
n2.next->data=10;
n1.next->next->data=10;
```

建立链表必须要确定头指针。为了处理上的方便，可以为链表设置一个指向第一个结点的指针，即链表头指针。例如：

```
struct node *head;
head=&n1;
```

这时，head 就是链表的头了，它指向链表的首结点 n1。

链表的尾指针通常被设置为 NULL，即把链表的最后一个结点的 next 成员赋值为 NULL 值，凡遇到 next 成员是 NULL 值的结点，就表示链表结束。例如：

```
n3.next=NULL;
```

表示将 n3 的 next 成员赋以结束标志。

上面只是定义了一个 struct node 类型，并未实际分配存储空间。链表是动态地分配存储的，即在需要时才开辟一个结点的存储单元，因此需要用动态存储函数。

【例 9-9】 链表的创建、插入、删除和查找操作。

```
#include <stdio.h>
#include <stdlib.h>
#include <conio.h>
typedef struct Slist
{
    int data;
```

```
    struct Slist * next;
}SLIST;
SLIST * InitList_Sq()                          /* 初始化函数 */
{
    int a;
    SLIST *h, *s, *r;
    h=(SLIST *)malloc(sizeof(SLIST));          /* 建立头指针,头指针不可以更改!!! */
    r=h;
    if (!h)
    {
        printf("分配失败");
            exit(0);
    }
    scanf("%d",&a);
    for(;a!=-1;)
    {
        s=(SLIST *)malloc(sizeof(SLIST)); /* 每次都开辟一个结点空间并赋值 */
        s->data=a;r->next=s;
        r=s;
        scanf("%d",&a);
    }r->next='\0';
    return h;
}
void print_list(SLIST * finder)                /* 打印函数 */
{
    while(finder!='\0')
{
    printf("->%d",finder->data);
    finder=finder->next;}
    printf("->end\n");
}
int DeleteNode(SLIST * killer)                 /* 删除节点函数 */
{    int i,j=0;SLIST * p, * q;int x;
     p=killer; q=killer->next;
     printf("请输入您要删除的节点序号: ");
     scanf("%d",&i);
     while((p->next!='\0')&&(j<i-1))
     { p=p->next;j++;
     q=p->next;}
     if(p->next=='\0'||j>i-1)
     {    printf("\n error");
          return -1;
     }
     else
     {    p->next=q->next;
          x=q->data;
```

```
            free(q);
            return x;
        }
}
void Insert_Node(SLIST * jumper)              /* 插入函数,本算法为前插结点法 */
{     int t,e,j=0;SLIST * p, * q;
      p=jumper;
      printf("请输入要插入位置的序号:");
      scanf("%d",&t);
      printf("请输入要插入的元素:");
      scanf("%d",&e);
      while(p->next!='\0'&&j<t-1)
      {     j++;
            p=p->next;}
            if(p=='\0'||j>t-1)printf("插入的目的位置不存在。\n");
            else{q=(SLIST *)malloc(sizeof(SLIST));
            q->data=e;q->next=p->next;p->next=q;
      }
}
void Locate_List(SLIST * reader)              /* 查找值为 e 的元素 */
{
    int e,i=0;SLIST * p;
    p=reader;
    printf("请输入要查找的元素:");
    scanf("%d",&e);
    while(p->next!='\0'&&p->data!=e)
    {     i++;p=p->next;}
          if(p->data==e) printf("此元素在%d号位置。\n",i);
          else printf("无此元素! \n");
    }
void main()
{     int k,y;SLIST * head;
      printf("\n ==============================");
      printf("\n 1.建立线性表");
      printf("\n 2.在第 i 位置插入元素 e");
      printf("\n 3.删除第 i 个元素,返回其值");
      printf("\n 4.查找值为 e 的元素");
      printf("\n 5.结束程序运行");
      printf("\n ==============================");
      printf("\n 请输入您的选择:");
      scanf("%d",&k);
      printf("\n 请输入数据回车,输入-1 结束。\n");
      switch(k)
      {     case 1:{head=InitList_Sq();print_list(head->next);}break;
            case 2:{head=InitList_Sq();
                        print_list(head->next);
```

```
                    Insert_Node(head);
                    print_list(head->next); }break;
        case 3:{head=InitList_Sq();
                print_list(head->next);
                y=DeleteNode(head);
                print_list(head->next);
                if(y!=-1)printf("被删除元素为：%d",y);}break;
                                                  /*头结点不算,从有数据的开始算第一个*/
        case 4:{head=InitList_Sq();
                print_list(head->next);
                Locate_List(head); }break;
        }
}
```

运行结果为：

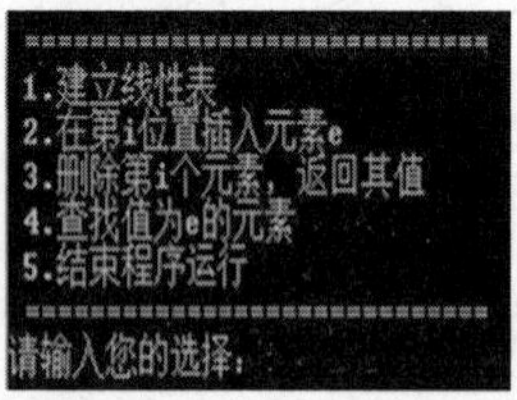

9.6 共用体类型

在编制程序时,有时需要将几种不同类型的变量存放到同一存储区域。例如,在编制程序的符号表中,常量可以是整常量、浮点常量或指向字符的指针,它们的类型及大小是不同的。为了便于管理,可把它们放在足够大的同一存储区域,这就用到共用体类型,它也是一种构造型的数据类型。

1. 共用体变量的定义

共用体变量定义的一般格式为：

```
union 共用体名
{
    数据类型 成员名 1;
    数据类型 成员名 2;
    数据类型 成员名 3;
    …
    数据类型 成员名 n;
}变量表列;
```

说明：可以看出,共用体变量与结构体变量的定义在形式上非常相似,只是关键字变为了 union,union 就是定义共用体的标识符。

同样在定义共用体变量时,也可以将类型声明和变量定义分开,或者直接定义共用变量。其常用格式为：

```
union 共用体类型名 共用体变量;
```

(1) 直接定义变量(共用体名可以省略)。

例如：

```
union data
{
    int i;
    char ch;
    float f;
}a,b,c;
```

(2) 将类型声明与变量定义分开。

例如：

```
union data
{
    int i;
    char ch;
    float f;
};
union data a,b,c;
```

即先定义一个 union data 类型，再将 a、b、c 定义为 union data 类型。

(3) 共用体类型与结构体类型可嵌套使用。

例如：

```
union stu
{
    struct
    {
        int name[10];
        float ave;
    }st;
    int age;
    char bir[10];
}stu1;
```

说明：

(1) 共用体变量与结构体变量的定义形式相似，但它们的含义是不同的。

(2) 结构体变量所占内存长度是各成员占的内存长度之和。每个成员分别占有其自己的内存单元。

(3) 共用体变量所占的内存长度等于最长的成员的长度。例如，上例定义的共用体变量 a、b、c 共占 4 字节(因为在这里一个实型变量占用内存字节数最长)。

2. 共用体变量成员的引用

只有先定义了共用体变量才能引用它。而且不能引用共用体变量，而只能引用共用体变量中的成员。可用“.”或“－＞”运算符引用共同体变量中的成员。

例如，前面定义了a、b、c为共用体变量，下面的引用方式是正确的。

a.i　引用共用体变量中的整型变量i。

a.ch　引用共用体变量中的字符变量ch。

a.f　引用共用体变量中的实型变量f。

不能只引用共用体变量。例如：

```
printf("%d",a);
```

该语句是错误的，a的存储区有好几种类型，分别占不同长度，仅写共用体变量名a，难以使系统确定究竟输出的是哪一个成员的值。应该写成“printf("%d", a.i);”或“printf("%c", a.ch);”等。

3. 共用体类型的特点

共同体类型的特点如下：

(1) 同一内存单元在每一瞬时只能存放其中一种类型的成员，并非同时都起作用，起作用的成员是最后一次存放的成员，在存放一个新的成员后原有的成员就失去作用。

(2) 共同体变量的地址和它的各成员的地址都是同一个起始地址值。

(3) 共同体各个成员都是从低地址方向开始使用内存单元。

(4) 与结构体变量不同，共同体变量不能在定义时初始化，不能作为函数参数。

目前国内有关C语言的书多把union直译为“联合”，笔者认为，译为“共用体”更能反映这种结构的特点，即几个变量共用一个内存区。

而“联合”一词，在一般意义上容易被理解为“将两个若干变量组联结在一起”，难以表达这种结构的特点。

9.7 枚举类型

枚举是一个整型常量的集合，该类型变量只能取集合中列举出来的所有合法值。

枚举数据类型定义的一般格式为：

```
enum 类型名 {取值列表}
```

其中enum是定义枚举类型的关键字。例如：

```
enum weekday {sun,mon,tue,wed,thu,fri,sat};
```

weekday是枚举类型名，花括号中各个标识符是构成该类型的各个成分，即枚举元素。

定义了一个枚举类型weekday，可以用此类型来定义变量。例如：

```
enum weekday workday,week_end;
```

workday 和 week_end 被定义为枚举变量。例如：

```
workday=mon;
week_end=sun;
```

当然，也可以直接定义枚举变量。例如：

```
enum {sun,mon,tue,wed,thu,fri,sat}workday,week_end;
```

其中，sun、mon、…、sat 等称为枚举元素或枚举常量。它们是用户定义的标识符。例如，不因为写成 sun，就自动代表星期天，写成 sun_day 也可以。用什么标识符代表什么含义，完全由程序员决定，并在程序中作相应处理。

说明：

(1) 在 C 语言编译系统中，对枚举元素按常量处理，故称枚举常量，它们不是变量，不能对它们赋值。例如，"sun＝0；mon＝1；"是错误的。

(2) 枚举元素作为常量，它们是有值的，C 语言编译系统按定义时的顺序使它们的值为 0,1,2…。

在上面定义中，sun 的值为 0，mon 的值为 1，…，sat 为 6。如果有赋值语句：

```
workday=mon;
```

workday 变量的值为 1。这个值是可以输出的。例如，"printf("%d",workday);"语句将输出整数 1。

也可以改变枚举元素的值，在定义时由程序员指定，例如：

```
enum weekday {sun=7,mon=1,tue,wed,thu,fri,sat} workday,week_end;
```

定义 sun 为 7，mon＝1，以后顺序加 1，sat 为 6。

(3) 枚举值可以用来作判断比较。例如：

```
if(workday==mon)...
if(workday>sun)...
```

枚举值的比较规则是：按其在定义时的顺序号比较。如果定义时没有人为指定，则第一个枚举元素的值认作 0。

(4) 一个整数不能直接赋给一个枚举变量。例如，"workday＝2;"这个语句是不对的。它们属于不同的类型。应先进行强制类型转换才能赋值。例如：

```
workday=(enum weekday)2;
```

相当于将顺序号为 2 的枚举元素赋给 workday，即"workday＝tue;"。所赋的值甚至可以是表达式。例如"workday＝(enum weekday)(5－3);"。

9.8 用 typedef 定义类型

1. typedef 的定义格式

C 语言允许用 typedef 声明一种新的数据类型名。其定义的一般格式为：

```
typedef 类型名 别名;
```

其中，关键字 typedef 用于给已有类型重新定义新类型名，“类型名”为系统提供的标准类型名或是已定义过的其他类型名，“别名”为用户自定义的新类型名。例如：

```
typedef int INTEGER;
typedef float REAL;
```

若指定用 INTEGER 代表 int 类型，REAL 代表 float。则以下两个语句等价：

```
int i,j;float a,b;
integer i,j;real a,b;
```

这样使熟悉 FORTRAN 的人能用 INTEGER 和 REAL 定义变量，以适应他们的习惯。

如果在一个程序中，一个整型变量用来计数，可以定义如下：

```
typedef int COUNT;
COUNT i,j;
```

即将变量 i、j 定义为 COUNT 类型，而 COUNT 等价于 int，因此，i、j 是整型。但在程序中将 i、j 定为 COUNT 类型，可以使人更一目了然地知道它们是用于计数的。

还可以定义结构体类型。

```
typedef struct
{
    int month;
    int day;
    int year;
} DATE;
```

定义新类型名 DATE，它代表定义的一个结构类型。这时就可以用 DATE 定义变量：

```
DATE birthday;                          /* 不要写成 struct DATE birthday; */
DATE * p;                               /* p 为指向此结构类型数据的指针 */
```

还可以进一步定义：

```
typedef int NUM[100];       /* 定义 NUM 为整型数组类型 */
NUM n;                      /* 定义 n 为整型数组变量 */
```

```
typedef char * STRING;        /* 定义 STRING 为字符指针类型 */
STRING p , s[10];             /* p 为字符指针变量,s 为指针数组 */
typedef int ( * POINTER) ()   /* 定义 POINTER 为指向函数的指针类型,函数返回整型值 */
POINTER p1 , p2;              /* p1、p2 为 POINTER 类型的指针变量 */
```

2. typedef 定义的方法归类

(1) 定义一个新的类型名的方法。

① 先按定义变量的方法写出定义体(如 int i;)。

② 将变量名换成新类型名(如将 i 换成 COUNT)。

③ 在最前面加 typedef(如 typedef int COUNT)。

④ 然后用新类型名去定义变量。

(2) 定义数组类型的方法。

① 先按定义数组变量形式书写(如 int n[100];)。

② 将变量名 n 换成自己指定的类型名(如 int NUM[100];)。

③ 在前面加上 typedef(如 typedef int NUM[100];)。

④ 用来定义变量(如 NUM n;)。

(3) 定义字符指针类型的方法。

① 定义变量 p 的方式。

```
char * p;
```

② 用新类型名 STRING 取代变量名 p。

```
char *  STRING;
```

③ 用 typedef 指定 STRING 是字符指针类型。

```
typedef char   * STRING;
```

④ 用新类型名 STRING 定义变量。

```
STRING p;        /* 相当于定义了 char * p;   */
```

常把 typedef 定义的类型名用大写字母表示,以便与系统提供的标准类型标识符相区别。

3. 注意事项

用 typedef 定义类型需要注意以下几点。

(1) 用 typedef 可以定义各种类型名,但不能用来定义变量。用 typedef 可以定义数组类型、字符串类型,使用比较方便。如定义数组用以下语句:

```
int a[10],b[10],c[10],d[10];
```

由于都是一维数组,大小也相同,可以先将此数组类型定为一个名字:

```
typedef int ARR[10];
```

然后用 ARR 去定义数组变量：

```
ARR a,b,c,d;
```

ARR 为数组类型，含 10 个元素。因此，a、b、c、d 都被定义为一维数组，含 10 个元素。

(2) 用 typedef 只是对已经存在的类型增加一个类型名，而没有创造新的类型。例如，前面定义的整型类型 COUNT，它是对 int 型另给了一个新名称。例如：

```
typedef int NUM[10];
```

是把原来用"int n [10];"定义的数组变量的类型用一个新的名称 NUM 表示出来。无论用哪种方式定义变量，效果都是一样的。

(3) typedef 与 #define 有相似之处。例如：

```
typedef int COUNT;
#define COUNT int
```

作用都是用 COUNT 代表 int。但事实上，它们二者是不同的。#define 是在预编译时处理的，它只能作简单的字符串替换。而 typedef 是在编译时处理的，实际上它并不是作简单的字符串替换，例如，"typedef int NUM[10];"并不是用 NUM10 去代替 int，而是采用如同定义变量的方法那样将原来的变量名换成类型名。

(4) 当不同源文件中用到同一类型数据(尤其是像数组、指针、结构体、共用体类型数据)时，常用 typedef 定义一些数据类型，把它们单独放在一个文件中，然后在需要用到它们的文件中用#include 命令把它们包含进来。

(5) 使用 typedef 有利于程序的通用与移植。如果把一个程序从一个以 4 字节存放整数的计算机系统移植到以 2 字节存放整数的系统，按一般办法需要将定义变量中的每个 int 改为 long。例如，将"int a,b,c;"改为"long a,b,c;"，如果程序中有多处用 int 定义变量，则要改动多处。现可以用一个 typedef 定义："typedef int INTEGER;"。在程序中用 INTEGER 定义为变量。在移植时只需改动 typedef 定义体即可："typedef long INTEGER;"。

9.9 程序案例

【例 9-10】 编写程序实现如下功能：从键盘输入 2 位学生的学号、姓名及 3 门功课的成绩，计算总分，在屏幕上输出 2 位学生的学号、姓名和总分。要求使用自定义函数，并且用结构体指针作为函数的形参来实现。

分析：定义一个结构体数组，存放 N 个学生的信息，每位学生的信息是一个结构体类型的数据，其成员分别为学号、姓名、3 门成绩及总分。

```
#include <stdio.h>
#define N 2
```

```
struct student
{  char num[8];
   char name[10];
   float chinese;
   float math;
   float english;
   float total;
}stu[N];
void input()
{  int i;
   printf("输入%d名学生的：学号 姓名 语文 数学 英语\n",N);
   for(i=1;i<=N;i++)
   {  printf("输入第%d位学生:",i);
      scanf("%s%s%f%f%f",stu[i].num,stu[i].name,&stu[i].chinese,&stu[i].
      math,&stu[i].english);
   }
}
float sum_out(struct student *p,int i)
{
    stu[i].total=p->chinese+p->math+p->english;
    return stu[i].total;
}
void main()
{  int i;
   float stotal;
   input();
   printf("                ============\n");
   printf("                    学生成绩单\n");
   printf("                ============\n");
   printf(" 学号            姓名                总分\n");
   for(i=1;i<=N;i++)
   {  stotal=sum_out(&stu[i],i);
      printf("%-10s%-12s%5.1f \n",stu[i].num,stu[i].name,stotal);
   }
}
```

运行结果为：

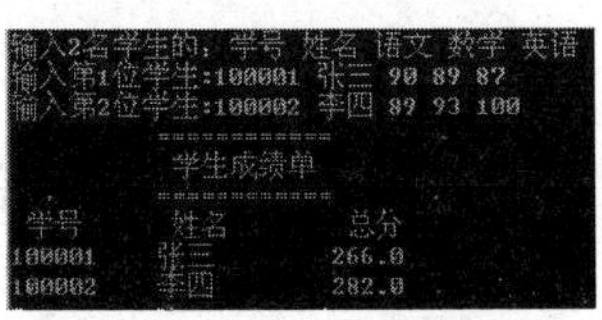

9.10 本章小结

构造型数据类型分为 3 种,即结构体(structure)、共用体(union)、枚举(enum)。这 3 种数据类型仍然是以变量的形式使用的,只是在定义变量的时候要确定具体的构造模式。有了这 3 种数据类型,就能很容易地描述和构成不同的数据结构,现将本章的知识点归纳如下。

(1) 结构体由不同的数据类型组成,每一个数据都称为该结构体类型的成员。在程序中使用结构体时,首先要对结构体的组成进行描述,这称为对结构体类型的声明。

结构体类型声明的一般格式为:

```
struct 结构体类型名
    {成员表列};
```

(2) 定义结构体变量常用的方法。

① 在声明结构体类型的同时定义结构体变量。这样既声明了结构体类型,又定义了结构体变量。

② 先声明结构体类型,再定义结构体变量。运用此方法时,关键字 struct 和结构体类型名必须同时出现。

③ 不指定结构体类型名而直接定义结构体变量。在关键字 struct 与"{"之间没有结构体类型名。

(3) 对结构体成员的引用有 3 种方法。

① 结构体变量名.成员名。②(*结构体指针变量名).成员名。③结构体指针变量名－＞成员名。

(4) 结构体与函数的关系如下:

① 结构体变量作函数参数的传递方式与简单变量作函数参数的处理方式完全相同。

② 结构体变量也可以作为函数的返回值,这时在函数定义时,需要说明返回值的类型为相应的结构类型。

(5) 链表是将若干数据项按一定规则连接起来的表。链表中的每个数据称为一个结点。每个结点都应包括两方面的内容:①数据部分。②指针部分。

(6) 链表结构是动态地分配存储的,即在需要时才开辟一个结点的存储单元。

(7) 为了便于管理,可把不同数据类型的变量放在足够大的同一存储区域,这就用到共用体类型。它也是一种数据类型。共用体变量定义的一般格式为:

```
union 共用体名
    {
      成员列表
    }变量列表;
```

(8) 枚举是一个整型常量的集合,该类型变量只能是取集合中列举出来的所有合法值。枚举定义的一般格式为:

```
enum 类型名{取值表};
```

(9) C 语言允许用 typedef 定义一种新的数据类型名。

其定义的一般格式为:

```
typedef 类型名 别名;
```

9.11 习 题

一、填空题

1. 声明结构体类型的关键字是________。

2. 在 C 语言中,结构体类型和共用体类型都属于________类型。

3. 引用结构体变量 stu 中 num 成员的方式是________。

4. 以下程序的运行结果是________。

```
#include <stdio.h>
char a[2]={'F','M'};
void main()
{
    struct st{char m;int *n;} *p;
    struct st b[3]={'a',&a[0],'b',&a[1],'c','\0'};
    p=b;printf("%c\n",*(p++->n));
}
```

5. 以下程序的运行结果是________。

```
#include <stdio.h>
typedef struct{int no;double score;}rec;
void fun822( rec x){x.no=20;x.score=92.5;}
void main()
{
    rec a={10,18.0};
    fun822(a);
    printf("%d, %lf",a.no,a.score);
}
```

6. 以下程序的运行结果是________。

```
#include <stdlib.h>
#include <malloc.h>
#include <stdio.h>
void main()
{
    struct shn
```

```
{
    char * name;int old;int salary;} * member;
    member=(char * )malloc(sizeof(member));
    member->name="LiXiaoPing";
    member->old=25;member->salary=3000;
    printf("%s %2d    %4d\n",member->name,member->old,member->salary);
}
```

7. 以下程序段构成一个静态的单链表,请填空。

```
struct sample{int n;float s; _______ p;}x,y;
x.n=1,x.s=1.1;x.p=&y;y.n=2;y.s=2.2;y.p='\0';
```

8. 设有如下定义:

```
struct node{int n;struct node *p;} *sp;
```

为使指针 sp 指向一个动态申请的结点,请填空。

```
sp=_______ malloc(sizeof(struct node));
```

9. 以下程序的运行结果是________。

```
#include <stdio.h>
void main()
{
   int i;char *s;float f1,f2;
   struct sd{  int id;char * name;float sf1;float sf2;};
   struct sd a;
   a.id=1234;i=a.id;
   s=a.name="abcd";
   f1=a.sf1=5678;
   f2=a.sf2=9999;
   printf("%d is %s\n",i,s);
   printf("%f %f\n",f1,f2);
}
```

10. 以下程序的运行结果是________。

```
enum weekday{ sun,mon=3,tue,wed,thu};
enum weekday day;
day=wed;
printf("%d\n",day);
```

11. 以下程序的运行结果是________。

```
#include <stdio.h>
union pw
```

```
{
    int i;
    char ch[2];
}a;
void main()
{
    a.ch[0]=13;
    a.ch[1]=0;
    printf("%d\n",a.i);
}
```

12. 以下程序的运行结果是________。

```
#include <stdio.h>
void main()
{
    enum em{em1=3,em2=1,em3};
    char * aa[]={"AA", "BB", "CC", "DD"};
    printf("%s%s%s\n",aa[em1], aa[em2], aa[em3]);
}
```

二、判断题

1. 结构体类型是由不同类型的数据组成的。 (　　)

2. 若已知指向结构体变量 stu 的指针 p,在引用结构体成员时,有 3 种等价的形式,即 stu.成员名、* p.成员名和 p－>成员名。 (　　)

3. 使几个不同类型的变量共占同一段内存的结构称为共用体类型。 (　　)

4. 在定义一个共用体变量时,系统分配给它的存储空间是该共用体类型中占有最大存储空间的成员所需的存储空间。 (　　)

5. 共用体变量中起作用的成员是最后一次存放的成员,在存入一个新成员后,原有成员就失去作用。 (　　)

6. 在程序执行的某一时刻,只有一个共用体成员起作用,而其他的成员不起作用。 (　　)

7. 共用体变量的地址和它的各成员的地址都是同一地址。 (　　)

8. 结构体类型只有一种。 (　　)

9. 同一结构体类型中的各成员项数据类型可以不相同。 (　　)

10. 共用体变量可以作结构体的成员,结构体变量也可以作共用体的成员。 (　　)

三、选择题

1. 当定义一个结构体变量时系统分配给它的内存是(　　)。

   A. 各个成员所需内存的总和

   B. 结构体变量中第一个成员所需的内存量

   C. 各个成员中占用内存量最大者所需的容量

D. 结构体变量中最后一个成员所需的内存量

2. 有如下定义：

```
struct stu{ int num;float b;}stutype
```

则下面叙述不正确的是(　　)。

A. struct 是声明结构体类型的关键字

B. stu 是用户声明的结构体类型名

C. stutype 是用户定义的结构体类型名

D. num 和 b 都是结构体成员名

3. 有以下结构体类型声明和结构体变量定义：

```
struct node{ int m;struct node next;}a,b, * pa=a, * pb=b;
```

如下语句能将 b 结点连接到 a 结点的语句是(　　)。

A. pa－＞next＝&m;　　B. a.next＝pb;

C. ＊pa.next＝&b;　　D. pa.next＝pb;

4. 若有以下语句：

```
struct pupil
{
    char name[21];
    int sex;
}pup, * p;p= &pup;
```

则对 pup 中 sex 域的正确引用方式是(　　)。

A. p.pup.sex　B. p－＞pup.sex　C. (＊p).pup.sex　D. (＊p).sex

5. 以下对枚举类型的定义中正确的是(　　)。

A. enum a＝{one,two,three};　　B. enum a {one＝9,two＝－1,three};

C. enum a＝{"one","two","three"};　D. enum a {"one","two","three"};

6. 若有定义语句

```
struct a
{
    int a1;
    int a2;
}a3;
```

则下列赋值语句正确的是(　　)。

A. a.a1＝4;　　B. a2＝4;　　C. a3＝{4,5};　　D. a3.a2＝5;

7. 以下程序的运行结果是(　　)。

```
#include <stdio.h>
void main()
{
```

```
    struct date
     {
        int year,month,day;
     }today;
    printf("%d\n",sizeof(struct date);
}
```

A. 6　　B. 2　　C. 4　　D. 12

8. 以下程序的运行结果是(　　)。

```
#include <stdio.h>
void main()
{
    struct cmplx
    {
        int x;
        int y;
    }cnum[2]={1,3,2,7};
    printf("%d\n",cnum[0].y/cnum[0].x * cnum[1].x);
}
```

A. 0　　B. 1　　C. 3　　D. 6

9. 以下程序的输出结果是(　　)。

```
#include <stdio.h>
struct abc
{
    int a;
    int b;
    int c;
};
void main()
{
    struct abc s[2]={{1,2,3},{4,5,6}};
    int t;
    t=s[0].a+s[1].b;
    printf("%d\n",t);
}
```

A. 5　　B. 6　　C. 7　　D. 8

10. 以下程序的输出结果是(　　)。

```
#include <stdio.h>
struct st
{
    int x;
```

```
    int * y;
} * p;
int dt[4]={10,20,30,40};
struct st aa[4]={50,&dt[0],60,&dt[1],70,&dt[2],80,&dt[3]};
void main()
{
    p=aa;
    printf("%d  ",++p->x);
    printf("%d  ",(++p)->x);
    printf("%d\n",++(* p->y));
}
```

A. 10 20 20　　B. 50 60 21　　C. 51 60 21　　D. 60 70 31

三、编程题

1. 编写输出12个月及其对应天数的程序。要求用结构体类型,月份用英语单词表示。

2. 请利用指向结构体的指针编写求某年、某月、某日是该年的第几天的程序,其中月份、日期和年、天数用结构体表示。

3. 设有李明18岁,王华19岁,张平20岁,请编写输出3个人中最年轻者的姓名和年龄的程序。

4. 编写程序将下表数据赋予结构体变量,并将它们输出。

姓　名	年　龄	年　薪
王小康	30	28 000
李光明	22	20 000
武诚思	19	25 000

5. 利用结构体数组,编写将下边五人的工作证号、姓名及电话号码输出的程序。

工作证号	姓　名	电话号码
1023	赵飞翔	66550326
1085	刘红阳	78654330
1520	钱万年	45673421
2012	东郭智慧	80876522
3018	南方峰峰	86802222

6. 利用结构体类型编写程序,实现输入1个学生的期中和期末成绩,然后计算并输出其平均成绩。

7. 利用指向结构体的指针编写程序,实现输入3个学生的学号、期中和期末成绩,然后计算其平均成绩并输出成绩表。

8. 布袋中有红、黄、蓝、白和黑 5 种颜色的球若干，每次从布袋中取出 3 个球，问得到 3 种不同颜色的球的可能取法，打印出每种组合的 3 种颜色(循环控制要使用枚举变量)。

9. 请声明枚举类型 money，用枚举元素代表人民币的面值。包括 1、2 和 5 分；1、2 和 5 角；1、2、5、10、20、50 和 100 元的币值。

10. 有 10 个学生，每个学生的数据包括学号、姓名、3 门课的成绩，从键盘输入 10 个学生数据，要求打印出 3 门课总平均成绩，以及最高分的学生的数据(包括学号、姓名、3 门课成绩、平均分数)。

第10章 位 运 算

C语言既具有高级语言的特点，又具有低级语言的功能。C语言还具有位逻辑运算和位移运算的独特功能，支持汇编语言所具有的运算能力。位运算就是进行二进制位(bit)的运算，包括对字节(byte)或位(bit)进行测试、置位或移位处理等。位运算以及系统调用函数使得C语言可以很方便地实现一些底层操作。

本章学习目标

1. 掌握位运算符和位运算
2. 掌握位的复合运算
3. 了解位段的概念与运用

10.1 位运算符与位运算

C语言具有6种位运算符，如表10-1所示。

表10-1 位运算符

位运算符	含 义	对 象 数	位运算符	含 义	对 象 数
&	按位与	双目	~	按位取反	单目
|	按位或	双目	≪	左移	双目
^	按位异或	双目	≫	右移	双目

注意：位运算的数据对象只能是C语言中的char和int数据类型，而不能用于float、double、long double、void和其他复杂类型。

这6种位运算符中，~的优先级最高，其次是≪、≫(这两个位运算符的优先级相同)，然后是&、^、|，其结合性都是从左至右。

1. 按位与运算

C语言规定按位与运算的运算规则为：如果参与运算的2个整数或字符按照二进制位对齐，相应的2位进行与运算，对应2位都是1时，结果为1，否则只要有0出现的位，其对应的二进制位与的结果都为0。

格式为：

```
a&b
```

例如：

```
0&0=0、0&1=0、1&0=0、1&1=1。
```

显然，任何数与 0 进行按位与运算的结果为 0，与－1(二进制位全为 1)进行按位与运算的结果为其本身。

注意：不可将运算符 & 与运算符 && 混淆。对于运算符 &&，当两边操作数为非 0 值时，表达式的运算结果为 1；但对于运算符 &，则需要对每位进行与运算。

【例 10-1】 若 a＝11010010，b＝10010100，计算 a&b 的结果。

```
    11010010
&   10010100
------------
    10010000
```

即 a&b＝10010000。

按位与运算的用途如下：

(1) 将一个数清零。

【例 10-2】 若 a＝10110111，如果想使 a 为 0，只要用 b＝0 与其进行按位与即可。

```
    10110111
&   00000000
------------
    00000000
```

即 a&b＝00000000。

(2) 验证数据二进制位的某一位或几位是否为 1。

方法是对应原数 a 的待验证位，新数 b 中相应的位设为 1，其他的位设为 0，检验结果是否为 0。

【例 10-3】 设 a＝10111110，验证 a 的右边开始第 2 位是否为 1，则计算 a&2 的值。

```
    10111110
&   00000010
------------
    00000010
```

验证结果为 a 的第 2 位是 1。

(3) 将数据二进制位的某一位或某几位置 0。

方法是对应原数 a 的待置位，新数 b 中相应的位设为 0，其他的位设为 1。

【例 10-4】 设 a＝10101101，将 a 的第 8 位(奇偶校验位，通常是字节的最高位)置 0，即 a&127。

```
    10101101
&   01111111
------------
    00101101
```

即 a&127＝00101101。

2. 按位或运算

按位或运算的运算规则为：如果参与运算的 2 个整数或字符按照二进制位对齐，相应的 2 位进行或运算，对应 2 位都是 0 时，结果为 0，否则只要有 1 出现的位，其对应的二进制位或的结果都为 1。格式为：

```
a|b
```

例如：

```
0|0=0、0|1=1、1|0=1、1|1=1。
```

显然，任何数与－1(二进制位全为 1)进行按位或运算的结果为 1，与 0 进行按位或运算的结果为其本身。

注意：不可将运算符|与运算符||混淆。对于运算符||，当两边操作数为 0 时，表达式的运算结果为 0；但对于运算符|，则需要对每位进行或运算。

【例 10-5】 若 a＝10101001，b＝11101001，计算 a|b 的结果。

```
   10101001
|  11101001
-----------
   11101001
```

按位或运算常用于将数据二进制位的某一位或某几位置 1。

方法是对应原数 a 的待置位，新数 b 中相应的位设为 1，其他的位设为 0。

【例 10-6】 按位或运算应用实例。

```
#include <stdio.h>
void main()
{
    unsigned char a,b,c;
    a=0x3;
    b=a|0x8;
    printf("%d\n",b);
}
```

运行结果为：

```
11
```

3. 按位异或运算

按位异或运算的运算规则为：如果参与运算的 2 个整数或字符按照二进制位对齐，相应的 2 位进行异或运算，对应 2 位相同时，结果为 0，否则为 1。格式为：

```
a^b
```

例如：

```
0^0=0、0^1=1、1^0=1、1^1=0。
```

显然，任何数与－1(二进制位全为 1)进行按位异或运算的结果与将该数按位取反的结果相同，任何数与 0 进行按位异或运算的结果为其本身，任何数与自己异或运算的结果为 0。

例如：

```
  10100111          10100111
^ 00000000        ^ 10100111
----------        ----------
  10100111          00000000
```

按位异或运算的用途如下：

(1) 使特定位翻转(即将 0 变为 1,1 变为 0)。

方法是对应原数 a 要翻转的位,新数 b 中相应的位设为 1,其他的位设为 0。

【例 10-7】 设 a＝10101111,将 a 的第 3 位翻转,则计算 a^4 的值。

```
  10101111
^ 00000100
----------
  10101011
```

则 a^4＝10101011

(2) 交换 2 个值,不用临时变量。

例如,将 a 和 b 值进行交换,可以采用下面的语句：

```
a=a^b;
b=b^a;
a=a^b;
```

也可以采用："(a^b)^b＝a;"。

4. 按位取反运算

按位取反运算的运算规则为：将 1 个数中的各位二进制数取反,即 0 变为 1,1 变为 0。

按位取反运算是单目运算。格式为：

```
~a
```

例如：

～1=0、～0=1。

【例 10-8】 计算～29。

十进制数 29 的二进制数是$(00011101)_2$。

```
~ 00011101
----------
  11100010
```

～29＝11100010。

～运算符的优先级高于算术运算符、关系运算符、逻辑运算符和其他位运算符,例如,～a|b&c,先进行取反运算,再进行与运算,最后进行或运算。

【例 10-9】 分析下面的程序。

```
#include <stdio.h>
void main()
```

```
{
    int x=3,y=2,z=1;
    printf("%d\n",x/y&~ z);
}
```

运行结果为：

```
0
```

5. *左移运算*

左移运算的运算规则为：将运算对象中的每个二进制位向左移要求的位数，从左边移出去的高位部分被丢弃，右边空出的部分用0填补。格式为：

```
a<<整型表达式;
```

【例 10-10】 设 a=0x2a(十六进制)，计算 a≪2(将 a 的二进制位左移 2 位，右边补 0)。

$$\begin{array}{r} \ll \quad 00101010 \\ \hline 10101000 \end{array}$$

a≪2=10101000

即左移 2 位后的结果 a=0xa8，相当于原数乘以 4。可以看出，如左移舍弃的高位不包含 1，则数每移动 1 位，相当于该数乘以 2。左移 n 位，相当于乘以 2 的 n 次方。

6. *右移运算*

右移运算的运算规则为：将运算对象中的每个二进制位向右移要求的位数，从右边移出去的低位部分被舍弃，对无符号的数来说，左边空出的部分补 0；对有符号数来说，如果符号位为 0，则空出的高位部分补 0，符号位为 1 则补 1。格式为：

```
a>>整型表达式;
```

【例 10-11】 设 a=0x28(十六进制)，则 a≫2 的结果为。

$$\begin{array}{r} \gg \quad 00101000 \\ \hline 00001010 \end{array}$$

a≫2=00001010

即右移 2 位后的结果 a=0x0a。可以看出，如移出的低位不包含 1，则右移 1 位相当于该数除以 2。右移 n 位，相当于除以 2 的 n 次方。

7. 位运算赋值运算符

位运算符与赋值运算符可以组成复合赋值运算符，位运算赋值运算符共有 5 种：

&=　　|=　　^=　　≪=　　≫=

例如：

a&=b 等价于 a=a&b　　a|=b 等价于 a=a|b　　a^=b 等价于 a=a^b

a≫=b 等价于 a=a≫b　　a≪=b 等价于 a=a≪b

10.2 位　　段

内存中信息的存取一般以字节为单位。在计算机用于过程控制、参数检测或数据通信等领域时，控制信息往往只占一个字节中的一个或几个二进制位，如“真”或“假”分别用0或1表示，只需1位即可。因此，一个字节常常可以存放几个信息。

那么，怎样向一个字节中的一个或几个二进制位赋值以及改变它的值呢？这就要用到位段(bit field)。当然也可以在一个字节中人为地设置几项，但给其中某几位赋值太麻烦，不如用位段结构体的方法方便。

在一个结构体中以二进制位为单位来指定其成员所占内存长度，这种以位为单位的成员称为位段或位域。利用位段能够用较少的位数存储数据。位段的定义方法如下：

```
struct bit_data
{
    unsigned int a:1;unsigned int b:1;
    unsigned int c:2;unsigned int d:4;
    unsigned int e:8;
    int i;
}data;
```

上面定义了位段结构类型 struct bit_data，它包含6个成员，又称位段，如图10-1所示。其中a、b、c、d、e分别为1位、1位、2位、4位、8位，i为整型，占2字节16位。共占4字节。

图 10-1　数据的位段结构

对位段中的数据引用的方法，例如：

```
data.a=0;data.b=1;data.c=3;data.d=8;data.e=10;
```

注意位段允许的最大值范围。如果写成“data.b=2;”就错了。因为data.b只占1位，最大值为1。在这种情况下，自动取赋予它数的低位。例如，2的二进制数形式为10，而data.b只占1位，则取10的低1位(即0)，故实际data.b=0。

说明：

(1) 位段成员的类型必须指定为unsigned int类型。

(2) 一个位段必须存储在同一存储单元中。如果第一个单元空间不能容纳一个位段，则不用该空间，而从下一个单元起存放该位段。如上例中位段e只占4位，则还有4位空间闲置不用，i从另一字节开头起存放。

(3) 长度为0的位段用于分隔2个存储单元。例如：

```
unsigned int a:1;
unsigned int b:2;        /*一个存储单元*/
unsigned int  0;
unsigned int c:4;        /*另一个存储单元*/
```

(4) 可以定义无名位段。例如：

```
unsigned int a:1;
unsigned int b:2;
unsigned int 3;          /*这 3 位空间不用*/
unsigned int c:4;
```

在位段 b 后面的是无名位段，该空间不用。

(5) 位段的长度不能大于存储单元的长度，也不能定义位段数组。

(6) 位段可以用整型格式符%d 输出，也可以用%u、%o、%x 等格式符输出。

例如：

```
printf("%d,%d,%d\n",data.a,data.b,data.c);
```

(7) 位段可以在数值表达式中引用，它会被系统自动地转换成整数。

例如：data.a+20/data.b 是合法的。

10.3 程序案例

【例 10-12】 从键盘上输入 1 个正整数，按二进制数输出该数。

```
#include <stdio.h>
void main()
{
    int num,mask,i;
    printf("输入一个十进制数: ");
    scanf("%d",&num);
    mask=1<<15;                  /*构造 1 个最高位为 1,其余各位为 0 的整数*/
    printf("%d=",num);
    for(i=1;i<=16;i++)
    {
        putchar(num&mask ?'1':'0'); /*输出最高位的值(1/0)*/
        num<<=1;                 /*将次高位移到最高位上*/
        if(i%4==0)putchar(',');  /*四位一组,用逗号分开*/
    }
    printf("\bB\n");
}
```

运行结果为：

```
输入一个十进制数:2000<Enter>
2000D=0000,0111,1101,0000B
```

【例 10-13】 从键盘上输入 1 个正整数,输出由 9～12 位构成的十六进制数(低位从 1 号开始编号)。

```
#include <stdio.h>
void main()
{
    int num;
    int mask;
    printf("输入一个十进制整数: ");
    scanf("%d",&num);
    num>>=8;
    mask=~ (~ 0<<4);                /* */
    printf("Result=0x%x\n",num&mask);
}
```

运行结果为:

```
输入一个十进制整数:2000<Enter>
Result=0x7
```

说明:

(1) 使变量 num 右移 8 位;

(2) 将 9～12 位移到低 4 位上;

(3) 构造 1 个低 4 位为 1,其余各位为 0 的整数 mask;

(4) 将 mask 与 num 进行按位与运算。

10.4 本章小结

C 语言之所以具有广泛的用途和强大的生命力,就在于它既具有高级语言的特点,又具有低级语言的功能,还可以完成对计算机二进制位进行操作的一些功能。

位运算是指进行二进制位的运算。在系统软件中经常要处理二进制位的问题,所以大家要弄清字节、位、原码、反码和补码等这些基本的概念,然后熟记各个运算符的运算规则。现将知识要点归纳如下:

(1) 按位与运算(&)。

C 语言规定按位与运算的运算规则为:如果参与运算数据的二进制位都为 1,则结果为 1;否则只要有 0 出现,相应二进制位结果都为 0。

(2) 按位或运算(|)。

按位或运算的运算规则为:只要参与运算的 2 个数中对应的二进制位为 1,则结果的对应位为 1;否则为 0。

(3) 按位异或运算(^)。

按位异或运算的运算规则为:如果 2 个运算对象的对应位不相同,则结果为 1;否则为 0。

(4) 按位取反运算(～)。

按位取反运算的运算规则为：将一个数中的各位二进制数取反，即 1 变为 0，0 变为 1。

(5) 左移运算(≪)。

左移运算的运算规则为：将运算对象中的每个二进制位向左移要求的位数，从左边移出去的高位部分被丢弃，右边空出的部分用 0 填补。

(6) 右移运算符(≫)。

右移运算符的运算规则是：将运算对象中的每个二进制位向右移若干位，从右边移出的低位部分被舍弃。对无符号的数来说，左边空出的部分补 0；对有符号数来说，如果符号位为 0，则空出的高位部分补 0，符号位为 1 则补 1。

(7) 位运算赋值运算符。

位运算符与赋值运算符可以组成复合赋值运算符，位运算赋值运算符共有 5 种：

&＝　　|＝　　^＝　　≪＝　　≫＝

a&＝b 等价于 a＝a&b　　a|＝b 等价于 a＝a|b　　a^＝b 等价于 a＝a^b

a≫＝b 等价于 a＝a≫b　　a≪＝b 等价于 a＝a≪b

(8) 在一个结构体中以二进制位为单位来指定其成员所占内存长度，这种以位为单位的成员称为位段或位域。利用位段能够用较少的位数存储数据。

位段类型也称为数据结构体类型，因此其类型定义的方法和结构体相同，不过对于非整数字节的成员，应当使用 unsigned 或 unsigned int 来定义成员，并指明所占的位数。

10.5 习　　题

一、填空题

1. 若"int a=～5+11;printf("%d",a);"，则输出结果是________。

2. 若"int a=7,b=7;printf("%d",a^b);"，则输出结果是________。

3. 若"int a=7,b=7;printf("%d",a&b);"，则输出结果是________。

4. 若"int a=256;printf("%d",a≫2);"，则输出结果是________。

5. 设 x=9,y=5,z=3，请写出表达式 x&y|～z 的值为________。

6. 设 a=8,b=16,c=2，请写出表达式 a≫2+b≪1－c 的值为________。

7. 设二进制数 a=00101101，若想通过异或运算 a^b 使 a 的高 4 位取反，低 4 位不变，则二进制数 b 应是________。

8. C 语言可以在一个结构体中以二进制位为单位来指定其成员所占内存长度，这种以位为单位的成员就称为________。

9. 以下程序的运行结果是________。

```
#include <stdio.h>
void main()
{
    int a=013,b=017;
    char x=3;
```

```
    int z=b|a>>x;
    printf("%x\n",z);
}
```

10. 以下程序的运行结果是________。

```
#include <stdio.h>
void main()
{
    int a=24,b=12;
    int c,d,e;
    c=a&b;
    d=a^b;
    e=a|b;
    printf("%d : %d : %d\n",c,d,e);
}
```

11. 以下程序的运行结果是________。

```
#include <stdio.h>
void main()
{
    int a=14,b=15,x;
    char c='A';
    x=((a&b)&&(c<'a'));
    prinrf("x=%d\n",x);)
}
```

12. 以下程序的运行结果是________。

```
#include <stdio.h>
void main()
{
    int a=72,b=3;
    printf("a 左移 b 位的值是%d\n",a<<b);
    printf("a 右移 b 位的值是%d\n",a>>b);
}
```

13. 以下程序的运行结果是________。

```
#include <stdio.h>
void main()
{
    int a=-72,b=2;
    printf("a 右移 b 位的值是:%d,a 左移 b 位的值是:%d\n",a>>b,a<<b);
}
```

14. 以下程序的运行结果是________。

```
#include <stdio.h>
void main()
{
    int x=5;
    char z='a';
    printf("%d\n",(x&1)&&(z<'z'));
}
```

15. 以下程序的输出结果为________。

```
#include <stdio.h>
void main()
{
    int a=14,b=15,x;
    char c='a';
    x=((a&b)&&(c<'a'));
    printf("%d\n",x);
}
```

二、判断题

1. 位运算是指按位进行的运算。 (　　)
2. 一个字节为 8 个位(bit)。 (　　)
3. 无符号数右移时,移出的低位舍弃,高位补 0。 (　　)
4. 有符号数右移时,移出的低位舍弃,符号位为 0,则空出的高位部分补 0。 (　　)
5. 位赋值运算符的种类有:&=、|=、^=、≪=、≫=。 (　　)
6. &、|、^、~、≪、≫都是位运算符。 (　　)
7. 表达式~a 是将 a 中原有数据改为按位取反所得结果。 (　　)
8. 位运算符^、&、|按运算优先级从高到低依次为 &、^、|。 (　　)
9. 位段类型是一种特殊的结构类型,其所有成员均以二进制位为单位定义长度,并称成员为位段。 (　　)
10. 位段变量的定义和引用,与结构体变量的定义和引用一样。 (　　)

三、选择题

1. 在位运算中,操作数左移一位,相当于(　　)。

A. 操作数乘以 2　B. 操作数除以 2　C. 操作数乘以 4　D. 操作数除以 4

2. 在位运算中,操作数右移一位,相当于(　　)。

A. 操作数乘以 2　B. 操作数除以 2　C. 操作数乘以 4　D. 操作数除以 4

3. 设 a=0xb9,b=0x83,a&b=(　　)。

A. bb　B. 3a　C. 7c　D. 81

4. 设 a=0xb9,b=0x83,a|b=(　　)。

A. bb　B. 3a　C. 7c　D. 81

5. 设 a=0xb9,b=0x83,a^b=(　　)。

A. bb　B. 3a　C. 7c　D. 81

6. 设 b=0x83,～b=(　　)。

A. bb　　B. 3a　　C. 7c　　D. 81

7. 若 a=0001001101111111,b=1111011100110001,则 a&b=(　　)。

A. 1110010001001110　　B. 0001001100110001

C. 1111011101111111　　D. 1111111111111111

8. 若 a=0001001101111111,b=1111011100110001,则 a|b=(　　)。

A. 1110010001001110　　B. 0001001100110001

C. 1111011101111111　　D. 1111111111111111

9. 若 a=0001001101111111,b=1111011100110001,则 a^b=(　　)。

A. 1110010001001110　　B. 0001001100110001

C. 1111011101111111　　D. 1111111111111111

10. 设字符型变量 x 中的值为 10100111,则表达式(2+x)^(～3)的值为(　　)。

A. 10101001　　B. 10101000　　C. 11111101　　D. 01010101

11. 下列描述不正确的是(　　)。

A. a&=b 等价于 a=a&b　　B. a～=b 等价于 a=a～b

C. a≪=b 等价于 a=a≪b　　D. a≫=b 等价于 a=a≫b

四、简答题

什么是位段? 在引用位段中的数据时,应注意什么问题?

五、编程题

1. 编写一个函数,检验一个整数是否为奇数(用按位与运算实现)。

2. 编写一个函数,实现左右循环移位。

3. 编写一个函数,对字符串进行加密/解密(用按位异或运算实现)。

4. 编写一个函数,对一个 16 位的二进制数取出它的偶数位。

5. 从键盘上输入一个字符,将其转换为二进制 ASCII 码,并计算此 ASCII 码中为 1 的个数。

6. 从键盘上输入一个整数,若此数是偶数,则将其转换为大于此偶数的最小奇数,并显示出来。

第 11 章 文 件

Chapter 11

对于一台计算机而言，最基本的功能就是存储数据。一般情况下，数据在计算机上都是以文件的形式存放的。在程序中也经常需要对文件进行操作，例如，打开一个文件，向文件写入内容，关闭一个文件等。本章将针对 C 语言中的文件操作进行详细的讲解。

本章学习目标

1. 理解文件的概念
2. 掌握文件指针的概念和使用方法
3. 了解缓冲文件系统和非缓冲文件系统
4. 掌握文件打开和关闭的方法
5. 掌握文件顺序读写的方法
6. 掌握文件随机读写的方法
7. 掌握文件检测函数的使用方法

11.1 文件概述

11.1.1 文件的概念

文件是指存储在外部介质上的数据的集合。这些介质通常是指硬盘、磁盘等，可以永久性地存储数据而不丢失。在这类介质上存储数据的基本单位就是文件，为了区分不同的数据，给数据取个名字，这就是文件名。将一个输入的程序以某个文件名存放在硬盘上，就是程序文件。为标识一个文件，每个文件必须有一个文件名，一般格式为：

```
文件名.扩展名
```

其中扩展名是可选的，并按类别命名。C 语言规定源程序的扩展名为.c，可执行文件的扩展名为.exe，等等。

C 语言把文件看成是一个字符序列，即由一个一个字符的数据顺序组成。根据数据的组织形式，把文件分为文本文件和二进制文件。

(1) 文本文件又称为 ASCII 文件,一般文本文件与文本数据流相对应。文本数据流是字符的有序序列,文件的内容是由一个一个字符组成的,每一个字符用一个代码表示,一般用 ASCII 代码。由字符组成行,每一行由 0 个或多个字符再加上最后的换行符组成。

(2) 二进制文件是指以数据在内存中的存储形式原样保存到磁盘上去,二进制文件与二进制数据流相对应。二进制数据流抽象成一个线性字节序列,从它读出的内容总与上次写进去的内容一样,就是说,当把二进制数据流从内存单元写到磁盘上存放时,二者的存储形式保持一致。从二进制文件中读入数据时,不像文本文件那样需从回车换行符到换行符之间转换,而直接将读入的数据存入变量所占内存空间。由此可见,因为不存在转换操作,从而提高了文件输入/输出速度。

当打开一个文件时,就把二者联系起来。内部通过对数据流的操作可以达到处理其对应文件的目的。在实际使用时,经常用文件这个词代替数据流,数据流和文件内外有别。对数据流进行操作的函数并不需要知道它们是对哪种数据流进行操作;然而,作为程序员,必须知道是对哪种数据流进行操作,是作为文本行读取文件还是作为二进制的数据读取文件,当把不同系统上的代码进行移植时,这种差别很重要。

11.1.2 文件指针

在 C 语言程序设计中,要对一个文件进行处理,就必须为该文件定义一个指针,该指针的类型为 FILE 类型(注意:FILE 必须大写)。类型 FILE 在 stdio.h 包含文件中定义。

文件指针定义的一般格式是:

```
#include <stdio.h>
...
FILE  *fpointer;
```

要说明文件指针,必须包含 stdio.h 文件,fpointer 是定义的文件指针变量。例如:

```
FILE *fp;
```

其中,FILE 是由编译系统定义的一种结构类型,fp 是一个文件指针变量。

文件指针是指向一个结构体的指针变量,这个结构体包含有缓冲区地址,在缓冲区中当前存取的字符的位置,对文件是读还是写等信息。缓冲文件系统为每个文件开辟一个文件信息区,用来存放以上这些信息。这个文件信息区在内存中是一个结构体变量。这个结构体变量是由系统定义的,用户不必自己再去定义,其形式为:

```
typedef   struct
{
    short level;                        /*缓冲区满或空*/
    unsigned char hold;                 /*无缓冲区*/
    unsigned flages;                    /*文件状态标志*/
    char fd;                            /*文件名*/
    short bsize;                        /*缓冲区大小*/
```

```
unsigned char * buffer;                      /* 数据传送缓冲区 */
unsigned char * curp;                        /* 当前指针 */
unsigned istemp;
short token                                  /* 有效校验 */
}FILE;
```

其中，结构体的成员就是用来存放以上信息的数据项，各个C语言版本的具体定义不同(包括结构体中成员名、成员个数、成员作用等)。

注意：FILE不是结构体变量名，它是用typedef定义的新类型名。FILE代表它前面用花括号定义的结构体类型。

只要程序用到一个文件，系统就为此文件开辟一个如上的结构体变量。有几个文件就开辟几个结构体变量，分别用来存放各个文件的有关信息。这些结构体变量不用变量名来标识，而是设置一个指向该结构体变量的指针变量，通过它来访问该结构体变量。例如：

```
FILE * fp1, * f2, * fp3;
```

表示定义了3个指针变量fp1,fp2,fp3。它们都是指向FILE类型的指针变量。但此时它们还未具体指向哪一个结构体变量。只要把某一个文件的结构体变量的起始地址赋给fp1(或fp2,fp3)，fp1就指向该文件的结构体变量，如图11-1所示。可以认为指针指向该文件。

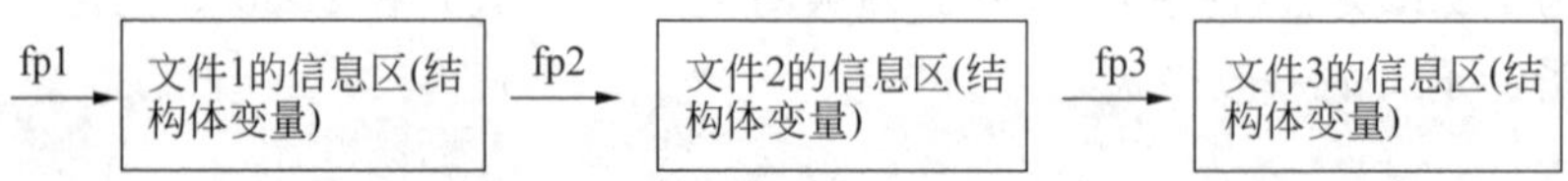

图11-1　指向结构体变量的指针变量指向文件示意图

通过fp1,fp2,fp3就可以访问相应文件的信息区，从而达到操作有关文件的目的。

文件指针是缓冲文件系统的一个很重要的概念，只有通过文件指针才能调用相应文件。

11.1.3　缓冲文件系统和非缓冲文件系统

C语言没有提供对文件进行操作的语句，所有的文件操作都是利用C语言编译系统所提供的库函数来实现的。C语言编译系统提供了两种文件处理方式：缓冲文件系统和非缓冲文件系统。

1. 缓冲文件系统

缓冲文件系统，又称为标准文件系统或高层文件系统。它的特点是对程序中的每一个文件都在内存开辟一个“缓冲区”。从磁盘文件输入的数据先送到“输入缓冲区”中，然后，再从缓冲区依次将数据送给接收变量。而在向磁盘文件输出数据时，先将程序数据区中变量或表达式的值送到“输出缓冲区”中，待装满缓冲区后才一起输出给磁盘文件。这样做的目的是减少对磁盘实际的读写次数。因为每一次对磁盘的读写都要移动磁头并寻找磁道扇区，这个过程是要花一些时间的，如果每一次使用读写函数时都对应一次实际的磁盘访问，那么，就会花费较多的读写时间。用缓冲区就可以一次读入一批数据，或输出一批数据，即不是执行一次输入或输出函数就实际访问磁盘一次，而是将若干次读写函数语句对应一次实际的磁盘访问。缓冲文件系统自动为文件设置所需的缓冲区，缓冲区的大小因机器而异。

2. 非缓冲文件系统

非缓冲文件系统，又称为低层文件系统。非缓冲文件系统不由系统自动设置缓冲区，而由用户自己根据需要设置。

这两种文件系统分别对应使用不同的输入、输出函数。应该说，缓冲文件系统功能强、使用方便，由系统代替用户做了许多事情，提供了许多方便。而非缓冲文件系统则直接依赖于操作系统，通过操作系统的功能直接对文件进行操作。

ANSI C 只建议使用缓冲文件系统，并对缓冲文件系统的功能进行扩充，使之既能用于处理字符代码文件，也能处理二进制文件。

为方便起见，一般把缓冲文件系统的输入/输出称为标准输入/输出（标准 I/O），非缓冲文件系统的输入/输出称为系统输入/输出（系统 I/O）。

系统 I/O 只提供按“记录”读写函数的方法，使用 read 和 write 函数。

标准 I/O 提供 8 种读写文件的方法，C 语言有 8 种相应的函数，与以前介绍过的以终端为对象的读写方法相似，其含义如表 11-1 所示。

表 11-1 标准 I/O 函数

标准 I/O 函数	相当于终端 I/O 函数	作　　用
fgetc	getchar	输入一个字符
fputc	putchar	输出一个字符
fgets	gets	输入一个字符串
fputs	puts	输出一个字符串
fscanf	scanf	按指定的格式输入若干变量的值
fprintf	printf	按指定的格式输出若干数据
fread		读一个数据块
fwrite		写一个数据块

各个函数的使用方法将在下面各节中作详细介绍。

11.2 文件的打开和关闭

在进行文件读写之前，必须先打开文件；在对文件的读写结束之后，应关闭文件。

11.2.1 用 fopen()函数打开文件

对文件操作以前，必须先打开该文件。所谓“打开”，是在程序和操作系统之间建立起联系，程序把所要操作的文件的一些信息通知给操作系统。这些信息中除包括文件名外，还要指出操作方式(读或写)。如果是读文件，则需要先确认此文件是否已存在，并将读的当前位置设定于文件开头。如果是写文件，则检查原来是否有同名文件，如有则将该文件删除，然后新建立一个文件，如果无同名的文件，就将写的当前位置设定于文件开头，以便从文件开头写入数据。

在 C 语言中使用 fopen()函数完成对文件的打开操作。

fopen()函数调用的一般格式为：

```
fopen("文件名","文件操作方式");
```

也常用下面的方式：

```
FILE * fp;
fp=fopen("文件名","文件操作方式");
```

例如：

```
fopen("file.txt","r");
```

表示要打开名为 file.txt 的文件，对文件操作的方式为“只读方式”(即只能从文件读入数据而不能向文件写入数据)。

文件操作方式如表 11-2 所示。可以看出后 6 种方式是在前 6 种方式基础上加一个“＋”符号。其区别是由单一的读或写的方式扩展为又能读又能写的方式。例如，“r”和“r＋”都是为输入打开一个字符文件，该文件应是已存在的。用“r”时只能对该文件读，而用“r＋”时则可对该文件执行读操作，在读完数据后，可以向该文件写入数据(更新文件)。“w＋”则是建立一个新文件，可以对它写入数据，然后又可以读入这些数据。用“a”方式则可以向一个原已存在的文件末尾补加新的数据。用“a＋”方式则可以在追补数据后再读入这些数据。

表 11-2 文件操作方式

打开方式	含 义	文件不存在	文件存在
r	以只读方式打开一个文本文件	出错	正常打开
w	以只写方式打开一个文本文件	建立新文件	文件原有内容丢失
a	以追加方式打开一个文本文件	建立新文件	在文件原有内容末尾追加
rb	以只读方式打开一个二进制文件	出错	正常打开
wb	以只写方式打开一个二进制文件	建立新文件	文件原有内容丢失
ab	以追加方式打开一个二进制文件	建立新文件	在文件原有内容末尾追加
r＋	以读/写方式打开一个文本文件	出错	正常打开
w＋	以读/写方式建立一个新的文本文件	建立新文件	文件原有内容丢失
a＋	以读取/追加方式建立一个新的文本文件	建立新文件	在文件原有内容末尾追加
rb＋	以读/写方式建立一个新的二进制文件	出错	正常打开
wb＋	以读/写方式建立一个新的二进制文件	建立新文件	文件原有内容丢失
ab＋	以读取/追加方式建立一个新的二进制文件	建立新文件	在文件原有内容末尾追加

以上是ANSI C的规定。可以看到它能够处理字符文件和二进制文件。但有些目前使用的C语言的缓冲文件系统不具备以上全部功能，例如，只能用“r”“w”“a”方式来处理字符文件，而不能用“rb”“wb”“ab”方式来处理二进制文件（这是因为沿用以前UNIX缓冲文件系统的规定）。有的C语言不用“r+”“w+”“a+”而用“rw”“wr”“ar”等。因此在用到有关这些方式时请注意查阅所用C语言系统的说明书或上机试一下。

调用fopen()函数后，fopen()函数有一个返回值。它是一个地址值，指向被打开文件的文件信息区（结构体变量）的起始地址。如果在执行打开操作时失败（例如，用“r”方式打开一个不存在的文件，或用“w”方式打开一个文件，却由于磁盘已满而无法建立新文件等），则函数返回值是一个NULL指针（即地址值为0，它是一个无效的指向）。fopen()函数的返回值应当立即赋给一个文件类型指针变量（如前面定义的fpl，fp2或fp3等），以便以后能通过该指针变量来访问此文件，否则，此函数返回值就会丢失而导致程序无法对此文件进行操作。下面介绍文件指针的作用。

在打开一个文件时，程序通知编译系统3个方面的信息。

(1) 要打开哪一个文件，以文件名指出。

(2) 对文件的使用方式。

(3) 函数的返回值赋给哪一个指针变量，或者说，让哪一个指针变量指向该文件。

常用下面的方法打开一个文件：

```
if((fp=fopen("filename","r"))==NULL)
{
    printf("Can not open this file\n");
    exit(0);
}
```

即执行fopen()函数时，如果文件被顺利打开，则将该文件信息区（结构体变量）的起始地址赋给指针变量fp，也就是使fp指向该文件信息区的结构体；如果打开失败，则返回值为NULL，此时输出信息“不能打开此文件”，然后执行exit(0)。exit是一个函数，其作用是关闭所有文件，使程序结束，并返回操作系统，同时把括号中的值传送给操作系统。一般情况下，exit(0)表示正常退出。如果括号内为非零值，则表示程序是出错后退出的。也可以省略括号内参数，即exit()。它在标题文件stdlib.h中定义。

对磁盘文件，在使用前先要打开，而对终端设备，尽管它们也作为文件来处理，但为什么在前面的程序中从未使用过“打开文件”的操作呢？这是由于在程序运行时，系统自动地打开3个标准文件：标准输入、标准输出和标准出错输出，系统自动地定义了3个指针变量：stdin、stdout和stderr分别指向标准输入、标准输出和标准出错输出，这3个文件都是以终端设备作为输入/输出对象。如果指定输出一个数据到stdout所指向的文件，就是指输出到终端设备。为使用方便，允许在程序中不指定这3个文件，也就是说，系统隐含的标准输入/输出文件是指终端。

【例11-1】 编写一个程序，打开文本文件file.txt用于文件读操作。

```
#include <stdio.h>
```

```
#include <stdlib.h>
void main()
{
    FILE * fp;
    if((fp=fopen("file.txt","r"))==NULL)
    {
        printf("It can not open the file.\n");
        exit(0);
    }
    else printf("It can open the file.\n");
}
```

运行结果为：

```
It can not open the file.
```

说明：如果执行打开函数的过程中出现错误，则返回 NULL。返回 NULL 值有以下几种情况。

(1) 文件名不存在或文件名错误。

(2) 文件名所在磁盘未准备好。

(3) 给定的目录或者磁盘上没有这个文件。

(4) 试图以不正确的操作方式打开一个文件。

所以，使用打开函数时要检查一下文件打开是否成功。

11.2.2 用 fclose()函数关闭文件

打开文件，对文件进行操作后，应立即关闭，以免数据丢失。关闭文件是把输出缓冲区的数据输出到磁盘文件中，同时释放文件指针变量，使文件指针变量不再指向该文件，此后，不能再通过该文件指针变量来访问该文件，除非再次打开该文件。

关闭文件用 fclose()函数来实现，fclose()函数调用的一般格式为：

```
fclose(fp);
```

其中 fp 为文件指针类型，它是在打开文件时获得的。执行本函数时，如文件关闭成功，则返回 0；否则返回−1。对文件进行了关闭操作后，如果想再次使用该文件，必须重新打开该文件，才能执行操作。

如果文件使用后不关闭可能会出现如下问题。

(1) 丢失暂存在文件缓冲区中的数据，所以，需要执行关闭函数，由关闭函数将文件缓冲区中的数据写入磁盘中，并释放文件缓冲区。

(2) 影响对其他文件的打开操作。由于每个系统允许打开的文件的个数是有限的，所以当一个文件使用完之后，应立即关闭它。

11.3 文件的顺序读写

对文件的读写操作分为顺序读写和随机读写两种方式。顺序读写指的是从文件首部开始顺序读写,不允许跳跃;随机读写也称为定位读写,是通过定位函数从而定位到具体的读写位置,在该位置处直接进行读写操作。一般来说,顺序读写是默认的文件读写方式。

文件顺序读写函数原型的定义都在文件 stdio.h 文件中,因此在程序中调用顺序读写函数时,必须在程序开始处加入预处理命令:

```
#include <stdio.h>
```

11.3.1 文本文件中字符的输入/输出

1. 文件字符输入函数——fgetc()函数

fgetc()函数调用的一般格式为:

```
char ch;                                        /* 定义字符变量 ch */
ch=fgetc(fp);
```

其中,ch 为字符变量;fp 为文件指针变量。

功能:该函数从文件指针变量 fp 所指向的文件中读出一个字符并赋给字符变量 ch,fgetc()函数的值就是该字符。执行本函数时,如果是读到文件末尾,则函数返回文件结束标志 EOF(即-1)。

注意:EOF 是 C 语言编译系统定义的文本文件结束标志,EOF 是一个符号常量,在 stdio.h 头文件中被定义为-1。

说明:文件输入是指从一个已经打开的文件中读出数据,并将其保存到内存变量中,这里的“输入”是相对内存变量而言的。

2. 文件字符输出函数——fputc()函数

fputc()函数调用的一般格式为:

```
fputc(ch,fp);
```

其中,ch 为将要写入的字符,可以是字符常量或字符变量;fp 为文件指针变量。

功能:该函数的功能是将单个字符(ch 的值)写入到 fp 所指向的文件中去。如果写入成功,则返回字符的 ASCII 值;否则返回文本文件结束标志 EOF。

说明:文件输出是指将内存变量中的数据写入文件中,这里的“输出”也是相对内存变量而言的。

【例 11-2】 利用 fgetc()函数和 fputc()函数以只写方式在当前项目文件夹下建立一个名为 ex9_2.txt 的文本文件,以只读方式读取文件中的内容并在屏幕上显示。

```
#include <stdio.h>
#include <stdlib.h>                    /*退出函数 exit(0)定义在"stdlib.h"头文件中*/
void main()
{
    FILE *fp1,*fp2;                    /*定义两个文件指针变量 fp1,fp2*/
    char c;
    if((fp1=fopen("ex9_2.txt","w"))==NULL)    /*以只写方式打开文件*/
    {
        printf("不能打开文件。\n");
        exit(0);                       /*退出程序*/
    }
    printf("输入字符:\n");
    while((c=getchar())!='\n')         /*接收一个从键盘输入的字符并赋给变量 c,
                                       /*按 Enter 键则循环结束*/
    fputc(c,fp1);                      /*把变量 c 写到 fp1 指向的文件中*/
    fclose(fp1);                       /*写文件结束,关闭文件*/
    if((fp2=fopen("ex9_2.txt","r"))==NULL)    /*以只读方式打开文件*/
    {
        printf("不能打开文件。\n");
        exit(0);                       /*退出程序*/
    }
    printf("输出字符:\n");
    while((c=fgetc(fp2))!=EOF)         /*把文件开头处读取字符存放到变量 c 中*/
    putchar(c);                        /*把变量 c 的值输出到屏幕上*/
    fclose(fp2);                       /*关闭文件*/
    printf("\n");
}
```

运行结果为:

```
输入字符:abcdefghijkl
输出字符:abcdefghijkl
```

11.3.2 文本文件中字符串的输入/输出

实际应用中,当需要处理大批数据时,以单个字符为单位对文件进行输入/输出操作,效率不高。而以字符串为单位进行文件输入/输出操作,则一次可以输入/输出包含任意多个字符的字符串。

1. 字符串输入函数——fgets()函数

fgets()函数调用的一般格式为:

```
fgets(str,n,fp);
```

其中,第一个参数 str 可以是一个字符数组名,也可以是字符指针,用于存放读出的字符串;第二个参数 n 是一个整型数,用来指明读出字符的个数;第三个参数 fp 同前。

该函数的功能为从 fp 指向的文件读取 n－1 个字符,并把它放到字符数组 str 中。如果在读入 n－1 个字符完成之前遇到换行符\n 或文件结束符 EOF,即结束读取,但将遇到的换行符\n 也作为一个字符读入 str 数组,并在读入的字符串之后自动加一个\0,因此送到 str 数组中的字符串(包括 0 在内)最多可占 n 个字节。fgets()函数的返回值为 str 数组首地址。如读到文件结尾或调用失败时,则返回字符常量 NULL。

2. 字符串输出函数 fputs()函数

fputs()函数调用的一般格式为:

```
fputs(str,fp);
```

其中,第一个参数 str 可以是一个字符串,也可以是字符数组名或指向字符的指针。

该函数的功能是把字符数组 str 中的字符串(或字符指针指向的串或字符串常量)输出到所指向的文件中。但字符串结束符\0 不输出。如输出成功,返回值为 0;否则返回文件结束标志 EOF,其值为－1。

说明:向文件中写入的字符串中并不包含字符串结束标志符\0。

【例 11-3】 利用 fgets()函数和 fputs()函数以只写方式在当前项目文件夹下建立一个名为 ex9_3.txt 的文本文件,以只读方式读取文件中的内容并在屏幕上显示。

```
#include <stdio.h>
#include <string.h>
#include <stdlib.h>                    /* 退出函数 exit(0)定义在"stdlib.h"头文件中 */
void main()
{
    FILE * fp1, * fp2;                 /* 定义两个文件指针变量 fp1,fp2 */
    char str[10];
    if((fp1=fopen("ex9_3.txt","w"))==NULL)    /* 以只写方式打开文件 */
    {
        printf("不能打开文件。\n");
        exit(0);                       /* 退出程序 */
    }
    printf("输入字符串: \n");
    gets(str);                         /* 接收从键盘输入的字符串 */
    while(strlen(str)>0)
    {
        fputs(str,fp1);
        fputs("\n",fp1);               /* 在文件中加入换行符作为字符串分隔符 */
        gets(str);
    }
    fclose(fp1);                       /* 写文件结束,关闭文件 */
    if((fp2=fopen("ex9_3.txt","r"))==NULL)    /* 以只读方式打开文件 */
    {
```

```
        printf("不能打开文件。\n");
        exit(0);                        /*退出程序*/
    }
    printf("输出字符串:\n");
    while(fgets(str,10,fp2)!=NULL)/*从文件中读取字符串存放到字符数组 str 中*/
        printf("%s",str);           /*把数组 str 中的字符串输出到屏幕上*/
    printf("\n");                   /*换行*/
    fclose(fp2);                    /*关闭文件*/
}
```

运行结果为:

```
输入字符串:
abcd <Enter>
efg <Enter>
hijkl <Enter>
输出字符串:
abcd
efg
hijkl
```

说明:

(1) 本程序定义了两个文件指针 fp1 和 fp2,分别用于写文件和读文件的操作。

(2) strlen(str)>0 用于测试从键盘输入的字符串是否是空串(即只输入 Enter 键)。

(3) 运行时,每次输入一行字符,并按 Enter 键后,这个字符串就被送到 str 字符数组中,用 fputs()函数把字符串送到文件中。由于 fputs()函数不会自动地在输出一个字符串后加上一个\n 字符,所以必须单独用一个 fputs()函数输出一个\n,以便以后从文件读取数据能区分开各个字符串。输入完所有的字符串之后,在最后一行再输入一次 Enter 键,此时字符串长度为 0,循环结束,关闭文件,终止程序。

(4) fgets()函数如返回 NULL,表示已到文件尾或出错。只要未到文件尾,则每次读入一行字符并用 printf()函数向终端输出。

运行结果是在终端屏幕上输出文件中的字符串。请注意,程序中 printf()函数格式转换符%s 后面没有\n,原因是 fgets()函数读入的字符串中已包含换行符\n。

11.3.3 文本文件的格式化输入/输出

1. 格式化输入函数——fscanf()函数

fscanf()函数为格式输入函数,fscanf()函数调用的一般格式为:

```
fscanf(fp,"控制字符串",输入项表);
```

其功能是从指定的文件中读取指定格式的数据。

例如,若磁盘文件上有如下字符串:'a',29,59.3,有以下语句:

```
char c;
int b;
float f;
fscanf(fp,"%c,%d,%f",&c,&b,&f);
```

以上语句的功能是将'a'存入变量 c 中,29 存入变量 b 中,59.3 存入变量 f 中。

2. 格式化输出函数——fprintf()函数

fprintf()函数为格式输出函数,fprintf()函数调用的一般格式为:

```
fprintf(fp,"控制字符串",输出项表);
```

其功能是把输出数据发送到指定文件中。

例如,下面的语句将变量 x 和 y 的值分别按%d 和%f 的格式输出到由 fp 所指定的文件中。

```
int x=3;
float y=3.14;
fprintf(fp,"%d,%f",x,y);
```

一般来讲,由 fprintf()函数写入磁盘文件中的数据,应由 fscanf()函数以相同的格式从磁盘中读出来使用。

11.3.4 二进制文件的输入/输出

二进制文件是以二进制数据块为单位进行数据的读写操作,二进制数据块是指在内存中连续存放的具有若干长度的二进制数据。

1. 数据块输入函数——fread()函数

fread()函数的功能是从指定文件中读入一组数据。fread()函数调用的一般格式为:

```
fread(buffer,size,count,fp);
```

其中,buffer 是用于存放读入数据的缓冲区的首地址(指针),size 是读入的每个数据块的字节数,count 是要读入多少个 size 字节的数据块,fp 是文件类型指针。

执行本函数,成功时返回读取的数据块个数;出错时或遇到文件末尾时返回 NULL。

说明:size 不是任意的值,而是读写数据的所属数据类型占用的字节的长度。int 型的 size 为 4,char 型的 size 为 1。

例如,要利用 fread()函数,从 fp 所指定文件中读入 2 个整型数据,则 fread()函数中的参数可设置为:

```
int x[4];
fread(x,4,2,fp);
```

其中第二个参数 4 是指一个整数占 4 字节,第三个参数 2 表示这个函数从 fp 所指向的文件读取 2 个 4 字节的数据,存放到数组 x 中。

2. 数据块输出函数——fwrite()函数

fwrite()函数调用的一般格式为：

```
fwrite(buffer,size,count,fp);
```

其中，buffer 是用于存放输出数据的缓冲区的首地址(指针)，size 是输出的每个数据块的字节数，count 用来指定每次写入的数据块的个数，fp 是文件类型指针。指向一个已经打开、等待写入的文件。

执行本函数，成功时返回读出的数据块个数；出错或遇到文件末尾时返回 NULL。

例如：

```
fwrite(arr,100,2,fp);
```

表示从数组名 arr 所代表的数组起始地址开始，取出 2 个数据块，每个数据块为 100 字节，输出到 fp 指定的文件中。这里的"输出"仍是相对于内存变量而言的。fwrite()函数从内存输出数据到指定的二进制文件中。调用成功，返回写入的数据块个数 2。

11.4 文件的随机读写

前面介绍的对文件的读写都是顺序读写，即从文件的开头逐个地对数据读或写。文件中有一个"读写位置指针"，指向当前读或写的位置。在顺序读写时，每读或写完一个数据后，该位置指针就自动移到它后面一个位置。如果读写的数据项包含多个字节，则对该数据项读写完成后，位置指针移到该数据项之末(即下一数据项的起始地址)，常常希望能直接读到某一数据项而不是按照物理顺序逐个地读取。这种可以任意指定读写位置的操作称为随机读写。只要能移动位置指针到所需要的地方，就能实现随机读写。可以利用 C 语言提供的库函数来改变文件的读写位置，这种函数被称为文件定位函数。这里主要介绍 fseek()函数、ftell()函数、rewind()函数。

1. 移动文件位置指针——fseek()函数

fseek()函数即随机定位函数，fseek()函数调用的一般格式为：

```
fseek(文件类型指针,位移量,起始点);
```

fseek()函数用来移动文件位置指针到指定的位置上，然后从该位置进行读或写操作，从而实现对文件的随机读写功能。

位移量是一个 long 型数据，C 语言规定在数字的末尾加一个字母 L 来表示为 long 型。若位移量为正值，表示位置指针的移动是朝着文件尾的方向(从前向后)；若位移量为负值，表示位置指针的移动是朝着文件头的方向(从后向前)。

起始点指以什么地方为基准进行移动，用数字代表，如表 11-3 所示。

表 11-3 起始点的符号常量和数字及其含义

数 字	符号常量	起始点
0	SEEK_SET	文件开头
1	SEEK_CUR	文件当前指针位置
2	SEEK_END	文件末尾

例如：

```
fseek(fp,10L,0);                /*将文件位置指针从文件开头处向后移动10字节*/
fseek(fp,20L,1);                /*将文件位置指针从当前位置向后移动20字节*/
fseek(fp,-50L,2);               /*将文件位置指针从文件末尾处向前移动50字节*/
```

如果 fseek()函数调用成功,函数值返回 0,失败则返回一个非零值。

2. 取文件位置指针的当前值——ftell()函数

ftell()函数用于获取文件位置指针的当前值,ftell()函数调用的一般格式为：

```
len=ftell(fp);
```

ftell()函数的功能是返回当前文件位置指针的位置,常用于保存当前文件指针位置。如果出错(如不存在此文件),则函数返回值为−1。执行此函数,成功时返回 0。

3. 置文件位置指针于文件开头——rewind()函数

rewind()函数也称重置位置指针函数,rewind()函数调用的一般格式为：

```
rewind(fp);
```

它的作用是使位置指针重新返回到文件的开头处。此函数无返回值。

11.5 文件检测函数

文件检测函数用来检测文件指针是否出现错误等情况,以便能正确地进行文件的存取。

1. 文件结束检测——feof()函数

feof()函数用于检测文件是否结束,feof()函数调用的一般格式为：

```
feof(fp);
```

功能是判断 fp 指向的文件是否处于文件结束位置。如文件结束,则返回值为 1,否则为 0。feof()函数既适用于二进制文件,也适用于文本文件。

在进行读文件操作时,需要检测是否读到文件的结尾处,常用“while(!feof(fp))”循环语句来控制文件中内容的读取。

2. 文件出错检测——ferror()函数

ferror()函数用来检测文件读写时是否发生错误，ferror()函数调用的一般格式为：

```
ferror(fp);
```

如果函数返回值为0，则表示未出错；如果函数返回非零值，表示出错。在调用fopen()函数时，会自动使相应文件的ferror()函数的初值为零。

注意：每调用一次输入/输出函数后，都有一个ferror()函数值与之对应。如果想检查调用输入/输出函数是否出错，应在调用该函数后立即测试ferror()函数的值，否则该值会丢失(在调用另一个输入/输出函数后，ferror()函数反映的是最后一个函数调用的出错状态)。

3. 文件出错标志和文件结束标志置零——clearerr()函数

clearerr()函数用于将文件的出错标志和将文件结束标志置0，其调用的一般格式为：

```
clearerr(fp);
```

当调用的输入输出函数出错时，ferror()函数给出非0的标志，使用clearerr()函数重新置为0。本函数没有返回值。

11.6 程序案例

【例11-4】 利用fprintf()函数和fscanf()函数以只写方式在当前项目文件夹下建立一个文本文件，以只读方式读取文件中的内容并在屏幕上显示。

```
#include <stdio.h>
#include <stdlib.h>                    /*退出函数exit(0)定义在"stdlib.h"头文件中*/
void main()
{
    FILE *fp;
    char name1[4][8],name2[4];
    int i,score1[4],score2;
    if((fp=fopen("ex9_4.txt","w"))==NULL)   /*以只写方式打开文件,测试是否成功*/
    {
        printf("不能打开文件\n");
        exit(0);
    }
    printf("写入数据:\n");
    printf("姓名 成绩\n");
    for(i=0;i<4;i++)
    {
        scanf("%s %d",name1[i],&score1[i]);        /*向文本文件写入一行信息*/
        fprintf(fp,"%s %d\n",name1[i],score1[i]);
```

```
    }
    fclose (fp);
    if((fp=fopen("ex9_4.txt","r"))==NULL)  /*以只读方式打开文件,测试是否成功*/
    {
        printf("不能打开文件\n");
        exit(0);
    }
        printf("读取数据: \n");              /*在屏幕上输出提示信息*/
        printf("姓名 成绩\n");               /*在屏幕上输出提示信息*/
        while(!feof(fp))                     /*用 feof(fp)测试文件是否读到结尾*/
    {
        fscanf(fp,"%s %d\n",name2,&score2); /*从文件中按格式读取数据存放到 name2
                                             数组和变量 score2 中*/
        printf("%s %d\n",name2,score2);
    }
    fclose (fp);
}
```

说明:

(1) 本程序中首先定义了一个文件指针,分别以只写方式和只读方式打开同一个文件,写入和读出格式化数据。

(2) 格式化读写文件时,用什么格式写入文件,就要用相应格式从文件读取。

【例 11-5】 利用 fwrite()函数和 fread()函数以读写方式在当前项目文件夹下建立一个二进制文件,并进行写入和读取操作,文件中的内容在计算机屏幕上显示。

```
#include <stdio.h>
#include <stdlib.h>                          /*退出函数 exit(0)定义在"stdlib.h"
                                             /*头文件中*/
void main()
{
    FILE *fp;
    struct student                           /*定义结构体数组并初始化*/
    {
        char num[6];
        int score;
    }stud[]={{"1001",88},{"1002",90},{"1003",93},{"1004",98}},stud1[4];
    int i;
    if((fp=fopen("ex9_5.bin","wb+"))==NULL)   /*以读写方式新建一个二进制文件*/
    {
        printf("不能打开文件\n");
        exit(0);
    }
    for(i=0;i<4;i++)
        fwrite(&stud[i],sizeof(struct student),1,fp);
                                                    /*向 fp 指向的文件写入数据*/
```

```
    rewind(fp);                      /*重置文件位置指针于文件开始处,以便读取文件*/
    printf("学号 成绩\n");             /*在屏幕上输出提示信息*/
    for(i=0;i<4;i++)
    {
     fread(&stud1[i],sizeof(struct student),1,fp);
                               /*读取 fp 指向的文件中的数据并写入到结构体数组 stud1 中*/
     printf ("%s  %d\n",stud1[i].num,stud1[i].score);
                                     /*向屏幕上输出结构体数组 stud1 中*/
     }
    fclose (fp);                     /*关闭文件*/
}
```

运行结果为:

```
学号    成绩
1001    88
1002    90
1003    93
1004    98
```

说明:

(1) 本程序中定义了两个结构体数组 stud 和 stud1,并对 stud 进行初始化。

(2) 以读写方式新建并打开一个二进制文件。利用 for 循环语句把初始化过的结构体数组 stud 中的数据写入文件中,写数据结束后文件指针指向文件的结尾处。由于后面还要从文件中读取数据,这里使用了 rewind()函数重置文件指针于文件开头处。

(3) 利用 for 循环语句把二进制文件中的数据写入结构体数组 stud1 中,并在屏幕上输出。

11.7 本章小结

文件是存储在外部介质上的数据集合,操作系统是以文件为单位对数据进行管理的,文件是程序设计中一个非常重要的概念,文件也是一种数据类型,是指放在磁盘上的文件,其中可以是各种类型的数据,也可以是程序清单等。C 语言把文件看成一个字符序列,即由一个一个字符的数据顺序组成。根据数据的组织形式,把文件分为文本文件和二进制文件。对文件的操作包括文件的打开、关闭、读、写、文件的定位和出错的检验等。现将本章的知识点归纳如下。

1. 文件的打开和关闭

① 文件打开函数——fopen()函数。

fopen()函数完成对文件的打开操作。

② 文件关闭函数——fclose()函数。

fclose()函数的功能是关闭函数。

2. 文件的顺序读写

① 文件字符输入函数——fgetc()函数。

fgetc()函数的功能是从指定的文件中读入一个字符。

② 文件字符输出函数——fputc()函数。

fputc()函数的功能是把单个字符写到指定文件中。

③ 字符串输入函数——fgets()函数。

fgets()函数的功能是从文件指针所指向的文件中,读入一个字符串。

④ 字符串输出函数——fputs()函数。

fputs()函数的功能是将字符串写入文件指针所指的文件中。fputs()函数带返回值。如输出成功,返回值为0,否则返回文件结束标志EOF其值为−1。

⑤ 格式化输入函数——fscanf()函数。

fscanf()函数为格式化输入函数,其功能是从指定的文件中读取指定格式的数据。

⑥ 格式化输出函数——fprintf()函数。

fprintf()函数为格式化输出函数,其功能是把输出数据发送到指定文件中。

⑦ 数据块输入函数——fread()函数。

fread()函数的功能是从指定文件中读入一组数据。

⑧ 数据块输出函数——fwrite()函数。

fwrite()函数的功能是将buffer所指向的内存区域中的数据写入文件指针fp所指的文件中,这些数据共有count项,每项长度为size字节,因此字节总数为count * size。

3. 文件的随机读写

① 移动文件位置指针——fseek()函数。

② 取文件位置指针的当前值——ftell()函数。

③ 置文件位置指针于文件开头——rewind()函数。

4. 文件检测函数

① 文件结束检测——feof()函数。

② 文件出错检测——ferror()函数。

③ 文件出错标志和文件结束标志置零——clearerr()函数。

11.8 习 题

一、填空题

1. 若fp已经定义为文件结构体指针,d1.dat为二进制文件名,要求以“只读”方式打开此文件,填空使语句“fp=fopen(________);”完整。

2. 以下语句把从终端输入的两个实数给双精度变量x、y,请填空使之完整。

```
fscanf(_______,"%lf%lf", _______);
```

3. 在对文件进行操作的过程中，若要求文件的指针的位置回到文件的开头，应当调用的函数是________函数。

4. 以下程序的运行结果是________。

```
#include <stdio.h>
void main()
{
    FILE * fp=fopen("test1.txt","wb");
    fprintf(fp, "%d%5.0f%c%d",58,76273.0,'_',2278);
    fclose(fp);
}
```

5. 若 test2.txt 文件内容为 123456，则以下程序的运行结果是________。

```
#include <stdio.h>
void main()
{
    FILE * fp;
    long num=0;
    if((fp=fopen("test2.txt","r+"))==NULL)
    {
        printf("Can't open file. ");
        return;
    }
    while(fgetc(fp)!=EOF)
    num++;
    fclose(fp);
    printf("num=%ld",num);
}
```

6. 下面程序把从键盘读入的文本(以@作为文件的结束标志)写入一个文件名为 bi.txt 新文件中，填空使程序完整。

```
#include <stdio.h>
void main()
{
    char ch;FILE * fp;
    if((fp=fopen(_______))==NULL) exit(0);
    while((ch=getchar())!='@')fputc(_______);
    fclose(fp);
}
```

7. 下面程序用来建立一个名为 file.txt 的文本文件，并将键盘输入的 10 个字符(不含 Enter 键)存入该文件，填空使程序完整。

```
#include <stdio.h>
void main()
{
    FILE * fp;
    int i;
    char ch;
    fp=_______("file.txt","w");
    for (i=0;i<10;i++)
    {
        c=getchar();
        fputc(_______);
    }
    fclose(fp);
}
```

二、判断题

1. fopen()函数的返回值是文件读写的首地址或 NULL。（ ）
2. 文件打开放式为“a”，文件打开后，文件读写位置在文件的首记录后。（ ）
3. 对文件进行单字符读取操作的主函数是 fgets()。（ ）
4. 文件位置指针是指向文件有关信息的指针。（ ）
5. fseek()函数用于将文件位置指针指向指定位置。（ ）
6. 表达式“fgetc(fp)”的值为所读入字符的 ASCII 值或 EOF。（ ）
7. 表达式“fgets(a,10,fp)”的值为字符串 a 的地址或 NULL。（ ）
8. 函数 fscanf()的返回值为读入数据个数或 EOF。（ ）
9. 函数 fread()的返回值为所读入数据个数或 0。（ ）
10. 表达式“fscanf(fp,”%f”,&x)”的值为−1 时，函数 feof()的值为 0。（ ）

三、选择题

1. 若要打开 C 盘上 user 子目录下名为 abc. txt 的文件，进行读写操作，正确的是（ ）。

A. fopen("C:\user\abc. txt","rb")　　B. fopen("C:\user\abc. txt","r+")

C. fopen("C:\user\abc. txt","rw")　　D. fopen("C:\user\abc. txt","w")

2. 选择函数调用语句“fputs(str,fp)”的正确功能是（ ）。

A. 把 str 所指的字符串，包含最后的'\0'，输出到 fp 所指的文件中

B. 把 str 所指的字符串输出到 fp 所指的文件中，最后的'\0'用'\n'替换

C. 把 str 所指的字符串输出到 fp 所指的文件中，但不输出最后的'\0'

D. 把 str 所指的字符串输出到 fp 所指的文件中，而是由系统加字符串结束标志

3. 若 fp 是指向某文件指针，且已读到文件的末尾，则库函数 feof(fp)的返回值是（ ）。

A. EOF　　B. 0　　C. −1　　D. 1

4. 以下叙述错误的是（ ）。

A. 二进制文件打开后可以先读文件的末尾，而 ASCII 码文件不能

B. 在程序结束时，必须用 fclose()函数关闭文件

C. 利用 fread()函数从二进制文件中读取数据时，可以用数组名给整个数组读入数据

D. 不可以用 FILE 定义文件结构体指针

5. 在 C 语言程序中，可以把整型数以内存中的二进制形式存放到文件中的函数是（　　）。

A. fprinf()函数　B. fread()函数　C. fwrite()函数　D. fputc()函数

6. 在 C 语言中，用"w"方式打开一个已含有 10 个字符的文本文件，并写入了 5 个新字符，则该文件中存放的字符是（　　）。

A. 新写入的 5 个字符

B. 新写入的 5 个字符覆盖原有字符中的前 5 个字符，保留原有的后 5 个字符

C. 原有的 10 个字符在前，新写入的 5 个字符在后

D. 新写入的 5 个字符在前，原有的 10 个字符在后

7. 向文件指针 fp 所指的文件输入整型变量 a 与字符变量 c 的值，使用 fprintf()函数实现的语句是（　　）。

A. fprintf("%d %c",a,c,fp);　B. fprintf("%d %c",a,c,*fp);

C. fprintf(fp,"%d %c",a,c);　D. fprintf(*fp,"%d %c",a,c);

8. rewind()函数的功能是（　　）。

A. 将读写位置指针返回到文件开头　B. 将读写位置指针指向文件结尾

C. 将读写位置指针移向指定位置　D. 读写位置指针指向下一个字符

9. 若定义了"FILE *fp; char ch;"且成功地打开了文件，欲将 ch 变量中的字符写入文件，则正确的函数调用语句是（　　）。

A. fputc(fp,ch);　B. putc(ch,fp)　C. fputc(ch);　D. putchar(ch,fp);

10. C 语言中，数据文件的存取方式是（　　）。

A. 只能顺序存取　B. 只能随机存取

C. 可以顺序存取和随机存取　D. 只能从文件的开头进行存取

四、简答题

1. 请叙述缓冲文件系统和非缓冲文件系统的区别？为什么前者称为高级（高层）输入/输出文件系统，后者称为低级（低层）输入/输出文件系统？

2. 请叙述文件指针的概念。如何通过文件指针访问一个文件？

五、编程题

1. 编写将字符串"Turbo C","BASIC","FORTRAN","COBOL","PL_1"写入文件中的程序。

2. 编写将命令行中指定的文件内容输出到显示屏上的程序。

3. 编写统计由命令行参数指定文件中字符数的程序。

4. 编写将字符串 pc－和整数 5 800 写入文件的程序。

5. 编写统计由命令行参数指定文件中行数的程序。

6. 编写统计由命令行参数指定文件中最长行所具有的字符数的程序。

7. 编写将一个以%5d 格式存放 20 个整数的文件 ex_937. dat。顺序号设定为 0～19,写入 20 个整数,并对每个输入数据按输入顺序编号。例如,输入数字键 3,按 Enter 键,再输入 258 后按 Enter 键时,第 3 号位置写入数 258。

8. 编写将命令行指定的一个文件的内容追加到另一个文件的原内容之后的程序。

9. 编程从键盘输入一个字符串,把它输出到磁盘文件 filel. dat 中的程序。

10. 有两个磁盘文件,各自存放若干已排序好的字符(如 a1. dat 中放 abort,a2. dat 中放 boy),要求将两个文件合并,合并后仍然保持有序(如 abboorty),存放在 a3. dat 文件中。请编写程序。

11. 将 10 名职工的数据从键盘输入,然后送到磁盘文件 workerl. rec 中保存。设职工数据包括:职工号、职工名、性别、年龄、工资。再从磁盘调入这些数据,依次打印出来(用 fread()和 fwrite()函数),请编写程序。

12. 对存放在 worker1. rec 中的各职工数据按工资高低排序,将排好序的各记录存放在 worker2. rec 中,请编写程序。

13. 用非缓冲文件系统从一个磁盘文件 text1. dat 中读入其中内容,统计其中单词个数并在屏幕上输出。然后将所有大写字母改为小写字母,输出到 text2. dat 文件中,请编写程序。

附录 A 常用字符与 ASCII 代码对照表

ASCII 值	字　符	ASCII 值	字　符	ASCII 值	字　符	ASCII 值	字　符
0	NUL	32	SPACE	64	@	96	`
1	SOH	33	!	65	A	97	a
2	STX	34	"	66	B	98	b
3	ETX	35	#	67	C	99	c
4	EOT	36	$	68	D	100	d
5	ENQ	37	%	69	E	101	e
6	ACK	38	&	70	F	102	f
7	BEL	39	'	71	G	103	g
8	BS	40	(	72	H	104	h
9	HT	41	)	73	I	105	i
10	LF	42	*	74	J	106	j
11	VT	43	+	75	K	107	k
12	FF	44	,	76	L	108	l
13	CR	45	-	77	M	109	m
14	SO	46	.	78	N	110	n
15	SI	47	/	79	O	111	o
16	DLE	48	0	80	P	112	p
17	DC1	49	1	81	Q	113	q
18	DC2	50	2	82	R	114	r
19	DC3	51	3	83	S	115	s
20	DC4	52	4	84	T	116	t
21	NAK	53	5	85	U	117	u
22	SYN	54	6	86	V	118	v
23	ETB	55	7	87	W	119	w
24	CAN	56	8	88	X	120	x
25	EM	57	9	89	Y	121	y
26	SUB	58	:	90	Z	122	z
27	ESC	59	;	91	[	123	{
28	FS	60	<	92	\	124	|
29	GS	61	=	93	]	125	}
30	RS	62	>	94	^	126	~
31	US	63	?	95	_	127	DEL

附录 B 运算符的优先级和结合性

<table>
<tr><th>优先级</th><th>运算符</th><th>功能</th><th>适用类</th><th>要求运算对象的个数</th><th>结合性</th></tr>
<tr><td rowspan="2">15</td><td>()
[ ]</td><td>强制类型、参数表
下标</td><td>参数表
数组</td><td rowspan="2"></td><td rowspan="2">从左至右</td></tr>
<tr><td>-> .</td><td>存取结构元素</td><td>结构</td></tr>
<tr><td>14</td><td>!
~
++
--
-
&
*
(类型名)
sizeof</td><td>求逆
求反
自增 1
自减 1
取负
取地址
取内容
强制类型
长度计算</td><td>逻辑
字位
+1
-1
算术
一般变量
指针变量
类型转换
数据类型</td><td>1</td><td>从右至左</td></tr>
<tr><td>13</td><td>*
/
%</td><td>乘
除
整数除并取余</td><td rowspan="2">算术</td><td>2</td><td rowspan="2">从左至右</td></tr>
<tr><td>12</td><td>+
-</td><td>加
减</td><td>2</td></tr>
<tr><td>11</td><td>≪
≫</td><td>左移
右移</td><td>字位</td><td>2</td><td>从左至右</td></tr>
<tr><td>10</td><td><
<=
>
>=</td><td>小于
小于等于
大于
大于等于</td><td rowspan="2">关系</td><td>2</td><td rowspan="2">从左至右</td></tr>
<tr><td>9</td><td>==
!=</td><td>等于
不等于</td><td>2</td></tr>
<tr><td>8</td><td>&</td><td>按位与</td><td rowspan="3">字位</td><td>2</td><td rowspan="3">从左至右</td></tr>
<tr><td>7</td><td>^</td><td>按位异或</td><td>2</td></tr>
<tr><td>6</td><td>|</td><td>按位或</td><td>2</td></tr>
</table>

续表

优先级	运算符	功能	适用类	要求运算对象的个数	结合性
5	&&	逻辑与	逻辑	2	从左至右
4	||	逻辑或		2	
3	?:	条件表达式	条件	3	从右至左
2	=	赋值	赋值	2	从右至左
	*=、/=、%=、+=、-=、>>=、<<=、&=、^=、!=	复合的赋值运算符		2	
1	,	逗号运算符	次序		从左至右

附录 C

C 语言的库函数

Appendix C

1. 标准输入/输出函数(包含在 stdio.h 中)

序号	函数名	函数原型	功能
1	access	int access(const char * filename, int amode);	确定文件的存取权限
2	chmod	int chmod(const char * filename, int permiss);	改变文件的存取方式
3	close	int close(int handle);	关闭一个用 open()函数打开的文件
4	creat	int creat (const char * filename, int permiss);	创建一个新文件或重写一个已存在的文件
5	creatnew	int creatnew(const char * filename, int attrib);	创建一个新文件
6	creattemp	int creattemp(const char * filename, int attrib);	创建一个新文件或重写一个已存在的文件
7	fclose	int fclose(FILE * stream);	关闭一个用 fopen()函数打开的文件
8	fcloseall	int fcloseall(void);	关闭所有用 fopen()函数打开的文件
9	feof	int feof(FILE * stream);	测试由 fopen()函数打开的文件的文件尾
10	ferror	int ferror(FILE * stream);	测试由 fopen()函数打开文件的读写错误
11	fflush	int fflush(FILE * stream);	将由 fopen()函数打开文件相关缓冲区中的内容写到该文件中
12	fgetc	int fgetc(FILE * stream);	从文件中读取字符
13	fgetchar	int fgetchar(void);	从标准输入文件中读取字符
14	fgets	char * fgets(char * string, int n, FILE * stream);	从文件中读取一字符串
15	filelength	long filelength(int handle);	取文件长度字节数
16	fopen	FILE * fopen(char * filename, char * type);	打开一个文件
17	fprintf	int fprintf (FILE * stream, char * format[, argument,...]);	将字符和值按指定格式输出到由 fopen()函数所打开的文件中

续表

序号	函数名	函数原型	功　　能
18	fputc	int fputc(int ch, FILE * stream);	向由 fopen()函数打开的文件中写一个字符
19	fputchar	int fputchar(char ch);	向标准的输出设备(一般指屏幕)输出一个字符
20	fputs	int fputs (char * string, FILE * stream);	向由 fopen()函数打开的文件输出一个字符串
21	fread	int fread (void * ptr, int size, int nitems, FILE * stream);	从由 fopen()函数打开的文件中读出指定字节大小的数据块并存入一个缓冲区中
22	fscanf	int fscanf (FILE * stream, char * format[,argument,...]);	从由 fopen()函数打开的文件中按指定格式读入数据项
23	fseek	int fseek(FILE * stream, long offset, int fromwhere);	文件指针定位
24	ftell	longftell(FILE * stream);	返回当前文件指针的位置
25	fwrite	int fwrite (void * ptr, int size, int nitems, FILE * stream);	从指定缓冲区中写 n 项指定长度的数据到一个文件中
26	getc	int getc(FILE * stream);	从文件中读取字符
27	getchar	int getchar(void);	从标准输入设备中(一般指键盘)读入一个字符
28	gets	char * gets(char * string);	从标准输入设备中键盘中读入一个字符串并存到一个缓冲区中
29	kbhit	int kbhit(void);	检查当前按下的键
30	lseek	long lseek(int handle, long offset, int fromwhere);	移动文件读/写指针
31	perror	void perror(char * string);	系统错误信息
32	printf	int printf(char * format...);	产生格式化输出的函数
33	putc	int putc(int ch, FILE * stream);	输出一字符到指定文件指针所指向的当前位置上
34	putchar	int putchar(int ch);	输出字符到标准输出设备上
35	puts	int puts(char * string);	输出一个字符串到标准输出设备上
36	read	int read (int handle, void * buf, int nbyte);	从由 open()函数打开的文件中按块读数据
37	remove	int remove(char * filename);	删除一个文件
38	rename	int rename (char * oldname, char * newname);	重命名文件
39	rewind	int rewind(FILE * stream);	将文件指针重新指向一个文件的开头
40	scanf	int scanf (char * format [, argument,...]);	执行格式化输入

续表

序号	函数名	函 数 原 型	功　　能
41	setbuf	void setbuf(FILE * steam, char * buf);	设文件缓冲区大小
42	sprintf	int sprintf(char * string, char * format [,argument,...]);	送格式化输出到字符串中
43	sscanf	int sscanf(char * string, char * format [,argument,...]);	按格式将指定缓冲区中的数据读入指定参数的存储区中
44	tell	long tell(int handle);	取文件指针的当前位置
45	ungetc	int ungetc(char c, FILE * stream);	将从文件当中读出的字符退回到文件中
46	ungetch	int ungetch(int c);	把一个字符退回到键盘缓冲区中
47	write	int write(int handel, void * buf, int nbyte);	写到一文件中

2. 数学函数(包含在 math.h 中)

序号	函数名	函 数 原 型	功　　能
1	abs	int abs(int i);	求整数的绝对值
2	acos	double acos(double x);	反余弦函数
3	asin	double asin(double x);	反正弦函数
4	atan	double atan(double x);	反正切函数
5	atan2	double atan2(double y, double x);	计算 y/x 的反正切值
6	atof	double atof(const char * nptr);	将字符串转换成浮点数
7	atoi	int atoi(const char * nptr);	将字符串转换为整数值
8	atol	long atol(const char * nptr);	将字符串转换成长整型数
9	cabs	double cabs(struct complex z);	计算复数的模
10	ceil	double ceil(double x);	求不小于 x 的最小整数,即向上舍入
11	cos	double cos(double x);	余弦函数
12	cosh	dluble cosh(double x);	双曲余弦函数
13	div	div_t (int number, int denom);	将两个整数相除,返回商和余数
14	fabs	double fabs(double x);	返回浮点数的绝对值
15	fcvt	char * fcvt(double value, int ndigit, int * decpt, int * sign);	将一个浮点数转换为字符串
16	floor	double floor(double x);	求不大于 x 的最大整数,即向下舍入
17	fmod	double fmod(double x, double y);	计算 x 对 y 的模,即 x/y 的余数
18	frexp	double frexp(double value, int * eptr);	将一个双精度数分解为尾数的指数
19	gcvt	char * gcvt(double value, int ndigit, char * buf);	将浮点数转换成字符串

续表

序号	函数名	函数原型	功能
20	itoa	char * itoa(int value, char * string, int radix);	将一整数转换为字符串
21	labs	long labs(long n);	取长整型数的绝对值
22	ldexp	计算 value * 2 的幂	double ldexp (double value, int exp);
23	ldiv	ldiv_t ldiv(long lnumer, long ldenom);	两个长整型数相除,返回商和余数
24	log	double log(double x);	求 x 的自然对数 ln(x)
25	log10	double log10(double x);	求 x 的以 10 为底的对数
26	modf	double modf (double value, double * iptr);	将数分为指数和尾数
27	pow	double pow(double x, double y);	指数函数 x 的 y 次幂
28	pow10	double pow10(int p);	指数函数(10 的 p 次幂)
29	rand	void rand(void);	随机数发生器
30	sin	double sin(double x);	正弦函数
31	sinh	double sinh(double x);	双曲正弦函数
32	sqrt	double sqrt(double x);	计算算术平方根
33	srand	void srand(unsigned seed);	初始化随机数发生器
34	strtod	double strtod (char * str, char * * endptr);	将字符串转换为 double 型值
35	tan	double tan(double x);	正切函数
36	tanh	double tanh(double x);	双曲正切函数
37	ultoa	char * ultoa(unsigned long value, char * string, int radix);	转换一个无符号长整型数为字符串

3. 字符串与内存操作函数(包含在 string.h 和 mem.h 中)

序号	函数名	函数原型	功能
1	memcpy	void * memcpy(void * destin, void * source, unsigned n);	从源字符串中复制 n 个字节到目标串中。源串与目标串的前 n 个字节不能重叠
2	memicmp	int memicmp (void * s1, void * s2, unsigned n);	比较两个串 s1 和 s2 的前 n 个字节,忽略大小写
3	memmove	void * memmove(void * destin, void * source, unsigned n);	同 memcpy,但可正确处理重叠
4	memset	void * memset (void * s, char ch, unsigned n);	设置 s 中的所有字节为 ch,s 数组的大小由 n 给定
5	movedata	void movedata (int segsrc, int offsrc, int segdest,int offdest, unsigned numbytes);	复制字节
6	strcat	char * strcat (char * destin, char * source);	字符串拼接函数

续表

序号	函数名	函数原型	功能
7	strchr	char * strchr(char * str, char c);	在一个字符串中查找给定字符的第一次出现的位置
8	strcmp	int strcmp(char * str1, char * str2);	比较两个字符串
9	strcpy	char * strcpy(char * str1, char * str2);	字符串复制
10	strcspn	int strcspn(char * str1, char * str2);	在字符串 s1 中查找字符串 s2 第一次出现的位置
11	stricmp	int stricmp(char * str1, char * str2);	以大小写不敏感方式比较两个字符串
12	strcmpi	int strcmpi(char * str1, char * str2);	将一个字符串与另一个比较,不区分大小写
13	strncmp	int strncmp(char * str1, char * str2, int maxlen);	字符串比较
14	strncmpi	int strncmpi(char * str1, char * str2);	把字符串中的一部分与另一串中的一部分比较,不区分大小写
15	strncpy	char * strncpy(char * destin, char * source, int maxlen);	字符串复制,可设置最大复制字符数
16	strnicmp	int strnicmp(char * str1, char * str2, unsigned maxlen);	不区分大小写地比较两个字符串
17	strnset	char * strnset(char * str, char ch, unsigned n);	将一个字符串中的所有字符都设为指定字符
18	strpbrk	char * strpbrk(char * str1, char * str2);	在字符串中查找给定字符集中的字符
19	strrchr	char * strrchr(char * str, char c);	在字符串中查找指定字符的最后一次出现的位置
20	strrev	char * strrev(char * str);	字符串倒转
21	strset	char * strset(char * str, char c);	将一个字符串中的所有字符都设为指定字符
22	strspn	int strspn(char * str1, char * str2);	在字符串中查找指定字符集的子集的第一次出现的位置
23	strstr	char * strstr(char * str1, char * str2);	在字符串中查找指定字符串的第一次出现的位置
24	strupr	char * strupr(char * str);	将字符串中的小写字母转换为大写字母

4. 内存管理函数(包含在 alloc.h 中)

序号	函数名	函数原型	功能
1	calloc	void * calloc(size_t nelem, size_t elsize);	分配主存储器
2	coreleft	unsigned coreleft(void);	返回未使用内存的大小

续表

序号	函数名	函 数 原 型	功 能
3	farcalloc	void far * farcalloc(unsigned long units, unsigned ling unitsz);	从远堆栈中申请空间
4	farcoreleft	long farcoreleft(void);	返回远堆栈中未作用存储区大小
5	farfree	void farfree(void);	从远堆栈中释放一块
6	farmalloc	void far * farmalloc(unsigned long size);	从远堆栈中分配存储块
7	realloc	void * realloc(void * ptr, unsigned newsize);	重新分配主存

5. 字符函数(包含在 ctype.h 中)

序号	函数名	函 数 原 型	功 能
1	isalnum	int isalnum (int ch);	测试 ch 是否为字母'A'~'Z','a'~'z'或数字'0'~'9'
2	isalpha	int isalpha (int ch);	测试 ch 是否为字母'A'~'Z','a'~'z'
3	isascit	int isascit (int ch);	测试 ch 是否为标准 ASCII 字符,其范围为 0~127
4	iscntrl	int iscntrl(int ch);	测试 ch 是否为控制字符 0x00~0s1f 或 0x7f
5	isdigit	int isdigit (int ch);	测试 ch 是否为一个数字(0~9)
6	islower	int islower (int ch);	测试 ch 是否为一个小写字母 a~z
7	isupper	int isupper(int ch);	测试 ch 是否为一个大写字母 A~Z
8	isgraph	int isgraph (int ch);	测试 ch 是否为一个图形字符
9	isprint	int isprint (int ch);	测试 ch 是否为一可打印字符 0x20~0x7E
10	ispunct	int ispunct(int ch);	测试 ch 是否为一标点字符
11	isspace	int isspace (int ch);	测试 ch 是否为一空白符
12	isxdigit	int isxdigit (int ch);	测试 ch 是否为一个十六进制数字 A~F,a~f,0~9
13	tolower	int tolower(int c);	将字符转换成小写字母
14	toupper	int toupper(int c);	将字符转换成大写字母

6. 时间与日期函数(包含在 time.h 中)

序号	函数名	函 数 原 型	功 能
1	asctime	char * asctime(const struct tm * tblock);	转换日期和时间为 ASCII 码
2	clock	clock_t clock(void);	确定处理器时间
3	ctime	char * ctime(const time_t * time);	将日期和时间转换为字符串
4	difftime	double difftime(time_t time2, time_t time1);	计算两个时刻之间的时间差

续表

序号	函数名	函 数 原 型	功　　能
5	getdate	void getdate(struct * dateblk)；	取 DOS 日期
6	getftime	int getftime(int handle, struct ftime * ftimep)；	取文件日期和时间
7	gettime	void gettime(struct time * timep)；	取得系统时间
8	gmtime	struct tm * gmtime(long * clock)；	把日期和时间转换为格林威治标准时间 GMT
9	time	logn time(long * tloc)；	取一天的时间

7. 目录控制函数(包含在 dir.h 中)

序号	函数名	函 数 原 型	功　　能
1	chdir	int chdir(const char * path)；	改变工作目录
2	findfirst, findnext	int findfirst(char * pathname, struct ffblk * ffblk, int attrib)； int findnext(struct ffblk * ffblk)；	搜索磁盘目录，取得下一个匹配的 findfirst 模式的文件
3	getcurdir	int getcurdir(int drive, char * direc)；	取指定驱动器的当前目录
4	getcwd	char * getcwd(char * buf, int n)；	取当前工作目录
5	mkdir	int mkdir(char * pathname)；	建立一个目录
6	rmdir	int rmdir(char * stream)；	删除 DOS 文件目录
7	searchpath	char * searchpath(char * filename)；	搜索 DOS 路径
8	setdisk	int setdisk(int drive)；	设置当前磁盘驱动器

8. 进程控制函数(包含在 stdlib.h 中)

序号	函数名	函 数 原 型	功　　能
1	abort	void abort(void)；	异常终止一个进程
2	assert	void assert(int test)；	测试一个条件并可能使程序终止
3	atexit	int atexit(atexit_t func)；	注册终止函数
4	exit	void exit(int code)；	终止程序运行
5	random	int random (int num)；	随机数函数
6	spawnl	int spawnl(int mode, char * pathname, char * arg0,arg1,…,argn, NULL)；	创建并运行子程序
7	spawnle	int spawnle (int mode, char * pathname, char * arg0, arg1,…, argn, NULL)；	创建并运行子程序

参考文献

[1] 谭浩强.C程序设计教程[M].北京：清华大学出版社,2007.

[2] 谭浩强.C程序设计题解与上机指导[M].3版.北京：清华大学出版社,2005.

[3] 谭浩强.C程序设计教程学习辅导[M].北京：清华大学出版社,2007.

[4] 邹北骥.C语言程序设计[M].北京：电子工业出版社,2000.

[5] 梁力.程序设计基础与C语言[M].西安：西安电子科技大学出版社,2001.

[6] 王燕.面向对象的理论与C++实践[M].北京：清华大学出版社,1999.

[7] SCHILDT H.C语言大全[M].2版.戴健鹏,译.北京：电子工业出版社,1994.

[8] 赵海廷.C语言程序设计[M].北京：人民邮电出版社,2005.

[9] 何光明.C语言程序设计与应用开发[M].北京：清华大学出版社,2006.

[10] 高福成.C语言程序设计[M].2版.北京：清华大学出版社,2009.

[11] 刘艳飞.C语言范例开发大全[M].北京：清华大学出版社,2010.

[12] 刘振安.C语言程序设计[M].北京：清华大学出版社,2008.

[13] 李学军.C语言程序设计[M].北京：中国铁道出版社,2008.

[14] 王玉.C语言程序设计[M].北京：中国铁道出版社,2008.

[15] 郑阿奇.Visual C++应用实践教程[M].北京：电子工业出版社,2009.

[16] 赵凤芝.C语言程序设计能力教程[M].北京：中国铁道出版社,2014.

[17] 徐莉,于丽娜,姜海岚,等.C语言程序设计项目教程[M].北京：中国铁道出版社,2014.

[18] 许洪军,贺维.C语言程序设计任务驱动教程[M].北京：中国铁道出版社,2016.